液状化現象

巨大地震を読み解くキーワード

國生《こくしょう》剛治《たかじ》 著

鹿島出版会

まえがき

最近、液状化や流動化という言葉を新聞の見出しでよく見かけます。「政局の液状化」、「経済の流動化」のたぐいです。これらの表現が新聞に好まれる理由は、液状化、流動化の言葉の正確な意味合いはともかく、しっかりと安定していた存在が、突如、混乱し崩れはじめる感じをよくとらえているからでしょう。

液状化は、英語ではLiquefactionに相当する言葉です。Liquefactionは、石炭の液化や天然ガスの液化などいろいろな技術分野でも広く使われてきた用語ですが、液状化という日本語は、もっぱら地震の時に地面が液体のようになる現象を指しています。液状化とほぼ同じ意味で流動化という言葉も使われますが、液体のようになった地面が横方向に流れ移動する現象を意味しています。「大地のように揺るぎない」と表現される地面が、地震によって大変貌することによる不安心理が、大変動を表すときに新聞の見出し用語として好まれる理由ではないでしょうか。

本当の液状化現象も新聞やテレビに登場し、一般の方々の関心を引く機会が増えてきました。大きな地震が起きるたびに、いろいろな被害とともに液状化の発生が報じられます。

特に大勢の人々の知るきっかけとなったのは、年配の人は昭和三十九年（一九六四）の新潟地震、若い人は平成七年（一九九五）の阪神淡路大震災ではないでしょうか。実際、液状化は程度の差はあれ、大きな地震のたびに必ずと言っていいほど起きています。そして、はるか昔から人々の目に触れ、奇妙な出来事として地震を記録した古文書に残されたり、人から人に言い伝えられたりしてきました。

しかし、この現象を科学的に解明する動きが始まったのは、世界的にも意外なほど最近のことです。それは、都市が川や海沿いの軟弱地盤や埋め立て地盤に進出し、大きな建物や橋、港の施設などに与える液状化の重大な影響に直面して、初めて本格的に始まったのです。それ以来現在までの四十年ほどで、我が国と米国さらには中国など液状化の大きな被害に見舞われてきた国を中心として、多くの研究者が液状化現象の起きるわけ、その予測法、対策法などを次々に明らかにしてきました。しかし、地震の起きるたびに、今まで気付かれなかった新たな問題が見つかり、疑問が浮かび上がります。現在でも年間に一〇〇件以上の研究成果が発表されているほど、活発な専門分野です。

しかし、ひとたび専門の世界を離れ一般社会に出て行くと、マスコミ用語の液状化は感覚的に受け入れられていても、その大もとの液状化現象の実態については、ほとんど知られておらず、その影響が過小評価されたり、あるいは実際以上に恐れられたりしているのが現状ではないでしょうか。

本書は、このような実情に立って、この分野に興味を持つ一般の読者に、液状化の実態を紹介することを目指しています。まず、地盤の液状化とは何かから始まり、それが意外と身近な出来事であり、かつ地震防災の上で無視し得ない現象であることを述べています。その途中で、液状化に関わるさまざまな現象に触れ、そのメカニズムを説明するとともに、社会の安全にいかに関わっているかをお話しします。さらに、液状化に関連するその他の広い事象について紹介し、それがすべて解き明かされているわけではなく、いまだ謎に包まれた部分が残されていることも紹介します。

さまざまな話題の取り上げ方については、液状化に関わる広範なトピックスを包含し、なるべく読者に興味を持っていただくことを考えて選んでいます。一方、あまり喜ばれないことも承知の上で、液状化現象を理解していただくための最小限のメカニズムについても紹介しています。また、そのメカニズム説明においては、専門の世界ではまだ完全には皆の合意が得られていない考え方までも紹介しています。それによって、この分野がすでに確立し陳腐化したものではなく、いまなお研究が進展しつつあることもお伝えしたいからです。

目次

まえがき　iii

第1章　地震が地面を液体に変える……1
地割れの言い伝え／水が噴出し、ビルが傾く／高校生Tさんの撮った迫真の写真／海岸・波止場が海にのみ込まれた／液状化現象は昔から繰り返していた／古代ギリシャの都市も液状化で滅びた？／中越地震では埋め戻し土が液状化

第2章　液状化の起きるわけ……23
砂を揺すれば液体に／試験機の中で地震を再現するには／ゴム膜の中の液状化／地表での異変／噴水・噴砂と沈下／なぜ再び液状化するのか

第3章 噴砂は液状化のシンボル …… 39

優美な噴砂丘／噴砂で出てくるもの／噴砂が語る地中の出来事／噴き上げる高さ／噴砂の現れやすい箇所／地震の古文書ともなる噴砂

第4章 地面が流れる …… 59

信濃川岸で起きたこと／アラスカでも起きていた流動／ダムもすべり出す／ニュージーランドで起きたこと／ほとんど平らな地面でも流れる／神戸でも再び／世にも珍しい流動が起きた

第5章 液状化を理解するための土の力学 …… 81

はじめに／力の等方成分とせん断成分／有効応力とは何か／土の強さは有効応力で決まる／ダイレイタンシー現象／ダイレイタンシーが液状化を引き起す／密な砂でも液状化する？／液状化と繰り返し軟化／もう一つの液状化…ボイリング破壊／ボイリング破壊の恐ろしさ／自重により起きる液状化後の大変形／

ロックフィルダムは壊れるか／なぜ液体のように流れるか／砂地盤の層構造がもたらす効果

第6章 液状化しやすさの条件……123
どんな場所が問題か／地形から大まかな判断はできる／若い土は弱い／どのくらいの地震で液状化するか／どんな種類の土が問題か／ネバネバしない細粒土は要注意／どのくらいの深さまで液状化するか／現場での専門的判定／原地盤の真の強度を知るには

第7章 液状化は地震の揺れ方を変える……145
〝軟弱地盤はよく揺れる〟は常識／軟弱地盤がよく揺れるわけ／神戸では軟弱地盤の揺れは小さかった／海外でも同様な現象が／液状化が揺れ方を変えるわけ／ポートアイランドの地震記録の意味／液状化すると揺れによる被害が減るわけ／液状化の免震性活用へ向けて

第8章　液状化で街に起きる異変……175
あなたの街に大地震がおきたら／液状化による被害の起きかた／杭のない建物の沈下／マット基礎の沈下のしかた／液状化に強い家を建てるには（木造の場合）／液状化に強い家を建てるには（コンクリート・鉄骨の場合）／街で見られるその他の異変／水際で起きること／山の手で起きること／水道・ガス・電気などはどうなる／神戸での経験／サンフランシスコでの経験／柏崎での新たな経験

第9章　液状化を起こさない地盤改良……217
神戸の地震で思わぬ効果／砂は締めれば強くなる／固めてしまえばＯＫ／水を抜くのも一つの方法

第10章　海でも起きている液状化……225
波も液状化を起こす／防波堤が消えた／液状化は砂を動かす／北海の石油採掘と液状化

第11章　ナゾ残す液状化 ………… 233
多く起きている海底地すべり／トルコで起きた海底地すべりの悲劇／ほとんど平らな海底がなぜ滑る／丘が歩いた／レスとはこんな土／乾いた土がなぜ流れる？／液状化も起きていた
地下水の上昇が液状化を起こした？／レスの大地で災害は繰り返す／山古志村で起きたこと／小千谷でも山が動いた／崩壊土の流動性を決めるもの（エネルギーによる見方）／さらなる巨大地すべり発生

第12章　言い残したこと ………… 289
液状化での理学と工学／これからの液状化に対する備え（性能設計法）

あとがき　298

さらに興味のある方へ（液状化に関する主な専門書・主要な参考文献）　308

第1章

地震が地面を液体に変える

地割れの言い伝え

地震・雷・火事・おやじ。昔から地震は怖いものの筆頭に挙げられてきた。言うまでもなく、地震は予告もなく突然地下深くから上がってきて地面を揺るがす怖い現象である。

地震の揺れが大きいと、地面にいろいろな異変が起きることが昔から言い伝えられてきた。なかでも地割れの言い伝えは、筆者にとっても、子供心に地震の恐ろしさの代名詞のように染みついていて、今でも脳裏から離れない。数多くの読者が似たような経験をお持ちのことと思う。さらに話に尾ひれがついて、地割れが口を開いたり閉じたりする話や、そのなかにのみ込まれて行方知れずになった人の話、竹やぶに逃げ込めば、根が張っているので、地割れにのみ込まれないなどなど、いろいろな面白い言い伝えが語り継がれてきた。

日本は昔から繰り返し地震の洗礼を受けてきたので、地震による地面の変化に関する言い伝えは豊富である。しかし、その現象に科学の光を当て、何が実際起きているのか、またそれはどのような理屈で起きるのかを調べる研究が始まったのは、比較的最近のことである。そのきっかけとなったのは、一九六四年に太平洋を挟んで日米で相次いで起きた二つの地震、新潟地震とアラスカ地震であった。

水が噴き出し、ビルが傾く

昭和三十九年（一九六四）六月十六日の午後一時二分の昼時に、新潟市の北六〇キロメートルの粟島付近を震央としてマグニチュード七・五の新潟地震が起きた。それは、新潟市を中心とした都市部に大きな被害を引き起こした。新潟市は信濃川と阿賀野川の河口デルタにあり、川が運んできた大量の砂地盤の上に発達した町である。その地震中および地震後の様子は、従来の地震とは一風変わったもので、被害を受けた新潟市民のみでなく、多くの専門家をも戸惑わせた。地震が起きた昭和三十九年（一九六四）六月十六日の新潟日報の特別号外からその様子を紹介してみよう。

「地震とともに新潟市関屋田町付近は各所に水道管が破裂したためか道路一面が完全にドロ水に覆われてしまった。渦を巻いて流れる水面にガス管の破裂で漏れるガスのため、〝ガボガボ〟という不気味な音とともにアワが噴き出してくる。そのため路上の亀裂が隠れ、自転車もろとも穴に落ち込み首だけを水面に出して救いを求める人も二、三人おり、退避を急ぐ付近の人たちに助けられていた。」

さらに翌日の同じ新潟日報では「揺れる倒れる地割れだ水だ」の見出しのあと、次の記事が並ぶ。

「県庁裏一帯は土地が陥没し、ついこの間、三万余の大観衆をのんで華やかに新潟国体の開閉会式を行った県営陸上競技場も見るも無残な姿に変容した。正面スタンドの中央部はなんとか持ちこたえたが、左右両そでは大きな亀裂を生じたり、ヘシ曲がったり。芝生席も土がずり落ちてグラウンドにめり込み、所々に穴があいた。数々の好記録を生んだトラックもホームストレッチの土は掘りおこされている。国道八号線の電車道路では白山浦郵便局はじめ、ほとんどの家が大きく傾き、電車の架線が垂れ下がる。道のデコボコが激しく、路上はドロだらけだが、荷物を持った人が右往左往し車がごった返す。」

写真1　新潟市川岸町では4階建ての県営アパートが沈下・傾斜・転倒した.
（新潟日報社提供：文献1-1）

「白山浦通の泥をかきわけ川岸町県営住宅街に出る。アメのようにヘシ曲がった線路に避難したアパートの人たちがわなわなふるえながらかたまっている。アパート群を見ると八棟のうちほぼ完全に近い状態にあるのは『五号』だけ。あと『六号』は一階がすっぽり地下に埋まり三階建てのアパートに早変わり『三号』は大きな巨体を八〇度傾斜させて越後線側に倒れている。」

「関屋田町、学校町方面では水がドンドン噴き出し、念仏寺境内や高校前に避難。この方面の家財道具はそのままにして逃げた人が多く警察のパトカーが『ドロボーに気をつけて』と注意していた。」

「流作場の信濃川畔では新潟交通の鉄筋四階建ての従業員寮がぐらり傾いている。アスファルト道路もあちこちでポッカリ地割れしており、地下からボコボコ水が噴き出している。橋の両端が人の

写真2　新潟市信濃川にかかる昭和大橋の落橋と石油タンクの火事．橋桁は地震の揺れからしばらくして，バタバタと川に落ちた．(新潟日報社提供：文献1-1)

背高ぐらい落差をつけ、がっくり食い違った八千代橋は人がやっと渡れるといったありさま。できたばかりの昭和大橋も橋桁五本が川の中に突っ込み、見るも無惨な姿をさらしている。」

写真1はここに出てきた川岸町県営アパートの様子である。八棟の四階建て鉄筋コンクリートのアパートが、あるものは底が見えるまで引っくり返り、あるものは地面にめり込んだり傾いたりしている。**写真2**は橋桁が落ちた昭和大橋である。あとで話が出てくるように、地震の揺れが収まってから、橋桁を支える脚が横に移動したために、バタバタと落ちたらしいことが分かった。

高校生Tさんの撮った迫真の写真

この地震の最中に、信濃川左岸の川岸町にある明訓高校の学生Tさんが、たまたま持っていたカメラで撮った校庭での液状化の進展の様子が、土質工学会（現・地盤工学会）の論文集の新潟地震特集号の口絵に載っている。この場所は後ほど話が出てくるように、激しい液状化と横方向への地面の移動（側方流動と呼ぶ）が起きた場所である。

図1はこの付近の平面図であり、この上に各写真を写した位置が記入してある。

彼は地震の起きた午後一時二分に、校舎四階の教室にいた。生徒は地震に驚き一斉に校舎の外に避難を始めたが、彼はカメラを持ってきたことを思い出してそれを取りに行き、教室の窓から下の様子を撮り始めた。このときの時刻は一時五分頃と推定される。地震の揺れは一分程度であったので、このときすでにほとんど収まっていたと考えられる。

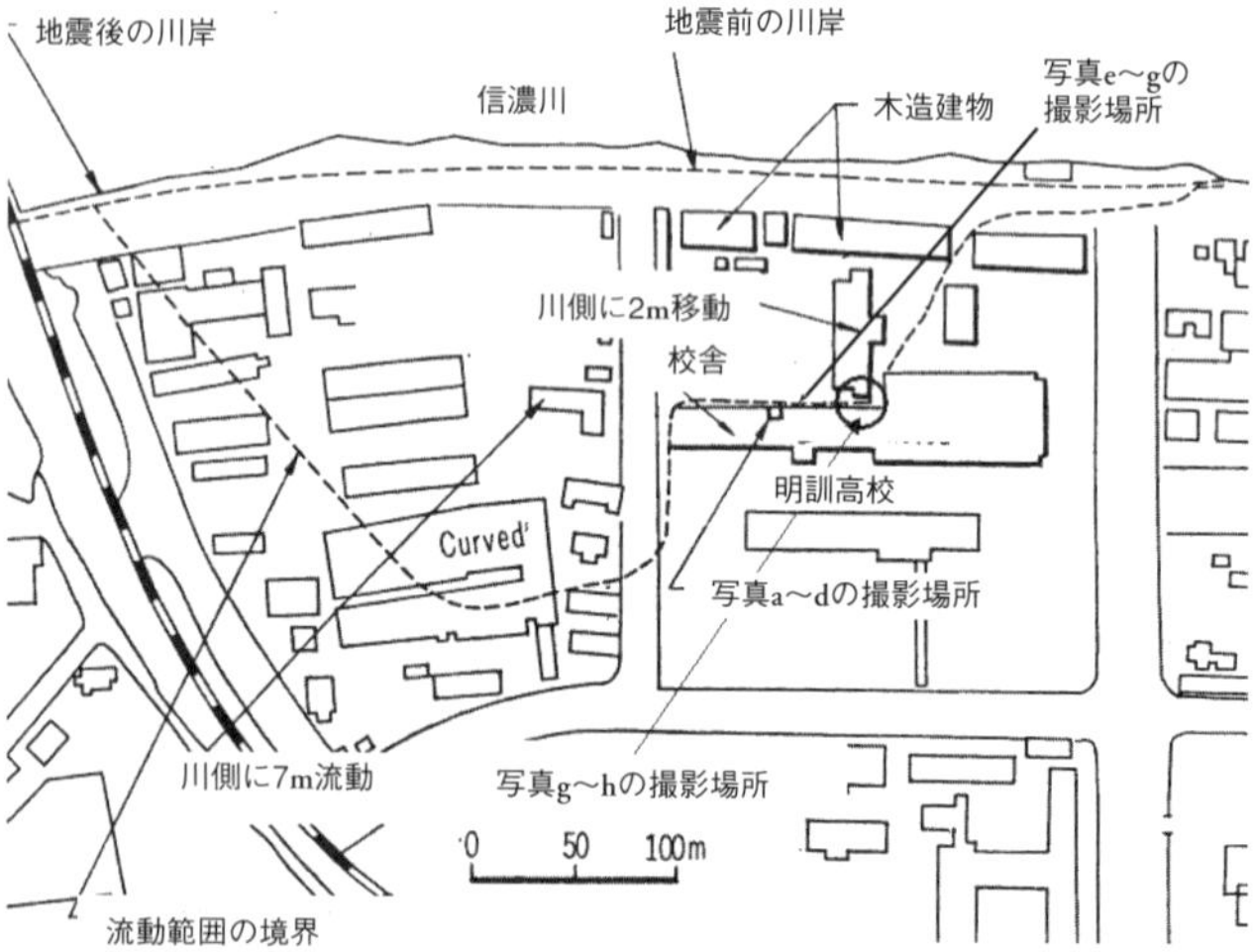

図1　新潟市の明訓高校付近の平面図（文献1-2）

b（3分後）

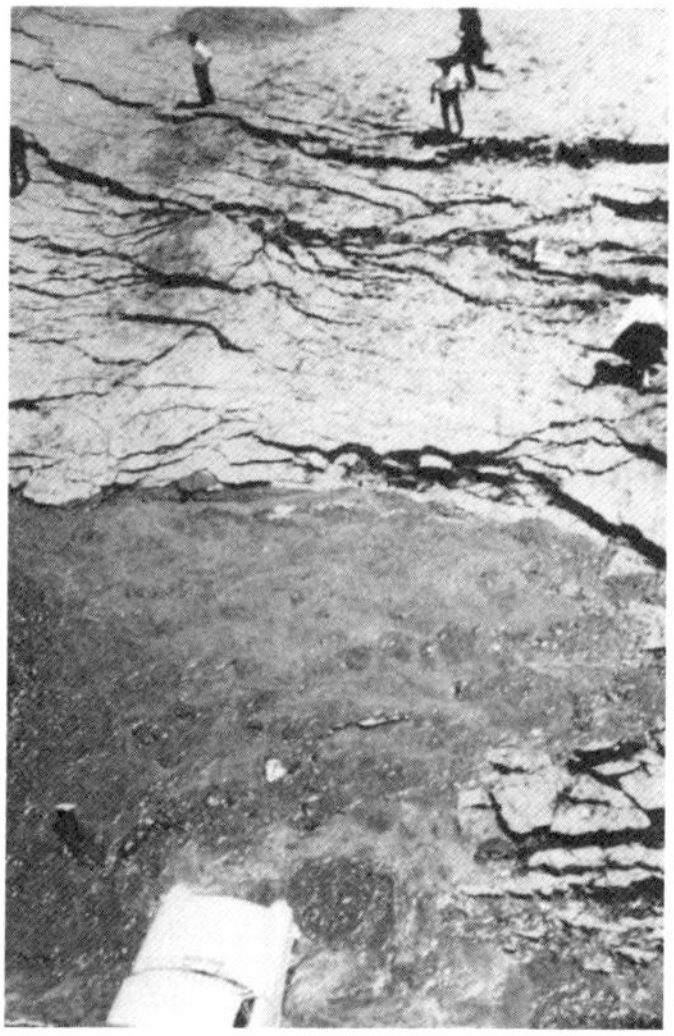

a（地震3分後）

d（8分後）

c（4分後）

写真3-1　高校生T君の撮った液状化現場：その1（文献8）

f（13分後）

e（13分後）

h（17分後）

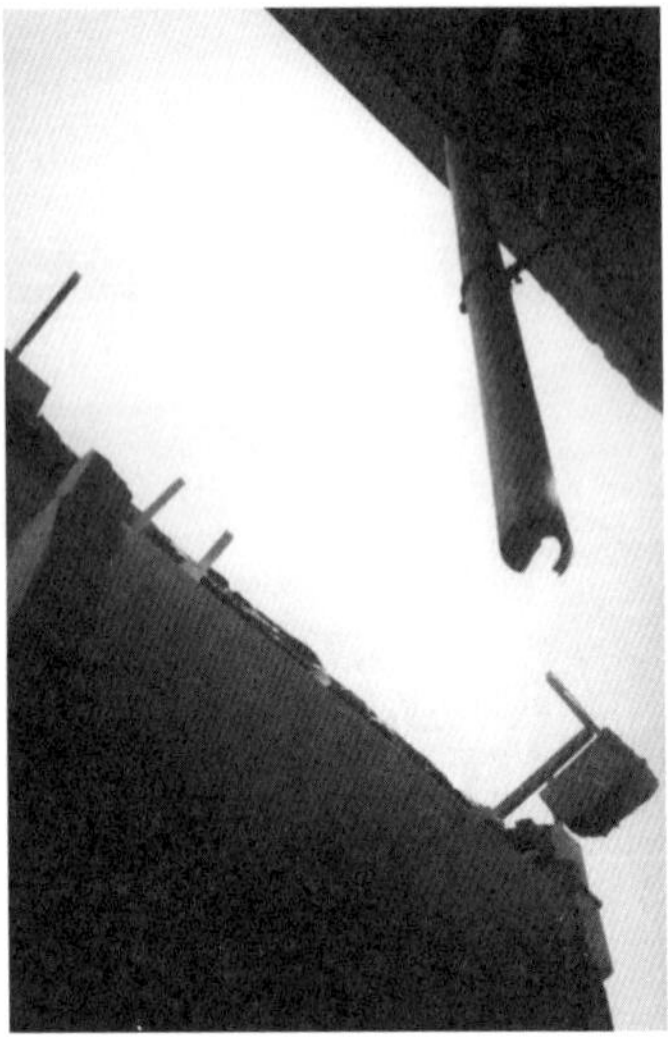

g（17分後）

写真3-2　高校生T君の撮った液状化現場：その2（文献8）

写真3に載せた一連のスナップショットのうちaとbはほぼ同時に撮った写真で、校庭にこの時点ですでに亀裂と段差が生じ、低くなった部分は水が溜まっていることが分かる。cは一時六分頃（地震発生後四分頃）の様子で、信濃川の遠景と西隣にある東北電力の変電所が写っており、そこまで亀裂が延びていることが分かる。dは一時十分ごろに撮られているが、bで写っていた亀裂が亀の甲型に集中していた箇所から、突如新しく水が噴き上げ始めた瞬間をとらえている。

そのあと、教室にとどまるのが危険と感じたTさんは下に降り、液状化した校庭の地上からの写真を何枚か撮った。eは一時十五分頃（地震発生後十三分頃）で、校庭は洪水状態となり、aに写っていた自動車のタイヤがすでに水中に没していることが分かる。fはほぼ同時に撮った写真で、何箇所からか水が激しく噴き上げ、その高さは一メートルくらいある。gは校舎本館につながって建っていた隣接校舎が、地面もろとも信濃川の方向に流動し、間が二メートルもすいてしまった様子を示している。この写真は一時十九分頃（地震発生後十七分頃）撮られたので、その間にこの流動が起きたことになる。hは二つの校舎の間にできた地割れから、泥水が噴き出す様子が写っている。

このように、液状化が起きると、亀裂・地割れ・噴水・噴砂・流動など日ごろ見慣れない不思議な現象が起き、一帯は水浸しになることは、この一連の写真が雄弁に語っている。

海岸・波止場が海にのみ込まれた

新潟地震と同じ年の一九六四年の三月二十七日

に、マグニチュード九・二（最初八・五と発表されたが、後日、上方修正された）の史上最大級の巨大地震が、アラスカのアンカレッジの南東一三〇キロメートルを震央として起きた。

　地震はアンカレッジを含むアラスカ南部中央の海岸地帯に、大規模な地変を引き起こした。とりわけ、天然の不凍港でアラスカ石油パイプラインの積出港バルディーズや、内陸への物資補給基地であったスワードなど沿岸の町では、液状化とそれによる海岸の流失で港や海岸の施設に大きな被害を被った。これらの港町は、氷河が刻んだフィヨルドと呼ばれる内湾沿いにあった。周辺の山で氷河に削られ押し流されてきた砂礫やシルト（砂より細かく、粘土より粗い土）が堆積した三角州の上に発達した町であった。

　バルディーズでは液状化がきっかけとなって、七千万立方メートルの土が海にすべり出し、**図2**に示すように、海岸から奥行き一五〇～三〇〇メートル・間口一キロメートル以上の海岸が流失した。滑った土の厚さは六〇メートルにも及び、沖

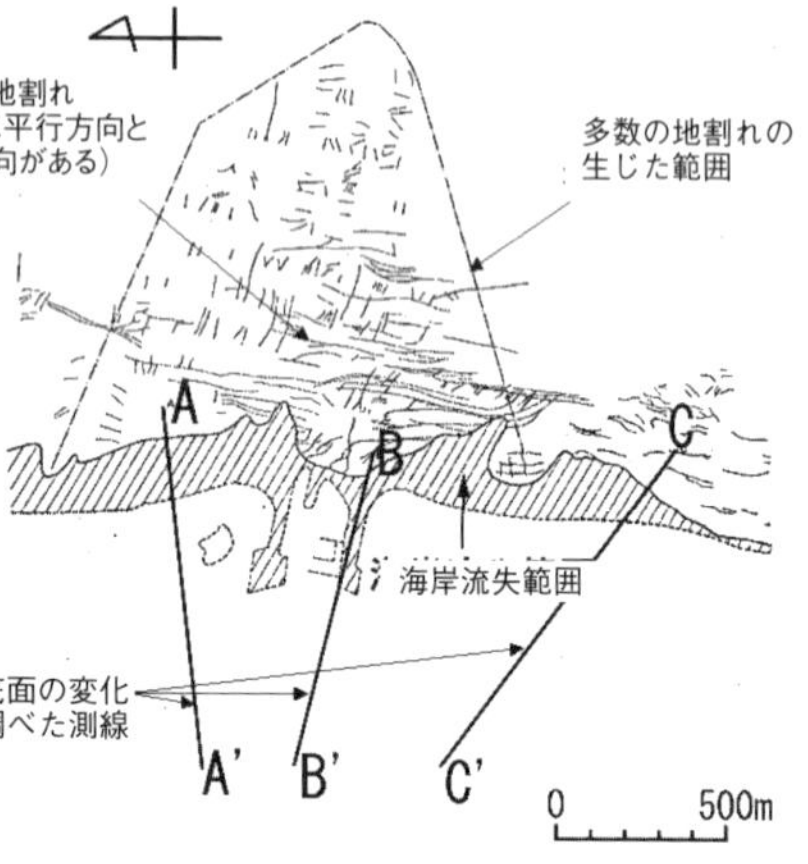

図2　バルディーズでの地すべりによる海岸流失と背後の地盤の地割れ（文献1-3）

合一〜二キロメートルまで移動したとされている。このときの目撃者談を引用した米国地質調査所の報告書がある。

「すべりは突然に有無を言わせず始まり、海岸にいた人々は我を失った。ほとんどの人は、自分たちの足元で実際何が起こったかを思い出すこともできなかった。」

「シェナという一二〇メートルほどの長さの貨物船は、バルディーズの船泊まり場でちょうど荷降ろしをしているところであった。船は最初六〜九メートルほど持ち上げられたあと、下がったり上がったりを繰り返した。船が持ち上がったとき、乗組員は波止場が激しく揺れているのを見た。最初の揺れから数秒以内で、波止場は二つに割れてそこにあった倉庫群ははじかれるように荒れ狂う海に消え去った。波止場にいた人たちがなんとか逃がれようと、何かにつかまって必死にもがくのが見えた。しかし結局だれも逃げることはできず、三〇人の命が海岸の地すべりと、それにより発生した津波によって失われた。」

「この当時、まだアラスカ州には地震計が設置されてはいなかった。しかし、地震後のバルディーズでの多くの人の証言では、大きな揺れは三〜五分間も続いたようだ。三月のアラスカでは、地表から深さ一〜二メートルは凍結していたが、それでも地震の激しい揺れで、地面は波頭が進む海面のように高さ一メートル程度の膨らみを繰り返した。そのたびに地割れが口を開けたり閉じたりして、そこから水や泥を噴き出した。」

「海岸線から離れたところでの建物の被害の主な原因も、地盤の破壊であった。バルディーズの建物のほぼ四〇パーセントは、直下や近くに生じた地面の亀裂によって重大な被害を受けた。木造建物への被害は外からは一見分かりにくいが、亀裂と交わっている建物では、内部構造が完全にやられている。ほとんどの家で基礎の破壊が起き、それが床下の梁、床板の折れ曲がり、内壁のゆがみやひび割れを起こしている。多くの家では地面の亀裂から地下室や床下に大量の砂やシルトが噴き出した。」

「スワードでは激しい揺れの開始から三〇～四五秒たった頃に、スタンダード石油やドック・防波堤を含んだ長さ二キロメートル以上の海岸線が海の中にすべり出した。揺れが続いている間中、次から次へ地面が切れ切れに海にすべり出し、結局、奥行最大一五〇メートルにわたって海岸沿いの土地が失われた。海岸線を走っていたスワードとアンカレッジを結ぶアラスカ鉄道の線路は、ガタガタに段差がつき、一部は海中に流失した。海岸地すべりの背後の百数十メートルにわたって沢山の地割れが現れ、揺れと共に幅が広がっていった。テキサコ石油のタンクのそばでは、地割れの深さが六メートルに達するものも現われたが、そのなかはほどなく地下水でいっぱいになり、震動とともに開いたり閉じたりしながら泥水を噴き上げた。」

現在でも、アラスカのバルディーズやスワードを訪れると、当時のすさまじい破壊の跡をしのぶことができる。バルディーズは、アンカレッジから車で氷河巡りをしながら一日かけてたどり着く距離にあり、アラスカの大自然も満喫できる。**写真4**のように、バルディーズの入り江には、いまだに波止場の木杭の残骸が沖の方まで並び、海底地すべりと津波のつめあとがそのまま残されている。海底地すべりの背後で大規模な液状化が起きた町は、一軒残らず四マイル（六・四キロメートル）ほど西に離れた岩盤上の土地に移転し、あとには一面の夏草が生い茂っていた。

この二つの地震のあと二〇〇四年までに、液状化被害を引き起した大きな地震をリストアップすると、**表1**のようになる。実にたびたび液状化による被害が起きていることが分かる。これらのいくつかはこのあとの話でも名前が出てくる。この表にあるマグニチュードは、この本でもしばしば登場する値なので、ここでその意味を確認しておこう。

マグニチュードは地震のエネルギーの大きさを表す値で、その決定法はいくつかあり、それらの違いによりある程度幅のある値となる。日本の気象庁は独自のマグニチュードを使っているが、国際的なものと大きな違いはない。被害が生じる地震は小粒なもので五レベル、最大級のものは九レベルの値をとる。マグニチュードがたった一変わるだけで、地震のエネルギーが三十二倍も違ってくるアバウトな指標でもある。

マグニチュード六・〇の地震はほぼ広島型原爆

写真4　アラスカの港バルディーズの現在の様子（波止場の木杭が残り，沖合の石油タンカーの向こうには移設されたアラスカパイプラインの積み出し基地が見える）

表1　最近の液状化被害を起こした主な地震

発生年	地震名	マグニチュード	液状化被害
1964	米国 アラスカ地震	9.2※	フィヨルド海岸地すべり，後背地液状化地割れなど
1964	新潟地震	7.5	新潟市での建物沈下・浄化槽浮上・信濃川沿いの地盤流動など
1968	1968年十勝沖地震	7.9	八戸・函館などでの建物沈下・埋設物浮上など
1973	米国 サンフェルナンド地震	6.4	ロサンゼルス近郊アースダム流動・地盤流動など
1978	宮城県沖地震	7.4	仙台近郊液状化・石炭灰液状化・河川堤防沈下など
1983	日本海中部地震	7.7	青森・秋田で建物沈下・八郎潟干拓堤防沈下など
1987	千葉県東方沖地震	6.7	東京湾埋立地液状化・堤防沈下など
1987	米国 インペリアルバレー地震	6.6	地盤沈下・流動
1989	米国 ロマプリエタ地震	7.1	埋立地液状化・ライフライン被害
1990	フィリピン ルソン島地震	7.8	建物沈下・地盤流動・地盤沈下など
1993	釧路沖地震	7.8	釧路港岸壁液状化被害・マンホール浮き上がり・河川堤防沈下
1993	北海道南西沖地震	7.8	建物沈下・地盤流動・河川堤防地盤沈下など
1994	北海道東方沖地震	8.1	河川堤防地盤沈下など
1994	三陸はるか沖地震	7.5	建物沈下・河川堤防地盤沈下など
1995	兵庫県南部地震	7.2	人工島埋立地沈下・流動・河川堤防沈下・アースダム崩壊
1999	トルコ コジャエリ地震	7.8	アダパザーリ市建物沈下・海岸湖岸地すべり
1999	台湾 集集地震	7.3	員林市など建物沈下・台中港岸壁後背地盤沈下
2000	鳥取県西部地震	7.3	工業団地埋立地沈下・海岸・中海干拓堤防沈下
2001	インド グジャラート地震	7.7	土を盛ったアースダムの液状化被害
2003	宮城県北部の地震	6.2	河川堤防の亀裂・沈下，盛土斜面崩壊など
2003	2003年十勝沖地震	8.0	河川堤防の亀裂・すべり，下水マンホールの浮き上がり，畑地の流動沈下など
2004	新潟県中越地震	6.8	下水マンホールの浮き上がり，斜面崩壊，天然ダムなど
2007	新潟県中越沖地震	6.8	砂丘造成宅地の沈下，流動埋め戻し地盤の沈下

※当初8.5を上方修正

一個のエネルギーに匹敵する。最近の地震で言えば、山古志村の地すべりや新幹線の脱線で記憶に新しい平成十六年（二〇〇四）新潟県中越地震はマグニチュード六・八だったので、原爆十六個分、平成七年（一九九五）に神戸で起きた地震はマグニチュード七・二だったので原爆六十四個分というすさまじいエネルギーにあたる。この莫大なエネルギーが、例えば震源深さ十数キロメートルの直下型地震であれば、地面からジェット機が飛ぶ高さくらいしか離れていない深さで解き放たれるわけである。ましてや、アラスカ地震のマグニチュード九・二にいたっては、想像を絶する。

一方、震度はある地点で感じる揺れの大きさを数値化したもので、日本の震度階はゼロから激震の七まである。初めて震度七が記録された阪神大震災のあと、震度六と震度五が強・弱に細分化され、全部で十段階となった。マグニチュードが大きい地震でも、震源からの距離や地盤などの条件によって震度はまったく異なることは当然である。

液状化現象は昔から繰り返していた

一九六四年に起きたこの二つの地震を契機として、日本やアメリカを中心にこれらの地震で起きた地変を科学的に調べ、その原因を明らかにするための研究が精力的に行われるようになった。調べるにしたがって、それ以前の多くの地震でも似たような現象が目撃されていたことが分かってきた。

例えば江戸末期の安政江戸地震の古文書「安政二乙卯歳地震之記」によると、「自宅庭前の地裂け、東西へ九通り幅五、六寸より壱寸、広きは足を踏込み、深さ測り難く、台所の方二筋は赤砂泥水が湧出して、恰《あたか》も荒砥《あらといし》で錆を研いだ水の如く、夫より南は青砂黄寮〔水たまり〕沸騰して、しかも庭中さながら雨後の如くであった。しかしながら居宅に破壊の患《うれ》いなく、地形小裂し、宅の中央でもショウ下南北へ開く事壱寸五、六分、門の東柱南に傾き、薪小屋が破損したが、其の余は庇《ひさし》・物置等に恙《つつが》なく、家族は梨園に退き、樹下に古幕を垂れ、菰筵《こもむしろ》を以って終夜風霜を凌ぎ、隣家の婦女子も奔走し来たりて倶に蹲踞《そんきょ》する有様であった。」

また「大地震大風聞記」によると「此度辺在尤荒たるハ亀有村のさき大やた村とかいえる辺　人家大方潰其さま家根を下にし床を上になせしと田畑大いに割　砂泥を噴き上げ山をなし　亦大なる堀も出来たりとそ」

古代ギリシャの都市も液状化で滅びた？

液状化による大災害は、さらに古くギリシャ時代にまでさかのぼるようである。以下、文献を引用すると、「紀元前三七三年の冬の夜、ギリシャ中部のペロポネサス島の北岸にある繁栄した都市へリスは大地震に襲われ、激しい揺れで倒れたあげく、逆巻く波にのみ込まれた。誰一人として助かったものはいなかった。翌日、二千人の人たちが死者を埋葬しようと駆けつけたが、一つの遺体も発見できなかった。ヘリスの住民は崩れた町の瓦礫に埋まったあと、その土地ごと海の底に連れ去られ、今もそこに横たわっている。」

この都市と住民の消滅のわけは、完全には分かっていなかった。単に地震によって地盤が沈下し、沈んだとの説もあった。しかし、この出来事を研究者が詳しく調べたところ、建物の倒壊と地盤沈下に加え、土地全体が半マイル（〇・八キロメートル）も海に向かって滑ったことが原因との結論が出された。

これを裏付けたのは、それから二千二百年ほどあとの一八六一年十二月二十六日に、同じ場所で再び起きた地震である。これによって小規模ながら同じような現象が起こった。地面は再び海の方に向かってすべりだしたのである。海岸に平行に幅一・八メートルの地割れができ、付近には噴砂口が現われ、液状化の発生を証拠付けた。幅一〇〇〜一三〇メートルの地面が海岸線沿いに一三キロメートルにわたって海に向かってすべり出した。陸地に残された土地は一・八メートルほど沈下し、亀裂やひび割れが多数できた。紀元前三七三年の地震はこれよりも十倍ほどのエネルギーであったと推定されるので、古代都市ヘリスの滅亡は、液状化によって起きた海岸の地すべりによるものであると断定されたのである。

中越地震では埋め戻し土が液状化

時代は突然現代に戻り、つい最近の平成十六年（二〇〇四）新潟県中越地震と液状化のかかわりについて見てみよう。この地震は比較的山地に近いところで起きたため、同じ新潟県で四十年前に起きた昭和三十九年（一九六四）新潟地震のようには激しい液状化は起こしていない。自然地盤よりは、もっぱら工事で掘った溝を埋め戻した人工地盤で、小規模な液状化が起きた。小規模と言ってもその影響が小さいとは限らない。

長岡・小千谷など広い範囲で、道路に埋められていた千個以上に及ぶ下水マンホールが浮かび上がり、道路の通行に支障がでるケースが相次いだ（**写真5**）。実は、下水マンホールの浮き上がりは一九九三年釧路沖地震のとき釧路市で見られ、当時は珍しい現象として話題を呼んだものである（**写真6**）。その後、平成十五年（二〇〇三）の十勝沖地震でも十勝から釧路にかけての海岸沿いの多くの住宅造成地で敷設した下水マンホールが浮き上がった。最近は地震調査に行くたびに下水マンホールが五〇メートルほどの間隔で路面から飛び出している奇妙な光景によく出くわす。以前にはあまり見られなかったこの種の被害が最近の地震で目立つようになってきたわけは、裏返せば日本の津々浦々で下水道普及率が上がってきたためとも言える。

水道管・下水管・ガス管などはライフラインと呼ばれ、社会を支える大切な施設である。ライフラインを地中に埋設する最も簡単な方法は、地面を掘った溝に管を設置したあと、山砂などで埋め戻す方法である。山砂とは、昔に水中に堆積した砂地盤が長年月のうちに隆起して丘陵地となっているところを、切り崩してとってきた土である。多少細粒な土が混じっていても、主体は砂であることに違いはなく、密度が緩いと液状化しやすい。管やマンホールを設置したあと、残りの空間に山砂を入れて埋め戻すわけだが、狭い空間を土で十分に締め固めるのはかなり難しい。下水管やマンホールは、コンクリートでできていて重いように感じるが、埋め戻し土が液状化して、密度が一・八トン／立方メートル程度もある泥水になるため、浮力を受けて浮き上がってしまう。

新潟県中越地震では、上越新幹線の脱線も大き

写真5　新潟県中越地震での長岡市のマンホールの浮き上がり（埋め戻しの沈下とマンホールの浮き上がりの両方が起きる）

写真6　1993年釧路沖地震でのマンホールの浮き上がり（立っているのは液状化研究の世界的権威の石原研而氏）

な問題となった。地震が起きた十七時五十六分に、新潟行きのトキ三二五号は、ちょうどトンネルを抜けて長岡の手前の高架橋にかかったところであった。高架橋は、ラーメンと呼ばれるコンクリートの柱と梁・床が一体となった構造で、丘陵地から平野を一直線に貫いている。トンネルを出て、この高架橋を数百メートル走ったあたりで脱線し、そのまま一・五キロメートルほど走って停まった（**写真7**）。

写真7　高架橋の上で脱線したトキ325号（毎日新聞社HPより）

実はこの付近の高架橋下の地盤で、砂・泥・水が噴き出した跡が見られた（**写真8**）。茶色っぽい噴砂の色などから、埋め戻し土が液状化したものらしい。なぜ、埋め戻し土がそこにあったかと言えば、高架橋の構造を強くするため、隣どうしの柱を横に連結する地中梁を地面の下に造っていたからである。地中梁の埋め戻しは当然締め固められたと思われるが、土として年齢の若い埋め戻し

写真8　新幹線高架橋の埋め戻し土の液状化による噴砂

土は液状化しやすかったのだろう。数百メートルにわたって、多数のコンクリート柱の周囲に高さ一メートルくらいの茶色の泥跳ねの跡があり、地盤と柱の隙間から、泥水が噴き上げたようである（**写真9**）。埋め戻し土は二〇センチメートルほどの沈下も起こしていた。さらに、地中梁を埋め戻した地面には多数の開口亀裂が見られ、激しい揺れで柱が地盤に対し大きく動いたことを示していた。

この付近は田んぼや畑が広がっており、田んぼの表面にはわずかに噴砂が見られるところもあったが、元々の地盤では明らかな液状化は起きていなかった。それとは対照的に、高架橋基礎の埋め戻し土は液状化し、それにより高架橋の揺れを大きくした可能性がある。このように、液状化は現代社会を支えるライフラインやいろいろな重要施設の安全性にも深く関わっているのである。

写真9　新幹線高架橋の柱についた泥の吹き上げ跡で，液状化に近いことが起きていたようだ．

第2章

液状化の起きるわけ

砂を揺すれば液体に

これまでお話ししてきたように、地震時に地面に起きる多くの異常現象に「液状化」が関わっていることが分かってきた。この「液状化」と呼ばれる現象がどのように起きるかを手っ取り早く理解するには、理屈っぽい説明よりは身の回りの品物で簡単な実験をやってみることが一番である。

まず**図3**のように深めの容器に水を張り、そのなかに乾いた砂を上から撒いて、緩く堆積した砂の層を作る。水面は砂の面の高さに大体合わせ、砂が水に浸された状態（飽和と呼ぶ）としておこう。でき上がった砂の表面には、多少重めの文鎮か何かを置いておく。フタをした小さなガラスの空瓶でもあれば、砂をまく途中で砂の中に埋め込んでおこう。準備ができたら、容器の横を軽く二～三回木槌のようなものでたたくと、もうそのなかの砂層は立派な液状化状態になる。文鎮は短時間で砂の中にめり込み、ガラス瓶は表面に浮き上がってくる。また砂層の表面は沈下し、水が表面に浮き上がってきているはずである。

この洗面器の中の実験は、地震時に実際の地盤で起きる液状化現象の本質を、ほとんどすべて表

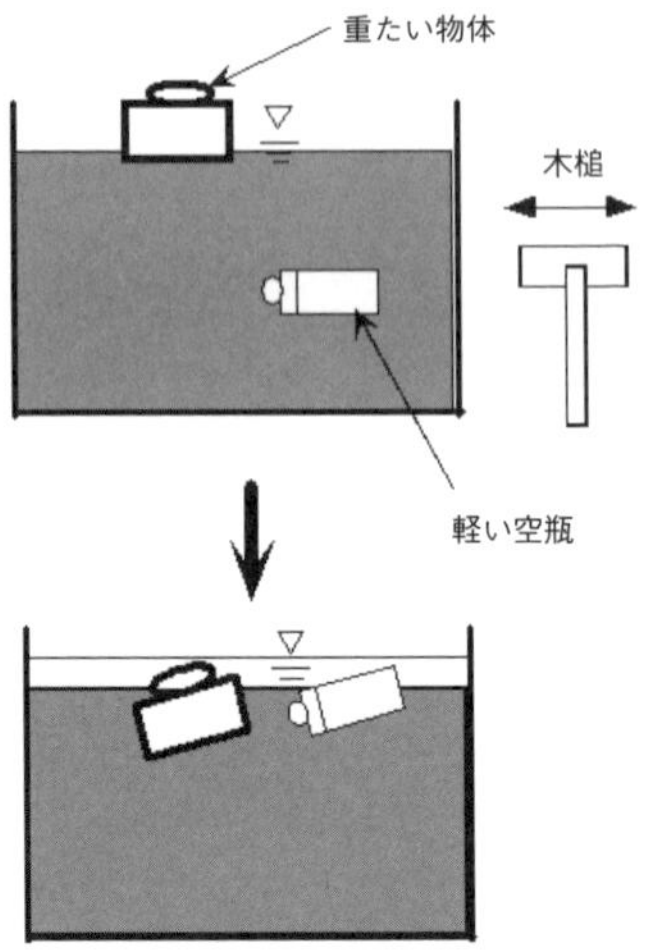

図3　深めの容器に入れた飽和砂で簡単にできる液状化実験

していると言ってよい。つまり、地震の揺れにより砂粒どうしの噛み合いが外れて、一時的にお互いにばらばらに水中に漂った状態となり、密度が水よりもだいぶ大きな（通常一立方センチ当たり一・七〜一・八グラムくらいの）液体とほとんど同じになる。したがって、表面に置かれたものはめり込み、中にある密度が軽いものは浮き上がることになる。

噛み合いが外れて水中に漂った状態の砂粒はやがて沈降・堆積し、液状化は終了する。しかし、砂層全体が沈降・堆積し終わるためにはある程度の時間がかかり、その間は液状化状態が継続する。終了後、砂の密度が締まるため、その分、砂層の表面は沈下し表面に水の層が現れる。実際の地盤では、地下水面が地表よりも深いところにある場合が多いので、それをまねて水面を砂層の表面よりも多少下げた状態にしても、ほぼ同じ現象が観察できる。

実際、液状化を起こしてその影響を調べる本格的実験は、このような簡単な実験と本質的には変わらない。一〜数メートルの深さの砂を入れた容器を、振動台と呼ばれる大型の機械の上に載せて揺らすような方法で行われてきた。その実験のイメージを**図4**に示す。砂層中には実際はいろいろな計器が埋め込まれるが、ここではそのうち間隙水圧を計るためのスタンドパイプが描かれている。間隙水圧とは、砂粒子どうしの間隙を充たしている水の圧力のことで、後で話が出てくるように、液状化の発生理由を理解する上で非常に重要な量である。スタンドパイプは、それが取り付いている位置での砂層の水圧を、パイプの中の水面の高さによって読み取ることができる。

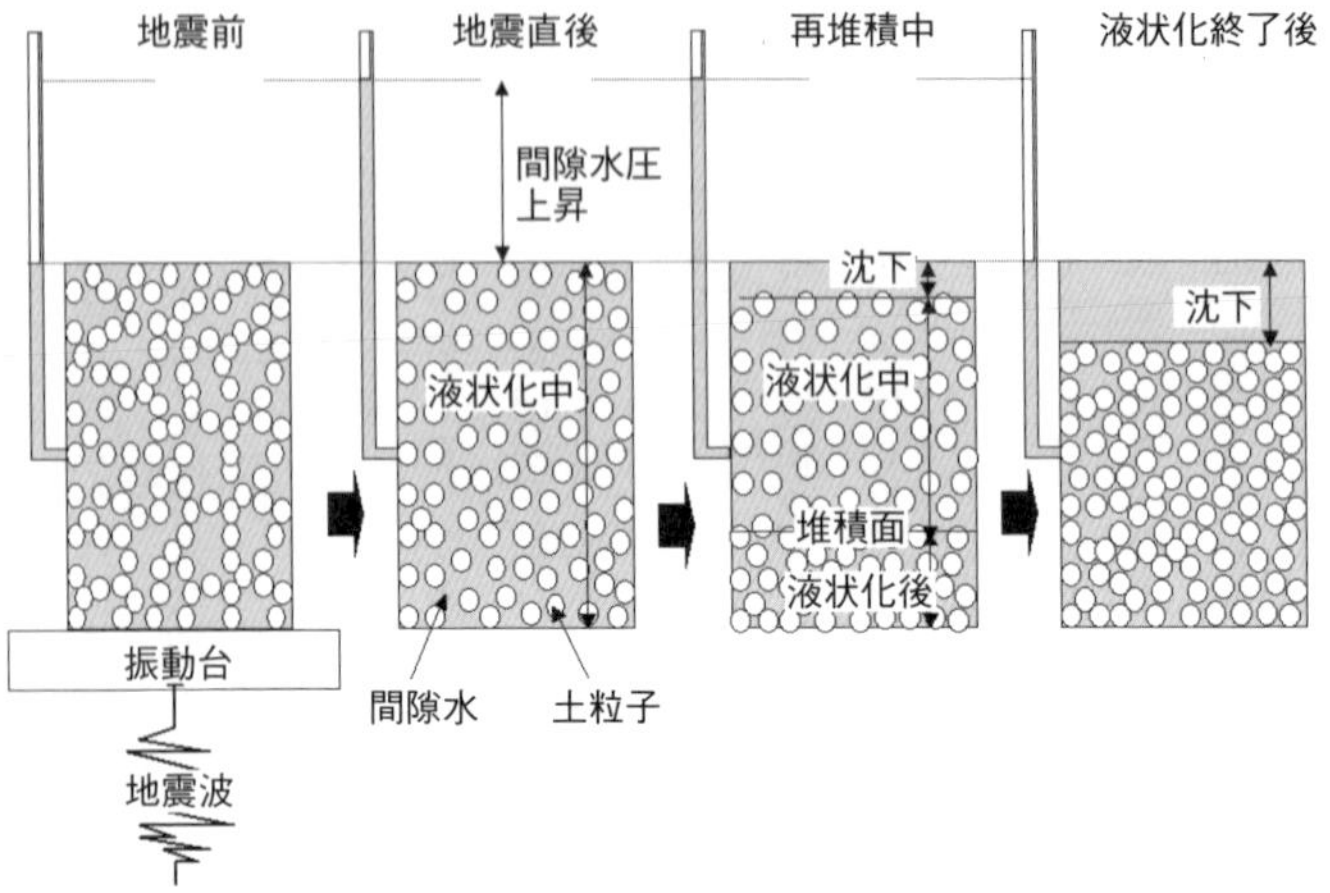

図4　振動台による飽和砂層の液状化実験

揺れを振動台に加えると間隙水圧が増え始め、上昇しきったところで液状化に達する。液状化すると砂粒の間を伝わる力はなくなり、お互いにバラバラになって振動中は砂粒が水中に浮いたような状態になる。なぜ浮いたような状態が持続可能かといえば、液状化すると砂層の中に上向きの水の流れが起き、本来水より重い砂粒を押し上げるからである。振動が停止すると同時に、液状化した砂層全体がほぼ同じ速度で沈下しながら底の方から砂粒の堆積が起こる。その堆積面はゆっくり上昇し、表面にまで達した時点で液状化が終了する。砂層の表面は当然最初よりも沈下しているので、表面は水の層で覆われる。

地盤が液状化すると、その上にある建物などは地面にめり込み沈下する。もし、液状化した土が液体とまったく同じ性質であれば、建物はどんどん沈んでゆき、船が水に浮いているのと同じように、液状化した土から受ける浮力と建物の重力がバランスしたところで沈下は止まる。このときの沈下量が理屈上の最大沈下量である。

例えば五階建ての鉄筋コンクリートの建物であれば、自重で地盤に働く力は一平方メートル当たり七〜八トン重程度である。液状化した土の密度を一立方メートル当たり一・八トンとすると、建物が液状化層の中に四メートルほど沈めば、浮力とバランスがとれることになる。新潟地震での多くの被災例をみると、実際の沈下はこれより小さい場合が多い。これは液状化した砂が本当の液体ではないため、大きく変形しようとすると個体的性質が現われるためであると考えられる。また沈下が瞬間的には起きず、時間がかかることにもよる。つまり、液状化といっても、大きな変形まで文字どおり液体の性質を保ち続けられるとは限らない。また地盤が不均質なため、実際の沈下は均等には起きず、傾きながら不同沈下する場合が多い。しかも、一般に沈下が大きいものほど傾斜も大きくなる傾向がある。極端な場合、新潟地震での川岸町アパートのように横倒しになることもある。

一方、液状化した土の中にある軽い埋設物は浮き上がりを生じる。これについても、液状化した土が完全に液体になったと考え、その浮力が埋設物の重量と釣り合う条件から地下水面以上にどれだけ浮き上がればバランスがとれるかを計算できるが、実際の浮き上がり量は計算どおりには大きくならないことが多い。やはり、液状化した砂が本当の液体ではないことや、地震動の継続時間がそれほど長くはないことなどの理由による。

試験機の中で地震を再現するには

容器に入れた砂層を揺する実験は、砂層全体が地震によって起こす現象を定性的に知るためには、大いに役に立つ。しかし、実際の地盤とはしょせん大きさが違いすぎるので、現象の傾向はつかめても、実際の地盤で起きる現象を定量的に判断するのにはあまり適さない。

そこで、実際の地盤の中にある土の小さな塊（要素と呼ぶ）をそのまま取り出し、地震の時に受ける実際の大きさの力を試験機の中で加えることにより、液状化現象を定量的に再現する試験の方がむしろ広く行われている。これを要素試験と呼ぶが、要素試験の原理を話すためには、まず地震のときに、地盤がどのような力を受けるかを話さなければならない。

地震により土にどのような力が加わるかを考えるためには、地盤の中を地震波がどのように伝わり、地盤がどのように揺れるのかを見ておく必要がある。まずは地震が発生する震源から出発しよう。液状化を起こすような強い地震は、地下数キロメートル〜数十キロメートル程度の深さの震源断層から発生し、その波は**図5**のように、縦波

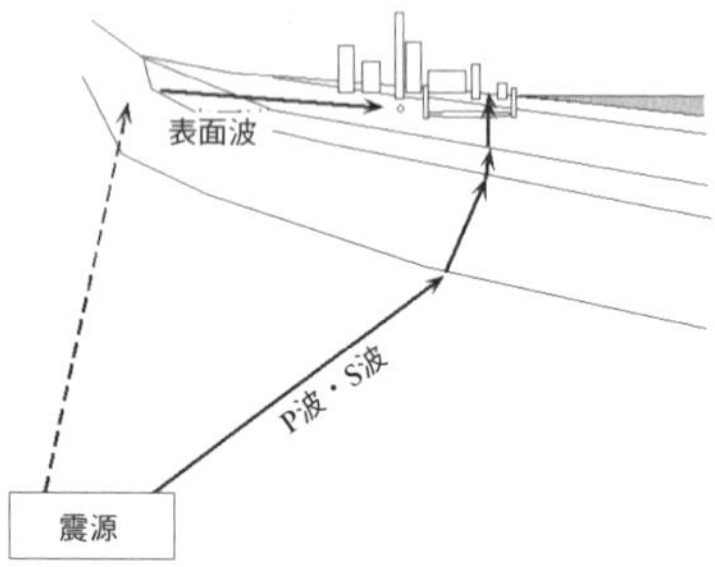

図5　地震波の種類（実体波・表面波）と震源から地表まで伝わる経路

（P波）と横波（S波）の形で地表に向かって伝わってくる。P波は、主に地震の初期に現われる周期の短い縦揺れの突き上げるような揺れであり、S波は、主要動と呼ばれる最も激しい横揺れの部分を構成している。主要動のあとに、周期の長い船のようにゆっくりと揺れる部分が現われるが、これはP波やS波が地表付近の軟らかい地層に沿って伝わる波に変化したもので、表面波（レイリー波とラブ波の二種類がある）と呼ばれる。

我々の立っている地面の下は、深く掘れば掘るほど硬い地層が現われるのが普通である。山登りに行けば、山肌に硬い岩盤が顔を出しているのを見ることができるが、平野では、地表付近は川や海などの堆積作用でできた厚い土の層で覆われている。東京や大阪などの大都市の中心部では、およそ一～三キロメートルも深く掘らないと、この硬い岩盤に到達しない。それほど軟らかい地層が厚く積もっている。

P波やS波は深部から地表面に伝わるまでに、硬い地盤から軟らかい地盤に向けて、幾度となく地層の境界を通過することになる。波が下の硬い層から上の軟らかい層に伝わるとき、波の進行方向は、徐々に鉛直上向きに変わってくる性質がある。これにはスネルの法則と呼ばれるものが関わっている。**図6**のように、波の伝播速度が速い部分（硬い地層）から遅い部分（軟らかい地層）に斜めに波頭が進行することを考えてみよう。同じ時間内に進む矢印Aの距離と矢印Bの距離の違いが生まれるが、波の進む矢印と波頭の線は直角でなければならないので、入射角より屈折角が小さくなる方向に屈折することが分かる。

身の回りのなじみ深い例で言えば、海岸付近の高台に立って、沖から波が海岸線に近づくときの様子を思い浮かべればよい。波の場合は進行速度は水深が浅いほど遅くなるため、沖で海岸線に斜めに進んできた波も岸に近づくと波頭が海岸線に平行になり岸に向かって真っすぐ進んでくるのである。つまり、地震波であれ海の波であれ、波の伝わり方は共通した性質がある。このような屈折

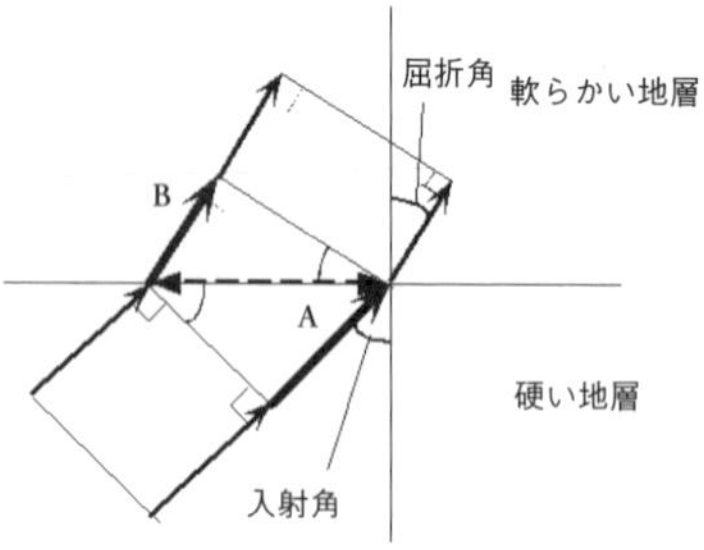

図6　地層境界での地震波の屈折（スネルの法則：一定時間内に波の進む距離がA＞Bのため進路が曲がる）

現象が、速度の異なる境界で幾度となく起こる。そのため、遠くで起きた地震で、波が斜め下から上がってきそうな場合も、地表付近に到達するP波やS波はほぼ真下から地表に直角に上がってくることになる。

このうちP波は粗密波とも呼ばれ、土に働く力は縦も横も同じように（等方的に）同時に増減する。ところが、土の隙間が完全に水で飽和している場合、第5章でお話しするように、等方的に力が増減しても、その力はすべて水圧の一時的増減に置き換わり、粒子間の接点を伝わる「有効応力」は変化しない。「有効応力」についてもあとでお話しするが、「有効応力」が変化しない限り、土には何の変化も現れない。つまり、P波は液状化には無関係であることになるのである。

一方、鉛直方向に伝播するS波では、土粒子は

水平方向に振動するが、これを特にSH波と呼ぶ。これが地震の主要動として、建物などに大きな被害をもたらす犯人と言ってよい。液状化を起こすのも主にこのSH波である。表面波も液状化に無関係ではないが、SH波の影響が圧倒的に大きく、今のところ、SH波で地震の影響を代表させているのが普通である。

ゴム膜の中の液状化

普段、ある深さにある土の要素は、**図7**のように地震前には上に載っている土の重さで鉛直に押されている。水で飽和した土の重さを一立方メートル当たり一・八トン重とすれば、例えば一〇メートルの深さで平面積一平方メートル当たり一八トン重で押されていることとなる。

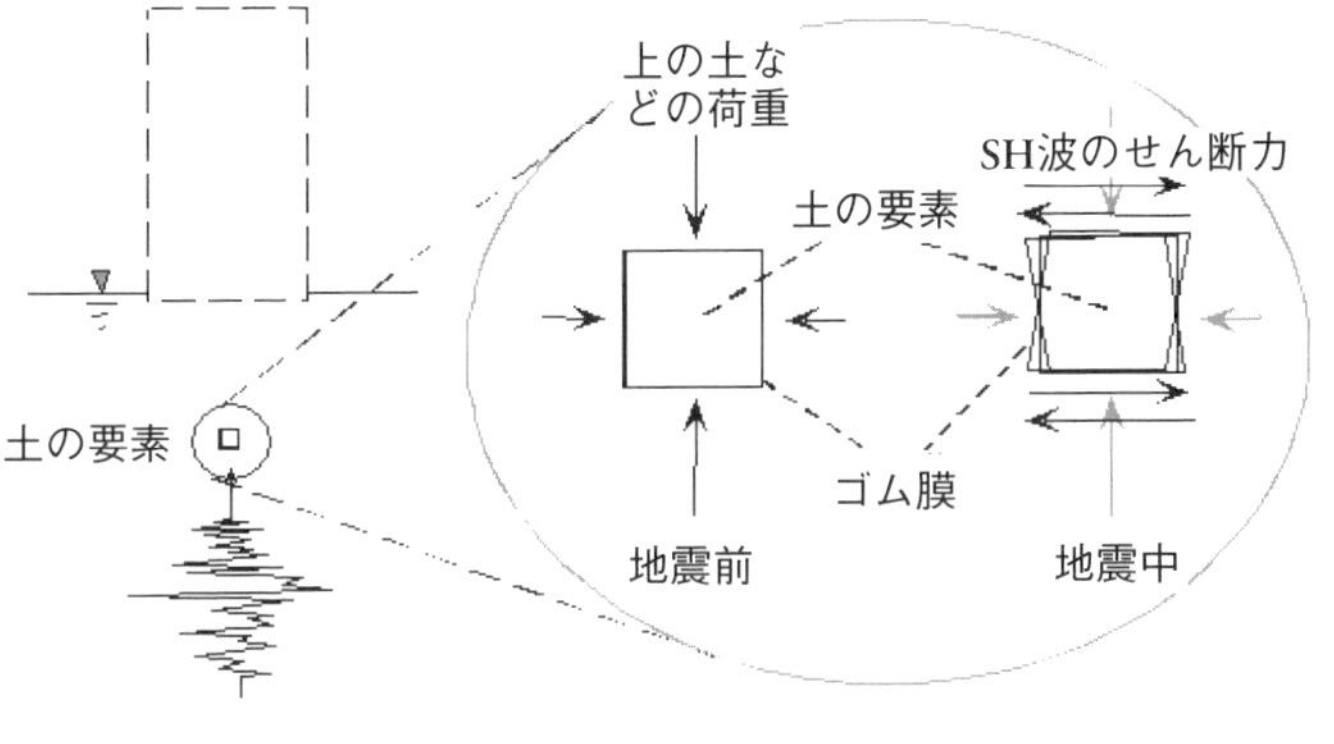

図7　地盤中の土の要素が地震前と地震中に受ける力（試験機の中では土の要素をゴム膜で包み非排水条件をつくる）

しかし地下水が地表まである場合を考えると、そのうちの一〇トン重は水圧が受け持っているので、土の固体部分である土粒子の集合体が受け持っている荷重（これは後で説明するように、有効応力と呼ばれる）は一平方メートル当たり八トン重である。もし、地面の上に建物などの構造物が載っていれば、さらにその重量を加えた力を受けることになる。

地震が起きると、SH波によって要素の水平面に平行なズレの力（せん断応力と呼ぶ）が働くことになる。もちろん、地震の揺れに応じてこの力の大きさと左右への向きは頻繁に変わる。この変動する力により、土の要素は左右にマッチ箱をつぶすような変形（せん断変形）を起こす。緩く堆積した砂がこのようなせん断変形を受けると、体積が縮もうとする性質がある。形がゆがむことによって砂粒どうしの間が不安定になり、大きな隙間に他の砂粒が転がり込み、全体のカサが減るためである。これをダイレイタンシー現象と呼ぶ。

詳しくは第5章でお話しするが、水で飽和された緩い砂のカサが縮むには、砂粒の間を完全に充たしている間隙水が、すみやかに排水される必要がある。ところが実際に数メートル以上も厚さのある砂層では水の移動に時間がかかるため、長くても数十秒程度の地震主要動の継続時間では排水できない。いわゆる「非排水条件」と考えるのが適切である。つまり間隙水の出入りが遮断されたまま、せん断変形が起きるのである。

さて、試験機の中でこの「非排水条件」を再現するために、水で完全に飽和した砂の要素の周りを薄いゴム膜で完全に覆うのである。地震前に働いている静的な力を加えた後、外との水の出入りを遮断した状態で、ＳＨ波によるせん断力を繰り返し加える試験を行う。このときゴム膜を通して水は移動できないので、「非排水条件」が実現していることになる。すると、力の繰り返しとともに間隙水圧が徐々に増加し、やがて地震前に周りから加えていた静的な力（先ほどの例では一八トン重）に達する。このとき周りからの力はすべて間隙水圧によって支えられるようになり、粒同士を伝わる力が失われる。そのため、前にお話しした砂層の振動台実験と同様に、砂粒は噛み合いが外れて、お互いにバラバラに水中に漂い、液状化状態になるわけである。

このような試験機の中での要素の試験が有利な点は、振動台での実験とは異なり、実際の地盤が受けている力をそのままかけて試験ができるため、実際問題にそのまま当てはまる定量的答えを得られる点である。したがって、実際の地盤が地震の時に安全か否かの実証をするためには、そこから取り出した土の要素を使った試験機による液状化試験をする場合が多い。

地表での異変

液状化すると、地震以前は土粒子の間を伝わる有効応力に支えられていた上からの力が、すべて間隙水圧に肩代わりされる。つまり地震前と比べて水圧が異常に大きくなるわけである。このために、液状化したあとその地面では普段は見られない異常現象が見られるようになる。地表の弱い部分から、まず水が、次に水と土が混じった泥水が噴水のように噴き上げはじめるのである。これを噴砂現象と呼ぶ。噴き上げ高さは一般に数一〇センチメートルから、時には数メートルの高さに及ぶこともある。

地震の被害地域を調査して興味深い点の一つは、被害にあった多くの人が地面のこの異変を、水道管が破裂したものと受け止めることである。液状化現象に対する認識が十分には浸透していない現状では、このような誤解が起きることはうなずける。液状化が激しく起きると、噴出する水の量も半端ではなく、新潟地震での新潟市や平成七年（一九九五）兵庫県南部地震でのポートアイランドのように、一時的には洪水のような状態になることも珍しくない。

このような現象は、異常に大きくなった間隙水圧が、地表に向かって抜けようとして、水の上昇流れが生じるために起きる。土は均質ではないため、弱いところに流れが集中する。その近くの土の粒子は水流に巻き上げられて上昇し、地表面の弱部から噴出する。そして富士山型の小さな丘（噴砂丘）を作る。この噴砂現象は、地震の時に、液状化が起きたことの最も分かりやすい証拠となる。

噴水・噴砂と沈下

液状化したあと、噴砂現象によって地表に水や砂泥が噴き出すのと引き換えに、地面の沈下が起きる。地面の沈下が起きるのは、当然ながら砂が以前より密になって沈下するからである。そのためには、粒と粒の間にある間隙水が絞り出されなければならない。それが噴水・噴砂現象として表われるから、単純に考えれば液状化によって起こる地面の沈下が五〇センチならば、その分の五〇センチの水が地表に出てくることになる。これほどの水が地表にあふれたら、それはちょっとした洪水である。昭和三十九年（一九六四）には新潟市でまさに洪水と言えるほど一帯が水浸しになった。

液状化後の地面の沈下は、地震直後に瞬間的に起きてしまうのではなく、噴砂・噴水の進行とともに徐々に起きる。最初は水の出る勢いも大きく、沈下速度も大きい。時間とともに勢いは減少するが、完全に終了するまでには、数時間以上、長い場合は数日もかかる。

上に何も載っていない平らな地盤を、自由地盤と呼ぼう。自由地盤の液状化による沈下の大きさは、土の締まり具合と地震の強さによって決まる。これまでの経験から、自由地盤の最大の沈下は、液状化した砂層厚さの五パーセントぐらいのようである。液状化したあとの地面は、もとの平らなまま整然と沈下するよりは、場所により沈下量がふぞろいで、うねうねと波打った形になることが多い。木造住宅のように、きゃしゃな基礎の上に載っているものは、重量は軽いので地面に大きくめり込むことはないが、このふぞろいの沈下（不同沈下と呼ぶ）によって建て付けがガタガタになってしまう。また、道路舗装にはひび割れが入り、地下に埋めた水道・ガス・下水道のたぐいは大きな被害を受ける。

地面が沈下することは、土の密度が上がって、結局は液状化前より地盤は丈夫になることを意味しているように思える。激しい地震を受けた神戸の埋立地は、五〇センチメートル程度沈下したが、これは液状化した埋め立て層の厚さをほぼ一五メートルとした場合、〇・五メートルを一五メートルで割ると、つまり三パーセントほどの密度増加にあたる。新潟の場合、やはり最大五〇センチほど沈下したが、液状化層の厚さが一〇メートルほどとして、五パーセントほど密になったことになる。それでは、神戸や新潟はこの密度増加により、次の地震では液状化が起きにくくなったといえるだろうか。

なぜ再び液状化するのか

実は、前に液状化が起きた地盤が再び液状化することは、それほど珍しい現象ではない。昭和五十八年(一九八三)日本海中部地震や平成六年(一九九四)三陸はるか沖地震などで、本震で噴砂が発生した同一地点で大きな余震の時に再び噴砂が起きたことが報告されている。また、昭和四十三年(一九六八)の十勝沖地震のときに液状化した地点が、十五年後の日本海中部地震のときに再び液状化し、被害をもたらしている例も調べられている。つまり、一回目の液状化で密度が大きくなったはずの地盤で、一回目よりも小さな揺れによっても、再び噴砂現象が見られた例が結構ある。

振動台上の模型砂層を液状化させる実験でも、同じ大きさの揺れを繰り返し加えると、その度に液状化するのが観察できる。一回目よりも揺れを多少小さめにしても、部分的には砂層が液状化することも知られている。もちろん、一回の地震で地面は沈下するので、地盤は平均的には締め固まっているのに、なぜ何回も液状化するのだろうか。一つには、液状化した地盤は均一に締まるのではなく、不均一に密になるためらしい。

神戸の地震のあと、阪神高速道路のルートに沿って、地震前後での地盤の締まり具合の変化を比較した調査がある。このような場合、後でお話しするように、地中に金属ロッドをハンマーでたたき込む標準貫入試験法で求まる「N値」（ロッドを三〇センチメートル地中に貫入させるのに必要なハンマーでたたく回数をN値と呼ぶ）で、締まり具合を調べることが多い。N値が大きいほど、土はよく締まっていることになる。この結果、非常に面白いことが分かった。神戸の中心部に近い揺れが非常に強かったところでは、N値が増加し地盤全体が密になった。しかし、大阪よりの地震断層から遠くて揺れが多少弱かったところでは、地盤の深い部分のN値は大きくなったが、浅い部分では小さくなり、地盤が地震でかえって緩んだことが分かった。地面は間違いなく下がっているので、平均的には締まっているのだが、部分的にはかえって密度が緩むところができていることになる。

この原因としては、地震の継続時間は限られているため、砂層が満遍なく密になるまでの時間がないことが考えられる。実際、振動台実験で模型砂層を長時間にわたり振動し続けると、まだ振動中にもかかわらず、底のほうから土粒子が堆積し始める。しかし、その上ではまだ液状化が進行し、砂は緩んだ状態にある。さらに一定の大きさで振動を続けると、そのうちに地表まで堆積して液状化が収まり、全層にわたって密度が締まった状態となる。それに対し、振動を途中で止めると、締まる部分と緩む部分の密度の不均質が生じることが分かる。

さらに、一度液状化した土は、元より強度が低下することが再液状化に関係しているらしい。自然の地盤は長期間に徐々に強度の増加が起きている。そのわけはいろいろあるが、第一に、土粒子の接点同志の結びつきが強くなることが挙げられる。土中に含まれる化学物質が長期にセメントのような役割をするためである。また、地下水位の変動や、液状化を引き起こすほどではない中小規模の地震（長期間には結構な回数起きている）などによって、土がより安定な粒子構造に変化することなども関係しているらしい。このように年を経て丈夫になった土でも、いったん強い揺れで液状化すると、せっかくの過去からの蓄積がゼロセットされる。つまり、密度が同じであっても、強度の弱い新しい土に生まれ変わるため、前より弱い揺れでも再液状化が起きやすくなるのである。

第3章

噴砂は液状化のシンボル

優美な噴砂丘

地震の後、液状化の証拠を探して散々歩き回ったあと、噴砂丘を見つけたときの喜びは大きく、その光景は結構印象深いものである。地面にできた亀裂に沿って線上に噴砂丘が現われたり、建物の基礎、杭や電柱の際などに集中的に現われたりする。その見かけはただの砂の山にしては意外と優美であり、人の美的感覚をくすぐるに十分である。もちろん姿はさまざまだが、大体は富士山のように中心に噴砂口があり、そこからなだらかな裾野を引いた形をしている（**写真10**）。孤立峰のこともあれば亀裂に沿って山脈状に重なり合っていることもある。山のサイズはせいぜい高さ二〇～三〇センチ、直径一メートル程度の場合が多い。しかし、ときには直径数メートルもの噴砂口がで

写真10　日本海中部地震の時に現れた優美な噴砂丘の集団（文献3-1）

きることもある。噴砂現象自体は、通常は被害に結びつくものではないが、大きくなるといろいろ周りのものに影響が出てくる。

噴砂丘に近寄って細かく観察すると、いろいろ興味深いことを発見できる。まず共通して、噴砂口の近くは比較的に粒の粗い砂からなり、傾斜に沿って裾野に行くほど細かいシルト質の土に変わってくる。また、丘の中心を通る面で縦に割って断面を観察すると、まさに富士山型火山と同じく何重にも重なった縞模様が見えることが多い。縞模様は粒の粗い土と細かい土の繰り返しでできていることが分かる。火山の場合は噴火の繰り返しによりできる縞模様だが、噴砂丘でも、噴砂が一定の勢いで起きるのではなく、間欠泉のように息をつきながら起きていることを意味している。また前の噴砂丘を覆って新しい噴砂丘が発達していることもあり、噴砂の発生時間にズレが生じる場合があることを示している。

噴砂で出てくるもの

噴砂は、液状化した土が間隙水の上昇流に乗って地面の弱い部分から噴き上げる現象だが、噴き上げてきた土から、地面の中の土もそれと同じと速断することはかなり危険である。平成三年（一九九一）の北海道南西沖地震のとき、美しい風景で知られる大沼国立公園の蝦夷駒ヶ岳のふもとにある赤井川のペンション敷地では、水と泥があちこちから噴き出てきた。その結果、ペンションの基礎が最大三〇センチメートルも不同沈下し、大補修が必要となった。

噴き出てきた土は、シルトと呼ばれる目の細かいさらさらした土であった。ペンションを建てた時に、確か大きな礫がごろごろしていたはずと記憶していたご主人が、不思議に思って地面を掘り返したところ、やはり一抱えも二抱えもある巨礫がごろごろ出てきた。実際には大きな礫や砂、さらには細かいシルトまでを含んでいたので、液状化したあと水の流れに乗って運ばれやすいシルト分だけが選ばれて、地表に噴き出たものと分かった。

液状化したのは、数千年前に近くの駒ヶ岳が噴火したときにふもとに押し寄せてきた土で、そのなかには庭石ほどの大きさの岩も含まれていた。蝦夷駒ヶ岳は、現在でも時々噴火してマスコミをにぎわす活発な火山である。その頂上付近は、鋭くそぎ取られたような形をしているが、かつては富士山型の優美な山であった。それが、その後の火山活動で崩壊し、岩屑のなだれとしてふもとに流れ下ってきたのである。大沼国立公園の一帯には、このときの名残をとどめる小山（流れ山と呼ばれる）が、平地のあちこちに古墳のように散在している。その小山をつくっているのと同じ巨礫を含む土でも液状化すると分かって、当時、専門家仲間ではだいぶ話題になったものである。

もう一つの例としては、兵庫県南部地震のときの埋立地の液状化があげられる。ポートアイランドや摩耶埠頭など海沿いの埋立地は、軒並み一〇センチメートル以上もの厚さの黄色い泥で覆われた。地震直後にとられた航空写真によって、液状化した範囲が色の違いではっきり見分けがついたくらいである。神戸の埋立地の大半は、数十年前から六甲山周辺の開発に伴って出てきた「マサ土」と呼ばれる土で埋め立てられてきた。六甲山は御影石の名で有名な花崗岩からなる山である。花崗岩は墓石や建材によく使われるごま塩模様の固い岩石であるが、長期間の風化作用によって山の浅い部分から「マサ土」に変っていく。風化作用は均一には進まないので、風化が進んで細かい砂やシルトに分解された部分と、まだ礫として取り残された部分が混じり、さまざまな大きさの粒からなっているのが「マサ土」の実体である。この土で造られた埋立地が強い地震で一気に液状化し、礫はほとんど地中に残ったが、主に水の流れに乗りやすい細かい土（シルトや砂）が地表に噴き出し、地表を広く覆って黄色一色に変えた。それにより、最大五〇センチメートルも地面が沈下したのである。

ところで、噴砂は一般に水と砂・泥のような細かい土の混合物が噴き上がるが、時には礫や巨石まで噴き上がることもある。同じく兵庫県南部地震の時に、ポートアイランドの南側の昔の防波堤の脇から、人の頭ほどもあるごろごろした石がすさまじい勢いで飛び出してきて、コンクリート製のU字溝を破壊した**（写真11・図8）**。

この大きな石は、防波堤を造るときに、下の地盤や埋め立て地盤との境目に置かれたもの（捨石と呼ばれる）である。液状化で高まった間隙水圧による上昇水流が、このような重たい石まで噴き上げたものと推定された。通常は穏やかで物を壊すような勢いはない噴砂だが、時にはこのように暴力的にふるまうことが分かった珍しい例である。つまり、上昇流の激しさによって、噴砂で上がってくる土の最大粒径には、違いができるようである。

写真11　ポートアイランド南防波堤で起こった暴力的噴砂によるコンクリート製U字溝の破壊

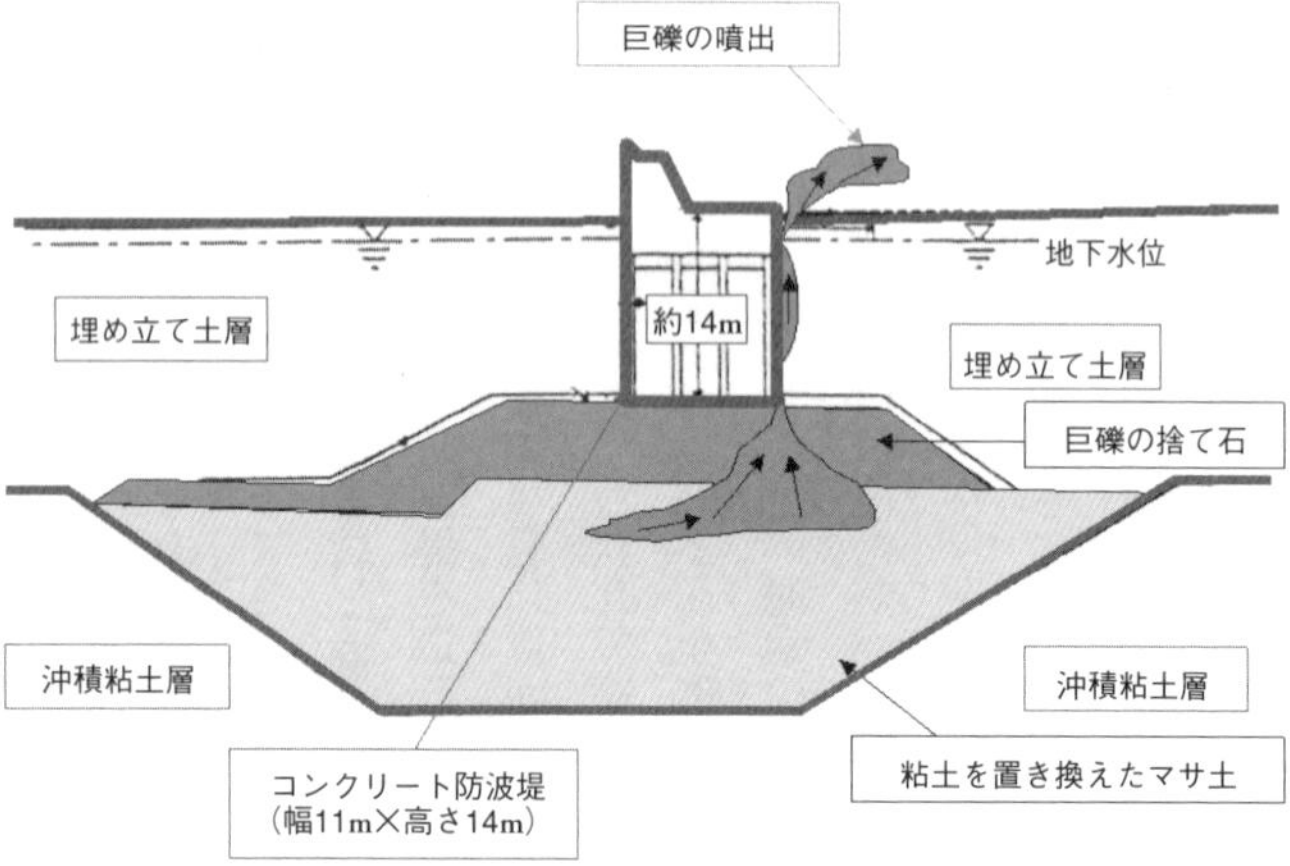

図8　激しい噴砂のあったポートアイランド南防波堤の断面（海底粘土を置き換えたマサ土が液状化し，重たい防波堤の重みで高い圧力となり，地盤との隙間から巨礫を噴き上げた）

噴砂が語る地中の出来事

噴砂現象の起きる原理についてはすでにお話ししたが、液状化した砂層から水や泥が噴き上がる過程で、地中では実際どのようなことが起きているのだろうか。それは噴水・噴泥の起こり方や噴砂丘の観察からある程度推定することができる。

まず、なぜ水が高くまで噴き上がるのだろうか。液状化した土の間隙水圧が上がることが原因だが、水が噴き上がってくるためには大量の水が集中したところがあらかじめ地中にできていなければならない。砂粒の小さな間隙にある水が瞬時に抜け出てきて、地面より高く噴き上がるほど土の中は水が通りやすくはないからである。この謎を解くヒントは、実際の砂地盤がどのような様子をしているかを観察することで得られる。

砂地盤を掘っている工事現場が見つかれば、そこで砂の面を観察できる。**写真12**は東京湾岸の埋立地で行われていた掘削工事である。遠目にも砂の面に水平方向の地層が幾重にも重なっていることがよく分かる。このような地層の重なりは、埋め立て工事で海底から運ばれてきた土が水中で堆積するときにできる。粗い砂粒が先に沈降し、そのあとから細かいシルト質の土が沈降するという具合に、粒の大きさによって沈降速度が違うためである。人間が浚渫《しゅんせつ》で造る埋め立て地盤の場合、特にこのような地層の重なりができやすい。

しかし、川や海で長期間にわたり自然にできた地盤でも、多かれ少なかれこのような層の重なりが形作られる。人間のスピードに比べて、母なる自然の営みは実にゆったりとはしているが、川や海の流れで運ばれてくる土の粒の大きさが、たま

写真12　東京湾の埋立地に見える地層の構造（水平に突き出て見えるところが細かいシルトを多く含んだ地層）

に起きる大洪水や川筋の移動、地殻変動や海面変動などにより変化するためである。

図9aは東京湾沿いの埋め立て砂地盤で、土粒子の大きさの深さ方向の変化を調べた結果である。土粒子の大きさの調べ方は、皆さんもよくご存知と思われるふるいによる方法である。つまり、さまざまな大きさのふるいを使って、各ふるい目に残る土の重量パーセントを出すことにより、粒度分布が分かることになる。この図にはいくつかのふるい目のサイズごとにそれより細かい土の含まれる重量パーセントが描かれているが、いずれのカーブもほぼ同じような増減傾向を示している。このうち、〇・〇七五ミリメートルはいわゆる砂と細粒土（シルト・粘土）の境目であり、細粒土の含有率が深さ方向に頻繁に変わっていることが分かる。

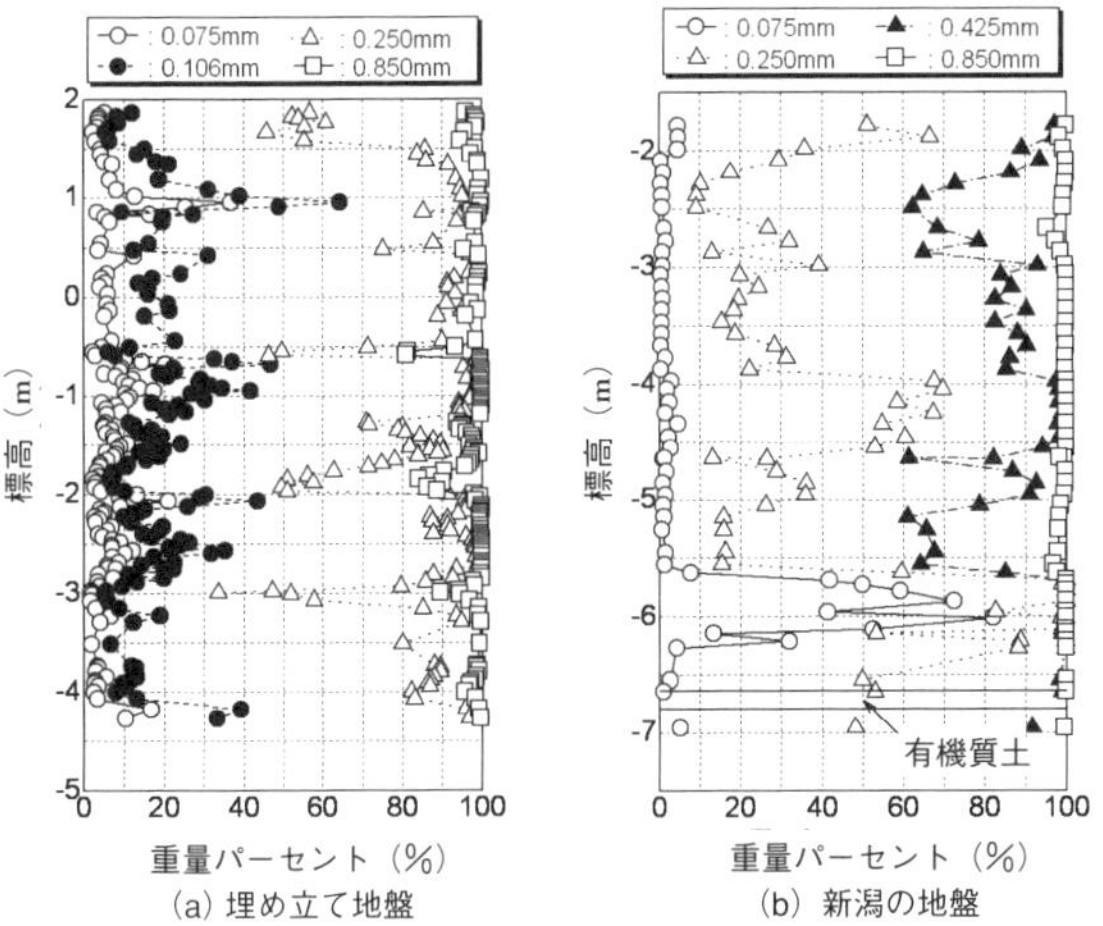

図9　砂地盤の標高（深さ）による土粒子の大きさの変化（地盤の深さごとに各粒径が含まれる割合を示している）（文献3-4）

一方、図9bは、昭和三十九年（一九六四）の地震で液状化した新潟の信濃川沿いの地盤で、同じような調査を行った結果である。こちらのほうは川が運んできた砂でできた自然地盤で、埋め立て地盤に比べると均質性が高いことが分かる。地盤の下の方に、厚さ○・六メートルのシルト層や粘土層が現われるが、地表から途中までは、細粒土をほとんど含まない均質な砂からなっている。しかし、均質に見える部分でも、ふるい目サイズごとに見れば、結構深さ方向に変化していることが分かる。

このような層ごとに粒径の異なる土が液状化すると、どのようなことが起きるだろうか。土粒子は沈下し、間隙水は相対的に上昇しようとする。そのときに、粒の粗い層と細かい層で、水の通りやすさが違うことが大きな影響を及ぼす。粒の細かい土は粗い土に比べると、水を通しにくいことは直感的に理解できる。水の通しやすさを「透水性」と言って、その程度を「透水係数」で表す。透水係数は、土粒子のサイズの二乗にほぼ比例して増加することが知られている。つまり粒が十倍大きくなると、水は百倍も通りやすくなる。

例えば、粒の細かい層の上下が粗い層に挟まれているケースは、実際の砂層の中によく見かける。このような場合、下の層は先に沈下し、中間の粒の細かい層は水が上昇しにくいため、沈下が遅れて沈下速度に差がつくことになる。

その結果どうなるかは、簡単な室内実験で観察することができる。透明な丸いチューブを水で満たしたあと、粒のそろった砂を上から降らして砂層を作る。厚さは数十センチあれば十分である。途中にシルトや粘土の数センチから数ミリの薄い層を挟み込む。このチューブに振動を加えて液状化させると、挟んだ層の直下あるいは内部に透明な水だけの層が現れ、ある時間存在し続けるのを観察できる（**写真13**）。

この水だけの層を、筆者は「水膜」と名付けて

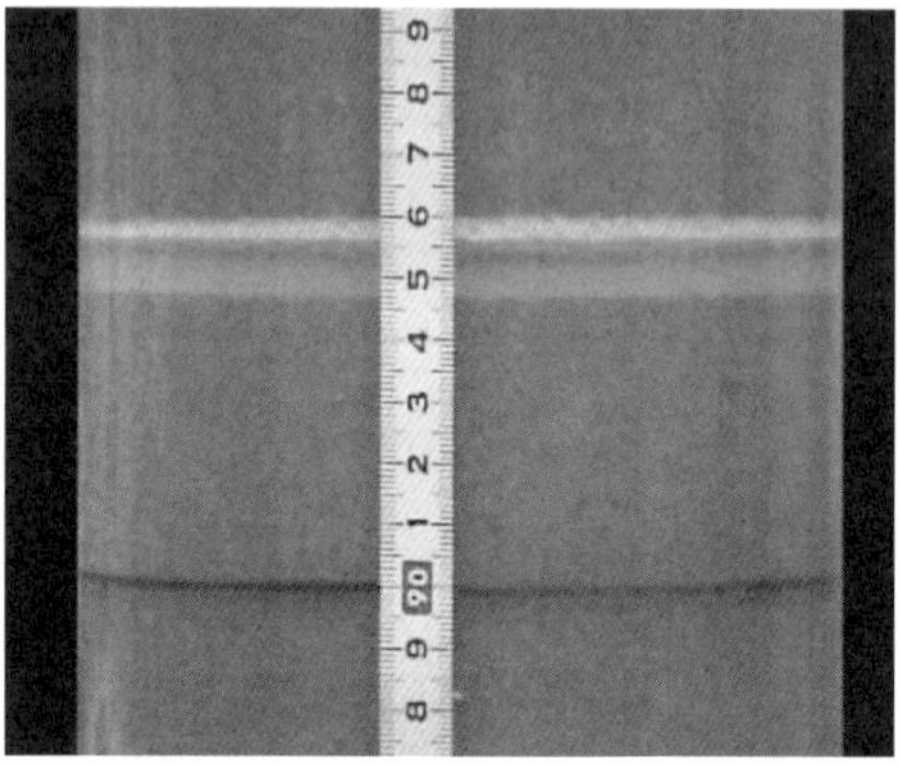

写真13　液状化した砂に挟まれたシルト層直下にできた厚さ1cmほどの水膜

いる。この水膜が噴水・噴砂現象を起こす水の溜まり場である。つまり、砂層といっても均質ではなく層状になっていて、相対的には水通しの悪い層が何層も挟まれているため、その直下に液状化で出てきた水が**図10**のように集中する。水通しの悪い層は、一般に水平方向にある程度連続して広がっており、水はその下に薄く層状に溜まり、複数の水膜を形成する。それが地面の弱い箇所を突き破って出てきたものが噴水・噴砂であると考えてほぼ間違いなかろう。

実際の地盤で、このような水膜ができた証拠はあるのかと訊ねたくなるのは当然だろう。もちろん、地面の下は見えないので、直接的証拠を示すことはできない。**写真14**に示すのは、新潟市の信濃川沿い

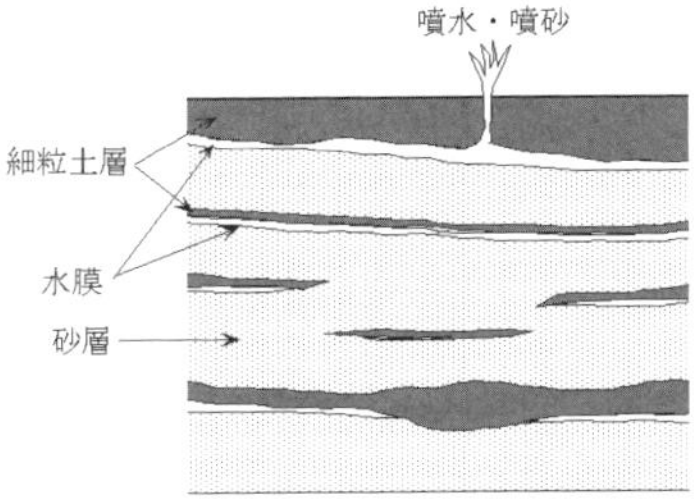

図10　砂層の液状化中の様子（液状化すると細粒土層の直下に水膜が出現し，そこを水源に地表に噴き上げる）

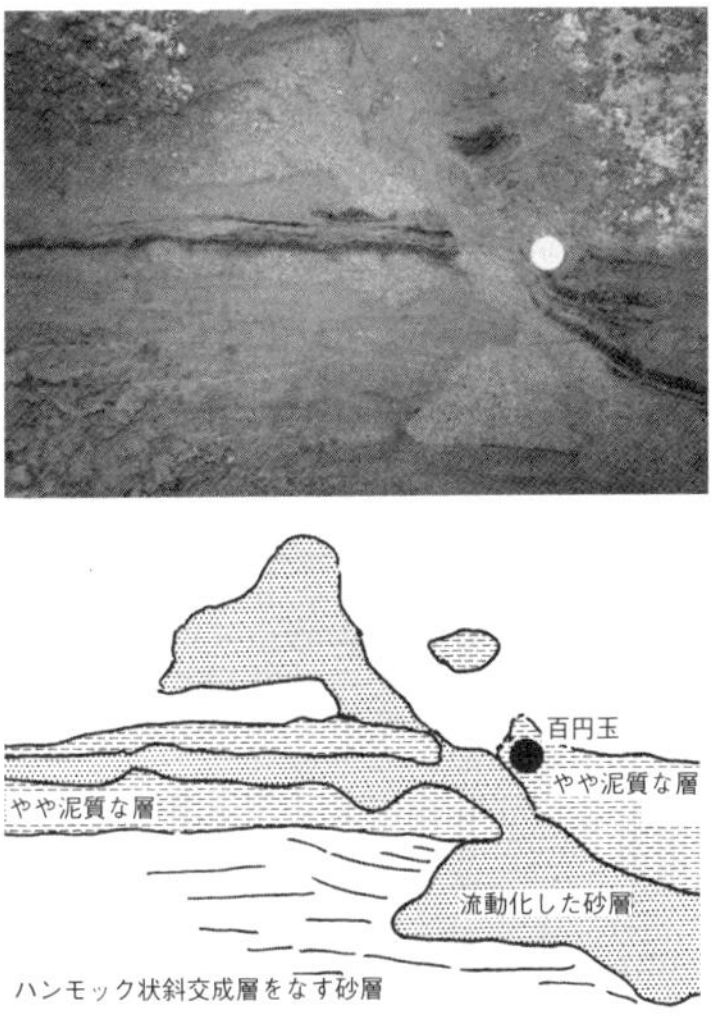

写真14　新潟市で地盤掘削面に現れた液状化跡(文献11-2)

深さ九メートルほどで見つかった、昔の液状化の跡である。砂に挟まれた有機質粘土層を、粒の粗い砂がぶち抜いて噴き上がっている様子が分かる。地質の専門家が描いたスケッチから、この粗砂が粘土層の直下にも広がっていることが分かる。地質分野では地層に平行に貫入した岩石を「シル（Sill）」と呼ぶが、このように液状化の跡で、下から噴き上がってきた砂が粘土やシルトの層の下に水平に広がって発見されることは稀ではない。液状化した砂だけが層の境界に割って入っていくとは考えにくく、液状化直後に層の直下に水膜ができ、そこに液状化した砂が流れ込んだと考えることができる。

噴砂口からの水や土砂の噴出は、数時間以上続くことも稀ではないことはすでに述べた。なかには数日間続いた例もある。また噴砂丘の断面の観察から、その間の噴出の勢いは、強まったり弱まったりを繰り返しているらしい。その訳を考えると、砂層がさまざまな粒の大きさの異なる層から成っていることに、再び原因を求めることができそうである。つまり、液状化したあと図10のように、砂層のあちこちの不均質な層の境目に水膜ができ、それら一つ一つが一時的な水だめの役割をする。水だめからはゆっくりと上向きの流れが生じるほかに、弱い部分を破って水が急激に上昇し、上部にある水だめに水を補給することも起きる。このような多数の水だめがお互いに影響を及ぼしあい、地表への噴水・噴砂の勢いを間歇的にするものと考えられる。

噴き上げる高さ

それでは、噴水・噴泥が地面から噴き上がる高さは、どのように決まるのだろうか。噴き上げは水膜の上を覆っている土に、何らかの原因で裂け目ができ、そこから水が逃げることで始まると考えると、その高さを決めるのは、第一番目に水膜に溜まった水の圧力であることは明らかである。

水膜が水平に連続的にできるとすると、その水圧は上の土の全重量を負担する。しかし、もともと地下水面からの深さに相当する水圧（静水圧と呼ぶ）が加わっていたから、その差分（全重量による圧力から静水圧を引いた分で、実は有効応力に等しい）だけ水圧が上昇することになる。土の重さを通常一立方メートル当たり一・八トン重程度と考え、地下水面は地表面付近にあると考える。すると、水が水膜から途中何の障害物もなしに地表まで噴き上げた時の地面からの高さは、水膜が二メートルの深さにある場合は一・六メートルであり、三メートルの場合は二・四メートルとなる。しかし、あまり深いところまで水が直接噴出する裂け目ができるとは考えにくく、また水に泥が混じるほど重くなって噴出する高さは減るため、通常の高さはせいぜい一〜二メートル程度となる。

しかし、もし地面に重たいものが載っていると話は違ってくる。一九九九年の台湾集集地震では、住宅地に掘られた井戸から噴き出した噴砂が、平屋建ての屋根の高さまで達した跡が残っていた。この場所は敷地全体がコンクリート舗装され、その上に建物が密集していた。噴出しやすい格好の井戸があったうえに、中国伝統のレンガ建物から地盤に大きい力がかかっていたので、これだけ高く噴き上げたのだろう。

また、兵庫県南部地震のときに、ポートアイランドの南防波堤のところで、大きな石がU字溝を破壊して噴き上げてきたことはすでにお話しした。この防波堤はかつて海に面していたが、地震のときには、図8（44頁）のように、さらに埋め立てが外側まで延びて、両側が地盤になっていた。重たいコンクリート製の防波堤が上蓋の役割をして水圧を高めたうえに、両側の地盤が水の噴き出し口を狭めたため、これだけ破壊的な噴出が起きたようである。

噴砂の現れやすい箇所

地盤が広く液状化した場合に、噴砂は地面のどんな箇所を選んで噴出しやすいのだろうか。町の中では人間はさんざん地面をいじくっている。その影響で、噴砂が起こりやすい場所がいくつかある。代表的なのは建物、埋設物、舗装などの境界である。このような所では地面が広く覆われており水は逃げ出せないため、その境界に集中しやすい。また、地中の構造物と周りの土の間が震動で緩むため、水の通り道になりやすく、噴砂が起きやすい。地面を貫いて、二～三メートル埋め込まれている電柱やポールなどの際も、水が通りやすく、噴砂が現れやすい（**写真15**）。

一方、人の手があまり加わっていない自然の地盤では、どのような場所で噴砂が起こるのだろうか。第一に、地盤の層構造の影響が大きいように思える。噴砂は先にお話したように、比較的水の通りやすいところを突き破って出てくると考えられるから、細粒土層の薄い部分や形が絞られている部分などが、噴き出す弱点となる。

第二に、液状化した後に起きる地盤の不同沈下や横への流動によって、地面に亀裂や地割れが入

写真15　電柱際に集中する噴砂

りやすい。特に地面が流動すると、流動方向に直角に何本もの平行な亀裂が現われる。上流側では地面が引っ張られて口を開く亀裂になり、下流側では地面が圧縮されて盛り上がり、その頂上が割れる。噴砂は、流れの上流側の亀裂では引っ張りの力が働くためか、起きにくく、圧縮の力が働く下流側では起きやすい。

地面の亀裂は地震の揺れによっても入り、そこが弱点となって噴砂が起こることもある。特に地盤が液状化しているため、表面に沿って伝わる波(表面波)の揺れが大きくなって亀裂ができやすく、それが波の進行に応じて、開いたり閉じたりするたびに砂を噴き上げる。前に出てきたアラスカ地震の時の目撃談などは、まさにこのような状況を表しているものと思われる。

地震の古文書ともなる噴砂

多少話が横道にずれるが、噴砂が他の研究にも役立っていることを紹介しておきたい。地震学の一分野では、古い地震の証拠を探って地震の発生場所や頻度を調べ、将来の予測につなげようとする地道な研究が、以前からこつこつと積み重ねられている。そのために使われる方法としては、活断層の発掘調査や古文書の調査などがあるが、古い液状化の跡の調査も有力な手段となる場合がある。

地盤を掘削すると、液状化した砂が、上にある表層を突き破って当時の地表に噴き出たり、表層の中に鉛直に貫入したり、その下に広がったりした跡が発掘されることがある。これらの中には液状化そのものではなく、地震をきっかけとして、下の被圧地下水（周りの標高の高い地形によって普通より圧力が高められている地下水）が上の層を破って、液状化に似た現象を起こした場合もあると言われている。いずれにしても、このような場合、突き破った地表層や噴砂口の上に堆積した地層の時代を、科学的に測定することにより、液状化などの原因となった地震の発生時期を、ある程度の範囲で決定することができることになる。

さらに、このような噴砂が単なる表層ではなく、考古学の対象となる遺跡を貫いている場合が結構あることが分かってきた。これに着目し、新たな「地震考古学」という名の研究分野が、我が国の研究者により確立された。これにより、遺跡の年代がすでに分かっている場合には、それとの照合により地震の発生時期を決定できるとともに、考古学自身にも遺跡に対する地震の影響の科学的証拠付けを提供できることになったのである。

ところで、アメリカの東部から中部は、一般には地震がほとんど起きない場所と考えられている。しかし、歴史をさかのぼると、たまに巨大な地震が起きているのである。このような地帯で、古い噴砂の跡が地震の歴史をさかのぼる手段として活用されている。

アメリカのミズーリ州・イリノイ州などの州境界を流れるミシシッピー河沿いで、一八一一〜一八一二年にかけて相次いで起きた最大マグニチュード八・四のニューマドリッド地震の復元調査が、米国地質調査所の手により行われている。この一帯はミシシッピー河の運んだ砂など、液状化しやすい土が堆積している。地震によって川沿いの広い地域で激しい液状化が起き、地表が広く噴砂で覆われたことが、噴砂ともとの表土の色調の違いから、現在でも航空写真によって識別できると言われている。

川沿いの崖などを丹念に調べたところ、深部の砂層からその上を覆っているシルトや粘土の細粒土層を割って上に伸びる砂の筋が方々で見つかってきた。あるものは途中で止まっているが、あるものは上の層を突き破り、当時の地表に噴砂丘を形成したことが読み取れた。また、上の細粒土層を破らずに、その下で水平に広がっている場合もある。その周りの地層の年代や地域的分布から、地震の発生時期をおおよそつかめる。また、噴砂の規模、地盤の状況などから、地震の規模や揺れの強さもおおよそ推定できる。

写真16は筆者が訪れたミシシッピー川支流のワバッシュ川での調査の様子である。米国地質調査所でこの問題を永く調べてきた研究者とミシガン

大学、イリノイ大学の先生が案内役を引き受けてくれた。

このあたりの川は日本のように堤防で囲まれているわけでなく、一面のトウモロコシ畑の中をかき分けて行くと、突然川べりの崖に行き当たるという具合である。自然に削られた川岸の崖が、格好の調査場所を提供してくれる。シャベルで掘り込んでいくと、やがて**写真17**の土の断面が表れる。上に載っているのは多少ネバネバした粘土っぽい土で、その下には細かい粒のサラサラした砂の層が見つかる。砂層の上部二〇センチメートルほどは酸化が進んで茶色っぽいのに対し、下の方は元々の灰色をしている。崖沿いにこの土の境界を追って掘り進むと、上部の土が割れて下から砂が噴き上がってきた箇所に出会う。砂の色の違いや粒の並び方からここで何かが起こったことが直感的に分かる。

討論の結果から、約五千年前の地震でこの砂層が大きな液状化を起こし、大量の水が上昇してきた。水は上にある粘土層に遮られ、その直下に厚さ二〇センチメートルほどの水膜をつくった。その影響によって、上の地盤が横に流れて亀裂が発生し、水膜に溜まった水が地上に向けて勢いよく噴き出したと言う一連の出来事が分かった。

写真17は、液状化した地盤で水膜が実際に出現し、地盤の流動の原因となった何よりの証拠を示している。水膜の水が亀裂から逃げていく時に、激しい水の流れに乗って巻き上げられた周りの砂は割れ目を塞ぎ、流れの跡には褐色に酸化変色した砂の帯ができて、一連の筋書きを再現する手助けをしてくれる。このような地味な調査の積み重ねで、めったに地震のない米国東部でも永い間に

写真16　シャベル・鍬を持って，米国の研究者とミシシッピー川支流沿いの古い噴砂の調査

写真17　川岸の地層を削っていくと，古い液状化跡が見つかる．①まず上部の粘土層の下の砂層が液状化，②砂が沈下して粘土層の直下に水膜ができ，③上の粘土層が流動して開口亀裂ができ，④亀裂から水膜の水が砂を巻き込んで地表に噴出し，⑤噴出の跡が長年月で酸化し褐色の砂となる．

は時々は起きてきた地震の大きさや震度分布が解き明かされつつある。

第4章

地面が流れる

信濃川岸で起きたこと

液状化すると地面が沈下することは昔から知られていたが、その大きさは我が国のこれまでの地震では建物が何も建っていない地面の場合、最大五〇センチメートルくらいのようである。それに対して、液状化した地面の水平方向の流動量は数メートル以上にも及ぶ場合がある。新潟地震のときに信濃川沿いの川岸町にあった明訓高校では、液状化による激しい噴砂とともに、図1（6頁）で示した横二五〇メートル縦一五〇メートルのエリアが、最大七メートルほど川の方に流動したことが分かった。その流動による亀裂は校舎を横断し、ちょうど渡り廊下のところが分断される様子が写真撮影された（写真3g（8頁））。

一方、そこから信濃川沿いに一キロメートルほど下った所にあった昭和大橋（写真2（5頁））は、地震後しばらくしてから、橋桁が将棋倒しのようにばたばたと倒れ始めた。地震の時に橋の上を走っていたタクシーの運転手は、パンクかと思っていったん車を止め、タイヤをチェックしたあと、再び車に乗って橋を渡りきった。それからもう一度車を降りて後ろを振り返ると橋が落ちていたとのことである。この間、二～三分たっていたとのことで、地震の大きな揺れが始まってから橋が落ちるまでに、ある程度の時間がかかっていたことになる。

橋桁が落下したわけは、周辺の砂地盤が激しく液状化して、川床の地盤が杭もろとも川の中心部の低い方へ向かって流動し、杭に支えられた橋脚の隣どうしの間隔が開いたためと推定されている。実際、付近にいた人が、地震の直後に川の水面が泡立ち盛り上がるのを目撃しており、川底で大きな噴水・噴砂があったことをうかがわせる。地盤が流動した証拠として、修復工事のときに、鋼管の杭が川の中心の方に押された形で曲がったり傾いたりしていることが確認された。このように、液状化した地盤があたかも液体のように低い方に流れる現象が起きていたのである。

アラスカでも起きていた流動

新潟地震と同じ年の一九六四年に起きたアラスカ地震は、マグニチュード九・二の超巨大地震であったが、第1章で紹介したように、これによりアンカレッジを含む広い範囲が被害を被った。特に、海沿いの三角州に発展した港町バルディーズでは、岸壁やドックを含む海岸から一五〇メートルほどの土地が液状化による流動を起こし、海岸沿い一キロメートル以上にわたって海底に没した。またその影響で、海岸から数百メートル以上も離れた内陸まで多数の亀裂が入り、地盤が海へ向かって流動した。

バルディーズの市街地で起きた流動の特徴を示す証拠がある。街路沿いの電柱に張り巡らされていた電線が、海岸に直交する方向には引っ張られて切れそうになっていたが、海岸に平行な方向についてはもとの状態と変わらなかったとのことである。つまり地面は海岸方向に伸ばされるような変形をしたことになる。地面には海岸に直交と平行の二種類の亀裂が現われたが、これより、海岸に平行方向の亀裂は海への地盤の流動によるものであり、直交方向のものは液状化した地盤を伝わる地震の表面波によるものと分析されている。

さらに、海岸沿いの港町スワードとケナイ湖の湖岸沿いで、同じような液状化が関わったと思われる土地の流失が起きた。また多くの川沿いの土地で、川岸が川床に向かって流れる新潟とよく似た現象が起こった。これにより、川を渡る橋の橋脚が最大三メートルほど移動し、鉄道橋や道路橋が被害を被った。

ダムもすべり出す

一九七一年にロサンゼルス郊外で起きたサンフェルナンド地震は、マグニチュード六・四の小粒の地震ではあったたが、液状化が関わった数々の被害を起こした。なかでも、ロサンゼルス市の大半に水を供給する上水道の施設が集中した地域が大きな被害を受けた。特に注目されたのがサンフェルナンドダムで、高さ四三メートルの下ダムと、高さ二四メートルの上ダムの二つからなっていた。どちらもアースダムと呼ばれる土を盛り立てたダムで、そのころ流行っていたハイドローリックフィル工法と呼ばれる方法で造られていた。この工法では、土と水を混合してポンプで吸い込んでダム現場にパイプで送り、パイプから出てきた土でダムを直接盛り立てる。今でも海岸の埋め立て工事で使われている浚渫工法と同じ原理である。効率は非常に良いが、盛り立てた土はかなり緩い密度となる。また、粗い土と細かい土の分離が起きやすく、細かく層分けされた地盤ができやすい。

地震により二つのダムは液状化を起こし、大きく変形した。特に下ダムは、貯水池側の斜面がダムの頂上（天端と呼ぶ）を巻き込んで池の中にすべり出した。このダムの破壊は当時のアメリカにおいても深刻に受け止められ、その原因の詳細な調査が行われた。というのは、アメリカの多くのアースダムが同じ方法で造られていたからである。

その結果、**図11**で表しているように、上流側のハイドローリックフィル工法で盛り立てられた貯水位以下の部分が液状化し、そこを通る面に沿って、土がスライス状にすべり出したことが流動変形の原因であるとの結論に達した。図11の上は地震後の破壊状況、下はその破壊断面をジグソーパズルのように組み合わせて復元した断面である。貯水池の水位は、地震のとき、幸いダムの天端より一一メートル下の位置にあったので、ただちに決壊する事態は免れたが、決壊ラインすれすれになり、下流の住民八万人に避難命令が出される事態となった。

ダムの天端には地震計が設置してあったので、

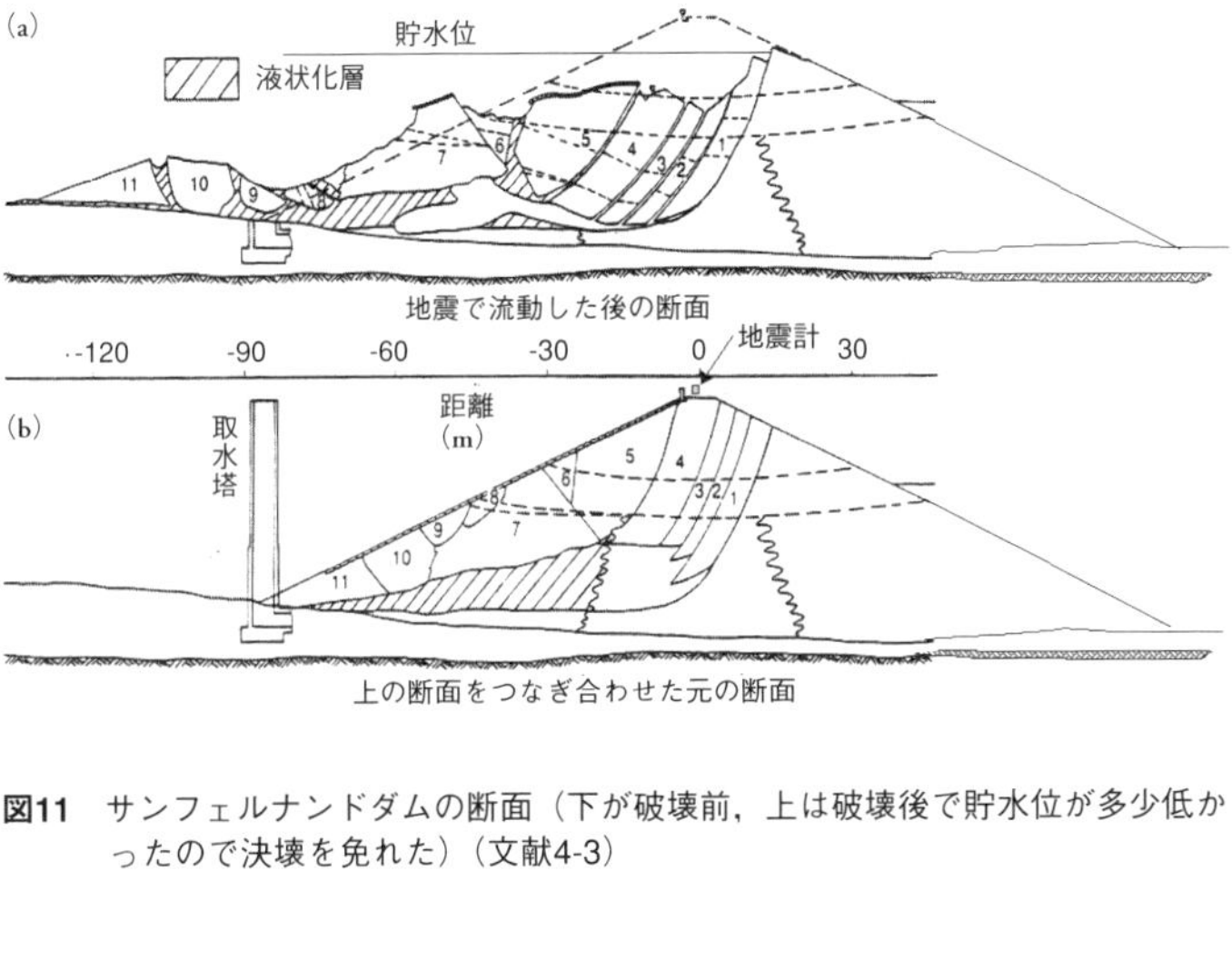

図11　サンフェルナンドダムの断面（下が破壊前，上は破壊後で貯水位が多少低かったので決壊を免れた）（文献4-3）

この間のダムの動きを逐一記録していた。この地震計は通常のものとは異なり、平面の中での二次元的な動きをペンで一枚の紙に記録するタイプの、サイスモスコープと呼ばれる計器である。そこに記録された動きは**図12**のようである。面白いことに、地震中はほぼ地震前の点Aを中心に地震の揺れを記録していたものが、地震後に片方へ動きはじめ、図中の②から⑤をへて点Bに至っている。

このAからBまでの直線的動きは、地震計が置かれた天端を巻き込んだすべりにより、地震計が〇度から二六度まで傾斜した途中経過を、忠実に記録しているのである。それによると、天端を含む貯水池側斜面のすべりは、地震の揺れが収まってから三十秒ほどたってから起きたこと、すべりが始まってから終了するまでに、五十秒ほどかかったことが分かった。この破壊の教訓に基づき、

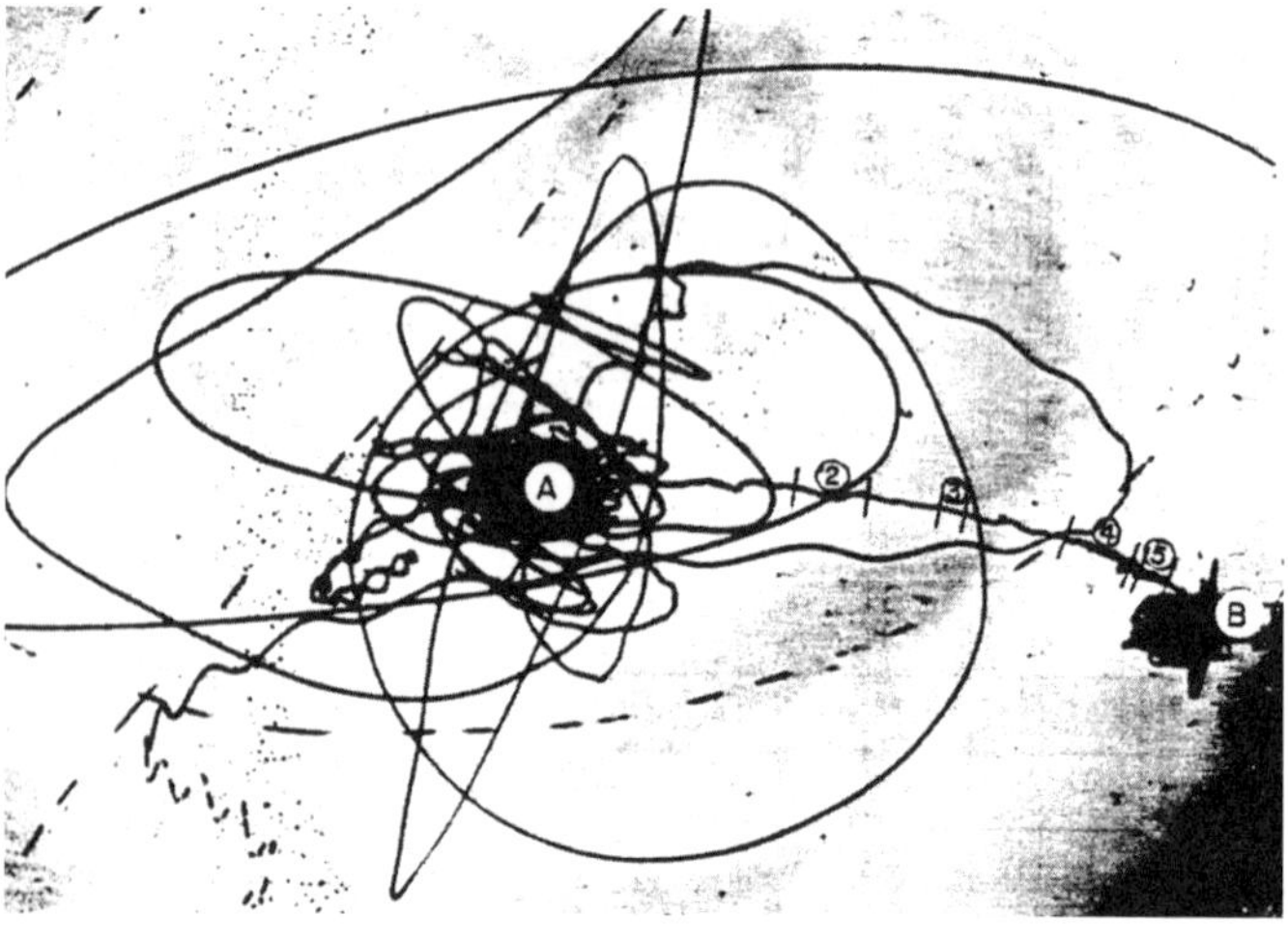

図12　サンフェルナンド下ダム天端の地震計の記録（A→Bは天端の流動変形を反映している）（文献4-3）

カリフォルニア州では、このダムをはじめ同じ工法で造られた多くのダムの補修・補強が行われたことは言うまでもない。

ニュージーランドで起きたこと

ニュージーランド北島で、一九八七年に起きたマグニチュード六・三のエッジカム地震による液状化で、ワカタネ川の川岸の地盤が流動し、コンクリート製の道路橋が影響を受けた。派手な破壊が起きたわけではないが、地震後ていねいな現地調査がされたおかげで、いろいろなことが分かってきた。この橋は長さ二四〇メートルの鉄筋コンクリート橋で、橋桁は両岸の堤防のところにある橋台とその間の十二個の橋脚の上に載っている。これらの橋台や橋脚はすべてコンクリート杭で支持され、その先端は地表から深さ二〇メートル程度にあるしっかりした地層に達していた。左岸側の一帯には、表面から六メートルほどの区間に川が運んできた緩い砂やシルトが堆積しており、これが地震で液状化した。

地震直後は異常なく車が通行できたが、一時間後には橋の左岸の取付け道路にいくつかの地割れが入り、時間とともにその幅が広がって通行不能になった。つまり、地盤が液状化したあとすぐにではなく、時間をかけて川岸の地盤が川床に向かって流動したことを示している。地盤の流動量は一・五〜二・〇メートルと見積もられた。地下水位は地表から一・五〜二・〇メートルの深さにあるため、地表には液状化しない層（非液状化層）が載ったまま流動したことになる。

このような場合、液状化した部分は半ば液体の特性を持っているため、杭の周りをすり抜けやすくあまり大きな力を与えないが、非液状化層は硬さを保持している層なので大きな力が加わる。これにより、橋脚を支えていた杭基礎にも力が加わり、横に動こうとした。ところが、この橋の橋桁は全長に渡ってがっちりと固定され、橋の長さ方向に動くことができない構造だったため、杭と橋桁の間にある橋脚に亀裂が入った。

一方、地盤の流動は橋によって無理やりストップがかかり、杭基礎の背後の地盤の非液状化層が上に盛りあがった。この破壊の仕方から非液状化層が橋に加えた力を理論的に求めることができる。その大きさは橋の基礎が破壊する力にほぼ迫る値であることが分かった。この事例調査によって、流動は地震後ある程度の時間遅れで起きること、地盤の流動が起きたときには、表面に載っている非液状化層の押す力が構造物の基礎に大きな影響を与えることが分かった。

ほとんど平らな地面でも流れる

新潟地震からほぼ二十年もたってから、日本の研究者のグループが航空写真を使って地面の流動量を精度良く求める方法を考え出した。それは、地震前後の写真からある同一ターゲットに着目した場合の変位量を計算する方法である。これにより、以前に起きた新潟地震での新潟市や日本海中部地震での能代市などで、液状化した地盤が広範囲に流動していることが明白となった。

このような流動では、隣近所の家・道路・立木まで一緒に移動するためか、それほど気が付かれないことが多い。航空写真を用いて始めて流動量の絶対的評価ができるようになったのである。流動により地盤に発生する伸縮やズレは、地上にある建物や橋などばかりでなく、地中に埋め込まれた水道管・ガス管・下水管などのライフラインにも当然大きな被害を与えることになる。

川沿いのように明らかに高低差があるところでは、川幅が大きく狭まるほどの最大一〇メートルに及ぶ流動が起きていたことが分った。

この航空写真を用いた調査で特に予想外であったのが、特に川沿いでもなく地表面に高低のない一見ほとんど平らな土地で、数メートルに及ぶ大きな流動が起きていたことである。例えば新潟駅前からホテル新潟にかけては、新潟市でも比較的開発が進みビルが立ち並ぶ一帯であった。ここでは液状化による建物の沈下や傾斜が激しかったが、**図13**に示す多数の矢印のように、四メートルを超

図13　新潟駅前の流動（等高線は10cmきざみでほとんど水平な地盤だが，ホテル新潟のあたりから等高線の低い右下の方向に流れている）（文献4-6、ただし水平流動量は文献4-5による）

える大きな流動も起きていたことをその研究グループが明らかにした。しかもその流れの方向は、近くを流れる信濃川の川岸から百数十メートルの範囲を除いては、それとはむしろ反対方向に向かっていた。図中には何本かのカーブが書き込まれているが、これはわずか高低差〇・一メートル（一〇センチメートル）の間隔で書き込まれた等高線である。混み合っているところでも百メートル当たり数本つまり一メートル以下の高低差しかなく、いかに平らな土地であるかが分かる。それにもかかわらず、流動の矢印は等高線の高い方から低い方へまるで液体のように流動していることが分かる。

もう一つの例は、**図14**に示す信濃川の対岸にある川岸町・白山浦地区である。このうち、川岸町は前にお話しした明訓高校のあるところで、県営ア

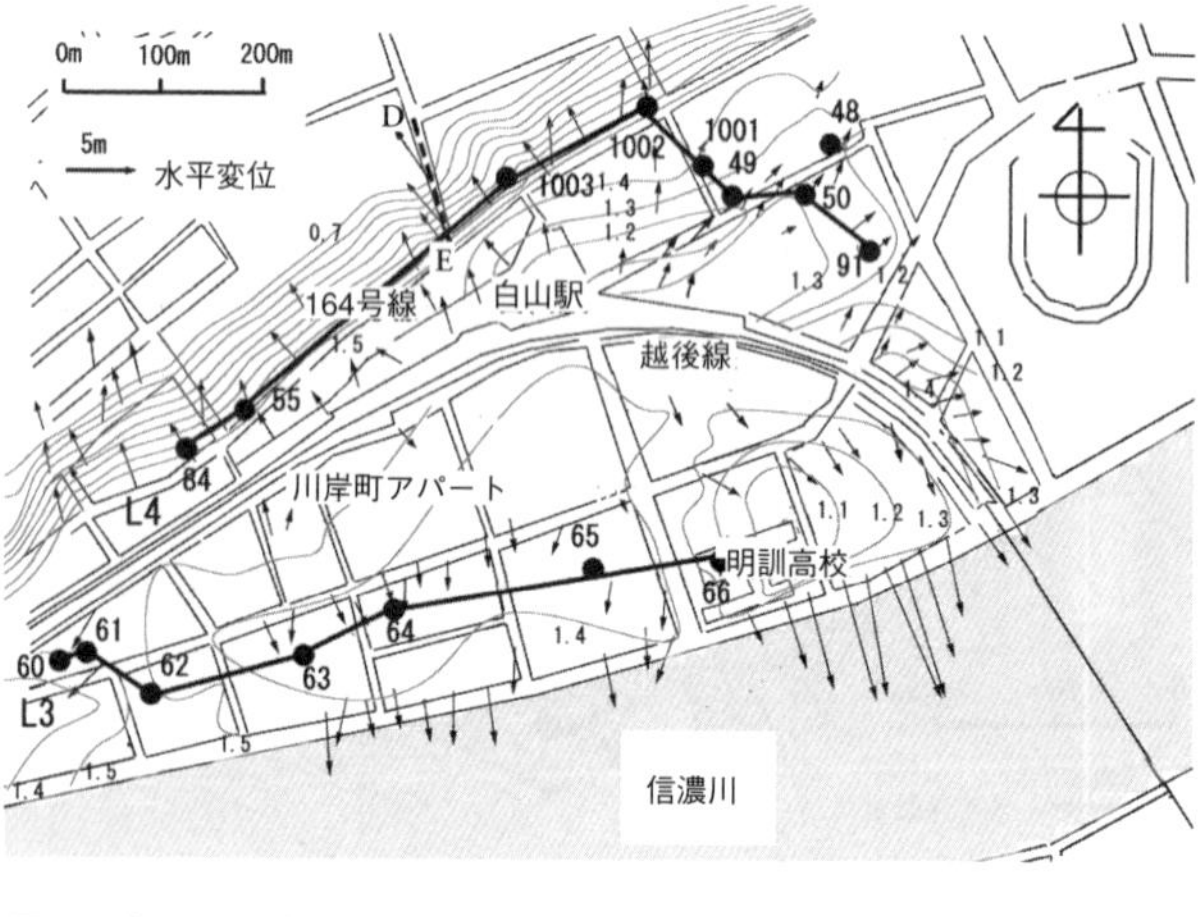

図14　新潟市川岸町付近の流動（等高線はやはり10cmきざみが，白山駅あたりから等高線の低い上の方向に流れている）（文献4-6，ただし水平流動量は文献4-5による）

パートが大きく傾き激しい液状化の起きたところでもある。航空写真の解析によれば川沿いで最大一〇メートルもの水平方向への移動が起きている。一方、川岸町と越後線のレールを境とする白山浦では、信濃川から三〇〇メートルほどしか離れていないが、川とはまったく反対方向に、最大四メートルほどの流動が生じていることが分かった。同じくここの〇・一メートル間隔の等高線を見ると、先ほどの場所よりは間隔が密になっているが、それでも地面の勾配は最大一パーセント（一〇〇メートルの水平距離で一メートルの高低差）くらいである。やはり流動の矢印は、ほぼ等高線の高い方から低い方向に向かっていることが分かる。

図13と14に示す番号のついた黒丸は、地盤の中の状態を知るために調べた多数のボーリング孔である。これより、地下水面は地面から二メートル程度と浅いこと、地盤の大部分は密度の小さい砂からなるが、その間に細かいシルトや粘土の水平層を挟んでいることが分かっている。このような平坦に近い緩やかな傾斜の地盤が大きく流動した他の例としては、日本海中部地震の時に能代市において、一～二パーセントの傾斜の住宅地で、数メートルに及ぶ流動が起きていたことをやはり同じ研究グループが発見している。

また、海の向こうでも一九七一年のサンフェルナンド地震のときに、サンフェルナンドダムの付近の貯水池に沿った敷地で液状化が起き、一・五パーセントほどのわずかな地表面勾配にもかかわらず、六メートルほどの厚さの地盤が変電所などの施設を巻き込んで、約一キロメートルにわたり横方向へ一・五メートル以上流動した例などが知られている。

一九六四年のアラスカ地震においてスワードでは、海岸線から二キロメートルほど内陸に入ったフォレスト・エイカーと呼ばれる森の中の閑静な住宅地で、奇妙な現象が起きていた。この地域は勾配が一～二パーセント程度のほぼ平坦な砂礫・砂からなる地盤であるが、凍結した地面に無数の地割れが亀の甲のように現われ、下流側の地割れからは細砂が大量に噴き上げた。最大の亀裂の幅は一・二メートルに及び、上下の段差も最大四五センチに及んだ。亀裂がちょうど木にぶつかった所では木の幹にひび割れが見られ、極端な場合、根元で三〇センチの亀裂ができ、木が一〇～一二メートルの高さまで裂け目が入っていた。この当時は、横方向への移動は明確に気づかれることはなかったが、現時点で考えてみれば、緩斜面での流動現象が起きていたことは間違いないと思われる。

神戸でも再び

神戸市の海沿いの埋立地がマサ土でできていて、それが兵庫県南部地震の時に広い範囲で液状化したことはすでにお話しした。この一帯では、港の岸壁や護岸が地震により海側に傾き五メートルほど前に移動した。これが引き金となって、背後の液状化したマサ土の埋め戻し地盤は横方向に大きく移動するとともに沈下も生じた。つまり、自然地盤の地表面勾配に沿ったものではないが、結果的には同じような流動が起きた。

写真18にはケーソン護岸の背後の地盤が二メートル以上もへこみ、トラックがそのなかに落ち込んでいる様子が写っている。護岸背後の液状化地盤は奥行き一五〇メートルくらいまで引っ張り亀裂が発生し、海側への流動の影響が及んだ。また、岸

写真18　神戸の人工島の岸壁の移動と背後地盤の流動（図14のように岸壁のケーソンが海側に移動し，背後にできた窪みにトラックが落ち込んだ）

写真19　神戸ポートアイランドのゆがんだ倉庫（建物前面の杭が海側に流動し，倉庫前面の壁が一緒に引きずられた）

壁のすぐ内側に並んでいた倉庫群はコンクリート杭によって支えられていたが、地面の横への移動により杭が破損したり、建物本体がゆがんだりの被害を被った（**写真19**）。

岸壁の近くには港の入江を渡るいくつもの橋の橋脚があった。比較的規模の小さな橋については杭基礎で支持され、大きな橋の脚は同じくケーソンと呼ばれるごついコンクリートの箱を地盤に深く沈めた基礎で支持されていた。これらの橋脚も地面の横への移動により大きな影響を受けた。特に隣り合う橋脚と橋脚の間に単独の橋桁を載せた単純桁と呼ばれる形式の橋では橋脚の間隔が広がることで、当然のことながら橋桁が支えを失って落下した（**写真20**）。

それでは、神戸の埋立地での側方流動のきっかけとなった岸壁や護岸の移動は、なぜ起きたのだ

写真20　神戸の人工島護岸沿いの六甲ライナー橋桁の落下（左側の橋脚が海側に移動し，単純桁が支えを失い外れた）

ろうか。神戸の埋立地や人工島は、高度成長時代にあたる昭和三十年代から六十年代の長期にわたって建設されてきたが、その構造や工事方法は時代を超えてかなり共通していた。それには、神戸から大阪、泉州にかけての大阪湾の海底は、軟らかい粘土が堆積した軟弱地盤であることが関係している。一般に埋め立て工事をするためには、まず護岸工事といって外側の囲いを造る必要がある。このため、まずケーソンと呼ばれる高さ二〇メートルに及ぶ鉄筋コンクリートの箱を、別の場所にあるドックヤードで造る。それを水に浮かべて現場まで輸送し、中に砂を入れて水深十数メートルの海底に設置する。ケーソンを並べて、埋め立て予定範囲を囲った後、内側に土を盛って埋め立てをするのである。これにより、埋立地とすぐ隣り合う海底の間に、十数メートルの大きな段差ができることになる。

神戸の場合、ケーソンが据わる海底にはところによっては一〇メートル以上も厚さがある軟弱粘土が広がっている。粘土は地震で液状化を起こすことはないが、もともと土の強度が弱く、この段差による荷重の違いに耐えられず埋立地は海側に滑ってしまう。つまり、そのままでは埋め立て工事ができないのである。そこで、埋立地の外周部の海底の軟弱粘土をあらかじめ取り除いて、**図15**のように強度の大きな土に置き換え、その上にケーソンを据え付けてから、内側を埋め立てる方法を取ってきた。

この置き換えのための土として、やはり、マサ土が使われていたのである。マサ土は大きな礫から砂・シルトまで万遍なく含み、密度も強度も粘土に比べてはるかに大きい良質な材料である。た

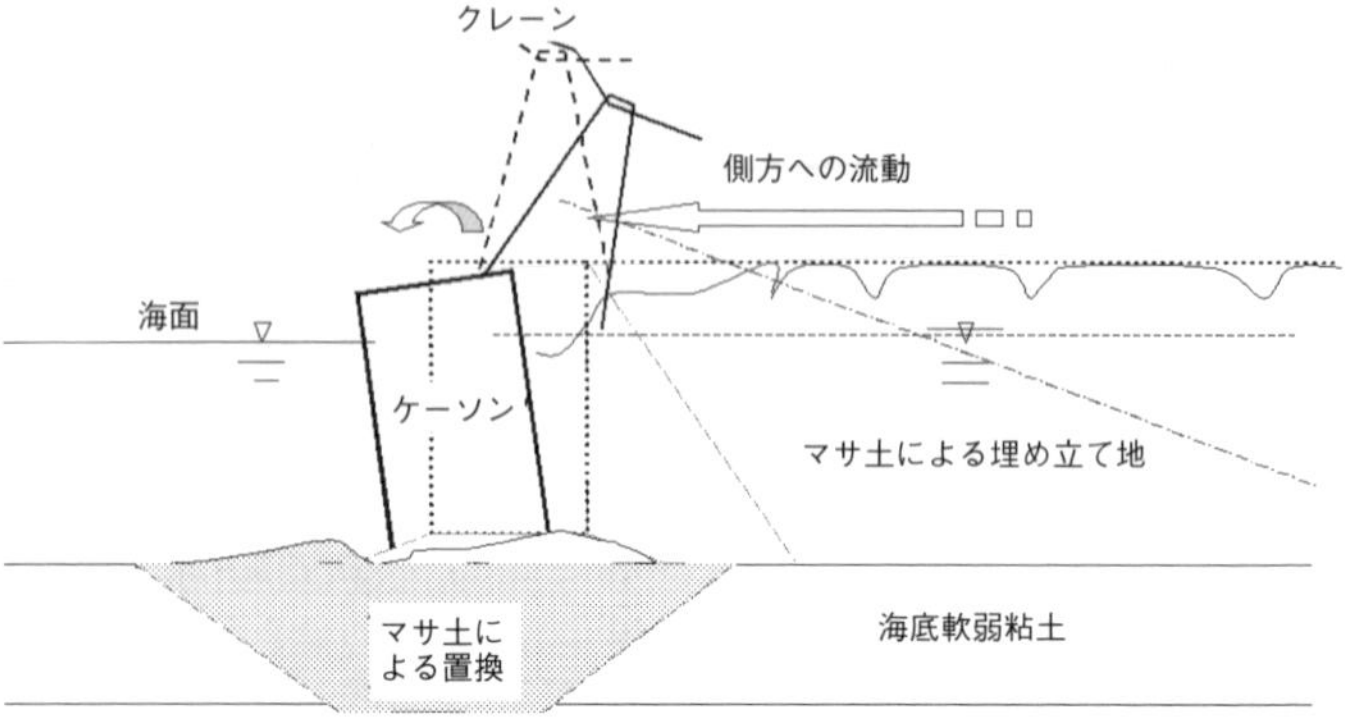

図15　神戸の埋立地・人工島の護岸の破壊モード（下のマサ土の液状化と地震の揺れでケーソンが移動し，背後の土が海の方向に流動した）

だ粘性に乏しいため、締め固めないと液状化しやすい性質がある。

神戸の埋立地が建設されはじめた昭和三十年代から四十年代にかけて（新潟地震と同じ頃）、もともと地震が少ないと思われていた関西圏では、液状化に対する認識が低かったのは当然である。まして、マサ土の液状化の危険性については、砂ほどには真剣に考えられていなかった。実際、神戸の地震以降、マサ土の液状化問題が、専門家の間でにわかに大きな研究テーマになったほどである。

埋立地のマサ土が広範囲に液状化したように、ケーソン護岸の下に置き換えたマサ土も液状化したと考えるのが順当である。ただ、置き換えたマサ土は埋立地と海底の間の段差により地震前から大きなせん断力を受けていた。このような場合、平坦な地盤に比べて間隙水圧は完全には上昇しにくい傾向がある。しかし実際、ポートアイランドでは、地震直後の調査をした潜水作業員は、護岸前面の海底に噴砂の跡を目撃しており、液状化がかかわっていたことは間違いない。置き換えた土が液状化して、支持力不足となったところに、地震の揺れ（慣性力）や液状化した埋め立て地盤（これもマサ土）の圧力が加わり、ケーソン護岸は海側に移動した。

地震の慣性力の影響が大きかったことは、東西方向に延びる護岸の方が、南北方向に延びるものより移動量が大きかったことからも分かる。震源断層の破壊のしかたから理論的にも言えることであるが、神戸の地震では、断層直交方向（南北方向）の震動が、断層平行方向（東西方向）に比べて大きかったからである。つまり、南北方向の大きな加速度が、東西方向に延びる護岸に、大きな慣性力をおよぼし、南北方向の護岸より大きな移動を引き起こした。

一方、背後の埋め立て地盤が液状化したことで、ケーソン護岸の背後に加わる土圧は当然大きくなったと考えることができる。なぜなら、液状化することにより、土は比重一・八くらいの液体に近い物体になるため、普段はわずかな土圧しか働いていない護岸が、大きな泥水圧を受けることになるからである。このように、地震の慣性力と液状化した埋め立てマサ土の泥水圧が、護岸を前面に押し出す原動力となった。そして、海底の置き換えマサ土が液状化したことがその移動量を大きくした。

ところで神戸の地震の直前、平成五年（一九九三）に開港した関西新空港はまったく被害を受けなかった。縦四キロメートル、横一・五キロメートルに達するこの巨大な人工島は、神戸と似たような軟弱な水深十数メートルの海底粘土地盤の上に、三〇メートルもの厚さに土砂を盛り上げて造られている。この土砂はマサ土ではなく、岩をくずした材料からなっている。周りの護岸は大きな岩の塊を盛って造られているが、その下の海底地盤は、軟弱粘土地盤中に締まった砂の柱を造ることにより強度を増す、新しい工法を取っている。震源断層から距離が比較的離れていたこともあるが、護岸や人工島にまったくの被害が出なかったことは、海底地盤の改良の方法の違いを反映しているといえるかもしれない。

世にも珍しい流動が起きた

ここまで、液状化した密度の緩い地盤が、地表もろとも横に流れる現象について話してきた。ところが、平成十五年（二〇〇三）十勝沖地震では、それらとはまたちょっと違う、世にも珍しい流動現象が起こった。

場所は北海道の道東にある北見市の郊外、端野町での出来事である。道東のこの一帯は、日本離れした雄大な農地が広がり、ジャガイモ、玉ねぎ、小麦、ビート（砂糖大根）などが大規模栽培され、牛や羊が放牧されている。うねうねとした丘に見渡す限り広がる絨毯模様の牧歌的風景を求めて、全国から大勢の観光客が訪れる。実は、このような大規模農地は昔からあったわけではなく、比較的最近にでき上がったものである。

北見市周辺は、北海道の中で夏場の気温が三〇度を越える盆地気候であることは意外と知られていない。それより南にある釧路では夏でも霧が立ちこめ気温が上がらないのと対照的である。その高温を利用して、北海道の中では珍しく昔から米作りが行われてきた。ところが、昭和五十年代に入ると、米作から収益性の高い畑作農業への転換が図られることになった。北海道特有の大規模農業のために、丘陵地の沢沿いにあった水田を埋め立てて、傾斜五度以内の緩やかな大規模農地が造成された。丘陵地斜面の火山灰土を切り取り、それで沢部を埋め立てる方法で見渡す限り緩やかに広がる大規模農場が生み出された。

その埋め立て農地が平成十五年（二〇〇三）十勝沖地震の揺れで液状化した。この場所は、震央から二三〇キロメートルも離れており、震度は四と小さく、北見気象台で記録された最大加速度はわずか〇・一二G（重力加速度の一二パーセント）であった。液状化した勾配三度の緩い傾斜地盤は世にも珍しい壊れ方をした。「中抜け流動」とでも呼べるかもしれない。地表から深さ数十センチ以深の飽和した火山灰質砂が液状化し、液体状になった砂が地表の弱部を突き破り地表に噴き出した**（写真21）**。さらに、勾配の緩い深さ一メートルあまりの溝の中を、約一キロメートル下流まで流れ下った。歯磨きペーストがチューブから搾り出されるように、中の土がもぬけの殻となり、長さ一五〇メートル幅五〇メートルの地面が最大三メートルほど沈下した**（写真22）**。それでも、地表にある小麦やビートの苗の畝《うね》は、絨毯模様のように元どおり整然と並んでいて、水平移動がまったくなかったことが**写真23**から分かる。これほど大きくはないが、この周辺の数箇所で似たような造成農地の流動破壊が起こっていた。

このような破壊は、液状化した砂が文字どおり液体のようにならないと起きにくい。沢部を埋め

写真21 北見近郊の造成農地から噴き出た火山灰質砂が広く畑を覆って流れた.土の塊が盛り上がっているところが噴出口.

写真22 緩やかな勾配の造成農地にできた馬蹄形状の陥没の境界（手前は麦，向こうはビート畑）

写真23　内部の液状化した砂が先方から抜けて流出し，畑の畝はもとのままに陥没した造成農地

立てた造成地が、ほとんど締め固められておらず密度が緩かったことや、元は沢地にあたるため、たっぷりと水を含んでいたこと、火山灰質の砂粒子が流動しやすい特殊な性質を持っていたことなどが原因ではないかと思われるが、詳細は依然不明である。

北見地方は、釧路・根室など地震常襲地帯から北の方に離れているため、近年、あまり大きな地震を受けたことがなかった。震度四程度の弱い揺れでも、年齢の若い造成農地にこのような破壊が起きたことから、この地方にもう少し強い地震が起きた場合、美しい牧歌的風景のあちこちで、液状化による大地すべりが起きることが心配になる。

第5章

液状化を理解するための土の力学

はじめに

これまで地震の時に起きる地盤の液状化や流動の話をしてきた。このようなことが起きる基本原理を知るために、ここで土の力学について説明しておきたい。土の力学は正式には土質力学と呼ばれ、一九四〇年代から発達してきた学問である。一般にはあまりなじみはないと思われるが、大きな本屋の工学系書籍のコーナーには、数十冊の教科書・専門書が並んでいるほどすでに確立された専門分野である。その中から、液状化や流動などに関わる最小限の力学的背景を、かいつまんでお話しする。

多少理屈っぽい話が続くので、嫌気がさしたところで、読み飛ばしていただいても結構です。

力の等方成分とせん断成分

図16のように地盤内に土の正方形の要素を想定し、鉛直方向と水平方向からそれぞれ大きさの違う力が働いている状態を考える。一般的にはそれ以外に正方形の辺に平行な力も働いているが、正方形の向きを適当に回転させることによりこの力は消すことができるので、話を簡単にするために無視する。

鉛直方向の力Aと水平方向の力Bは、その大きさがどんな場合でも、両方向とも同じ大きさの圧縮力(A+B)/2と、大きさは同じで向きの違う力(A−B)/2と(B−A)/2、つまり片側圧縮で片側引張に分解できることが分かる。前者の力の状態を等方成分、後者をせん断成分と呼ぶ。つまり、

［土が受ける任意の力］＝［等方成分］＋［せん断成分］　…**（式1）**

のように分解して考えることができる。

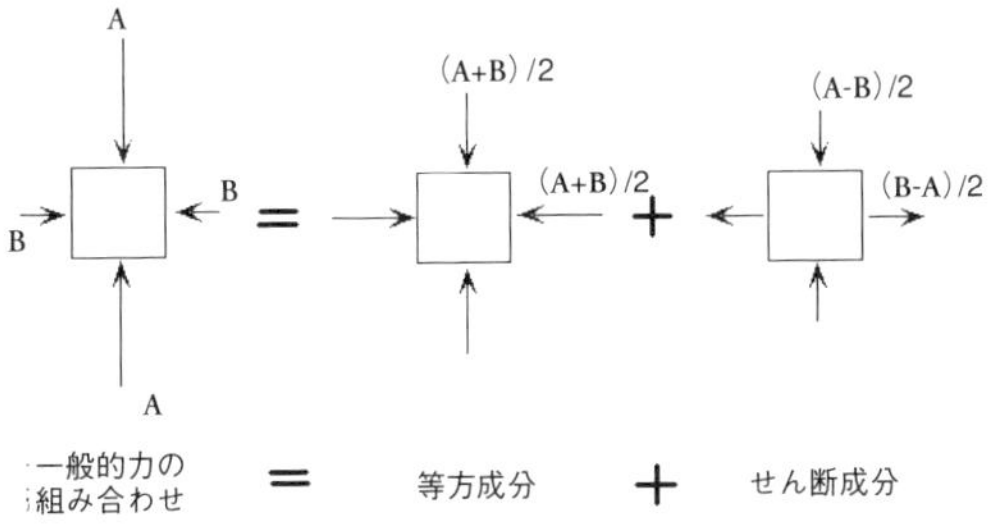

図16　地盤中の土の要素に加わる力の２成分への分解（文献5-1）

土はバラバラな粒の集団から成り立っている。砂を見ればそれはすぐ分かるが、粘土についてはそうは見えないかもしれない。しかし、これも顕微鏡をのぞけば、平たい粘土粒子の集合からできていることが分かる。ただ、粘土の場合は粒子表面の電気化学的性質によって粘着力が生まれ、それが粒子どうしをくっつけているが、粒の集団であることに違いはない。

等方成分は土粒子を束ねる力と解釈できる。等方成分の力が大きくなるほど、土は硬く強くなる。一方、せん断成分は土を片側から押しもう一方から引っ張るために、両者の力の差が大きくなると、**図17**のようにある斜めの面（せん断面）で土粒子どうしがすべりを起こし、せん断破壊することになる。言い換えれば、等方成分とせん断成分は、それぞれ土の破壊に抵抗する作用と破壊させる作用の、二つの

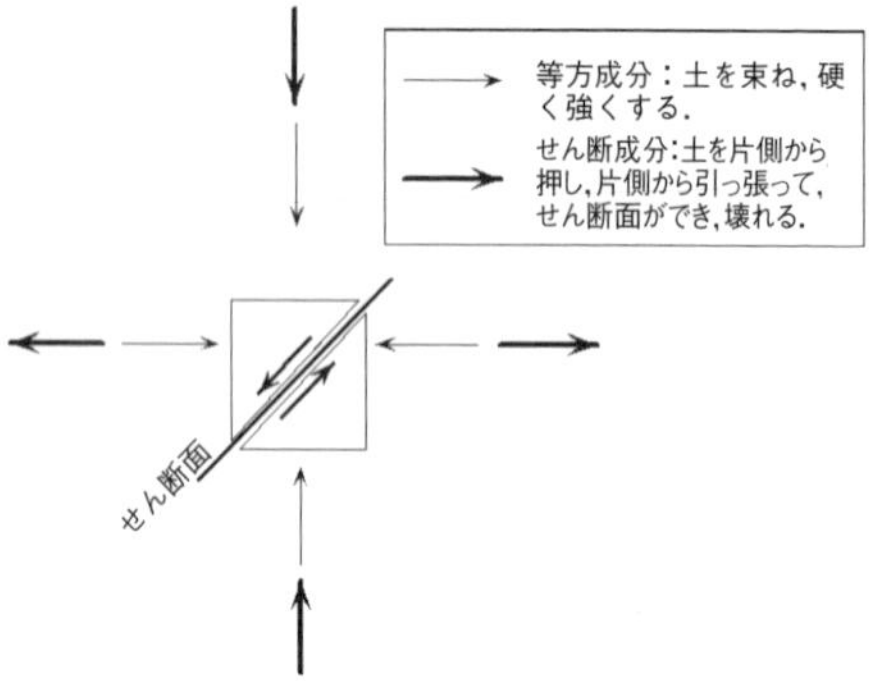
等方成分：土を束ね，硬く強くする．
せん断成分:土を片側から押し,片側から引っ張って,せん断面ができ,壊れる．
せん断面

図17　地盤中の土の要素に働くせん断成分とせん断面

相反する力の組み合わせを表していることになる。

したがって、等方成分が大きいほど地盤は安定した状態にあり、せん断成分が大きいほど不安定な状態にある。最も不安定な状態は、等方成分の力がゼロに近づくにもかかわらず、せん断成分の力は大きいままという時に起きる。あとで分かるように、これが正に液状化した地盤で破壊が起きる理由である。このように、土からなる地盤の破壊はせん断成分によって起こり、等方成分はそれに抵抗する働きをする。つまり同じ力が、その組み合わせによって壊す側にも強くする側にもなることが土という物質の大きな特徴である。

有効応力とは何か

一般に地盤の地表付近には水はないが、その下を数メートルも掘れば、必ず地下水が現われる。地下水位以下の土は飽和土といって、土の粒の間は水で満たされている。特に、液状化が問題になるような地盤では、地表に近いところから飽和している。また、川底や海の底などでは、地盤の表面から飽和している。地面に構造物を建てると、この飽和土がその荷重を支えることになるが、そのメカニズムを掘り下げて見てみよう。飽和土は、**図18**のように土の粒がお互いに接する土粒子骨格と、その間隙を満たす水（間隙水）からなっている。

この複合物体の上に加わる荷重は、まずは土粒子骨格を伝わる力によって支えられることは当然ながら理解できる。この土粒子骨格を伝わる力を、力のかかっている土の断面積で平均したものを［有効応力］と呼ぶ。つまり、

［有効応力］＝［土粒子骨格を伝わる力］／［土の断面積］　…**（式2）**

となる。土粒子骨格が力を受けた場合の変形を考えると、一粒一粒の土粒子はとても硬く、その縮

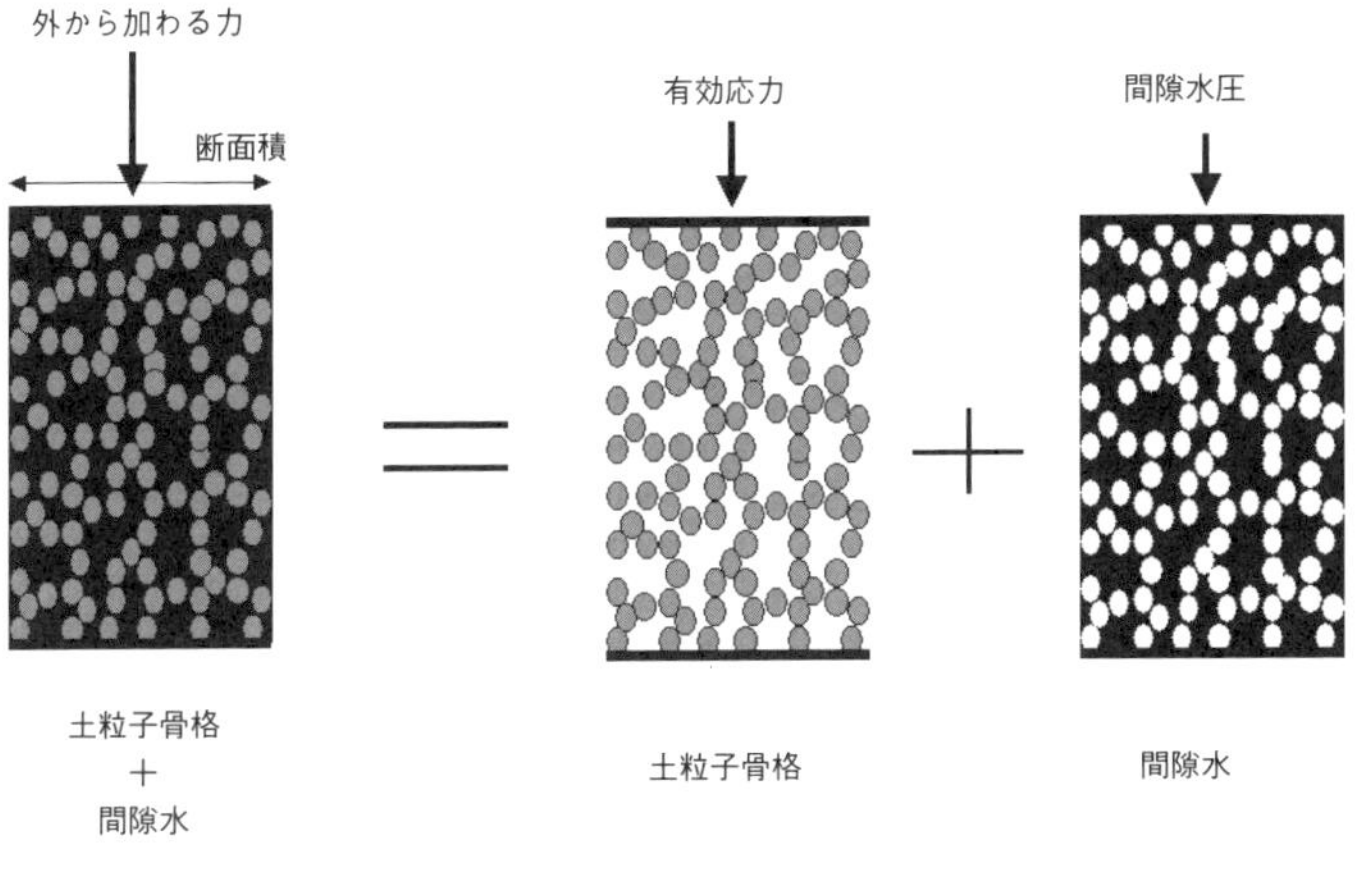

図18　土へ外から加わる力の有効応力と間隙水圧への分解

みは無視できるほど小さい。むしろ、土粒子同志の接点が滑るなどの原因で土粒子の骨組みの体積が縮もうとする。飽和土であれば間隙はすべて水で満たされているので、土の体積が縮むためには、土粒子の骨組みの間にある水の一部は他に移動する必要がある。

ここで、地盤に力が加わるスピードが問題となる。最短でも完成まで一～二年かかる建設工事のように、土にゆっくり力が加われば、砂や礫のような水通しの良い土であれば、水は容易に移動できる。この場合は、いわゆる「排水条件」と考えて良く、増加する荷重はすべて土粒子による有効応力が負担する。一方、粘土やシルトのように水が通りにくい土では、一～二年では間隙水は移動することはできず、いわゆる「非排水条件」となる。つまり、間隙水を閉じ込めた状態のままで土粒子骨格は縮もうとする。この場合、上から加わる荷重によって、水の圧力（これを「間隙水圧」と呼ぶ）の上昇が起きることになる。

以上の話から、土に加わる力は、一般的に、土粒子骨格が支える「有効応力」と「間隙水圧」によって分担されることが分かる。すなわち、

「外から加わる力」=「有効応力」+「間隙水圧」　…（式3）

である。これは、土の力学的特性を表す最も基本になる考え方となっている。このうち間隙水圧は水の圧力なので、鉛直と水平の方向によって違いがあるわけはなく、もともとの性質として四方八方から同じ大きさでかかる力、すなわち等方成分の力である。一方、有効応力つまり粒の接点を伝

わる力は（式1）によって等方成分とせん断成分に分けられる。つまり、（式3）は、

［外から加わる力］＝［有効応力のせん断成分］＋［有効応力の等方成分］＋［間隙水圧］　…**（式4）**

となる。このうち、［有効応力のせん断成分］については、せん断成分は間隙水圧では負担できないので（水圧は等方成分のみなので）、当然、有効応力であることを前提に、単に［せん断成分］と呼ぼう。

以上の（式1）～（式4）で表した考え方をまとめたのが**図19**である。これにより、地盤上に荷重が載ったときに、土がどのようにその外からの力を支えるかを考えてみよう。まず、排水条件の場合、つまり、砂や礫のように水通しの良い地盤の上に工事をする場合は簡単である。土の変形とともに間隙水は移動できるため、［間隙水圧］は発生せず常にゼロだから、［せん断成分］と［有効応力の等方成分］により外力が受け持たれる。これにより、土を束ね強くする［有効応力の等方成分］も土を壊す［せん断成分］も共に増加する。

つぎに粘土のように水通しの悪い地盤に荷重がかかる非排水条件の場合である。このときは、（式

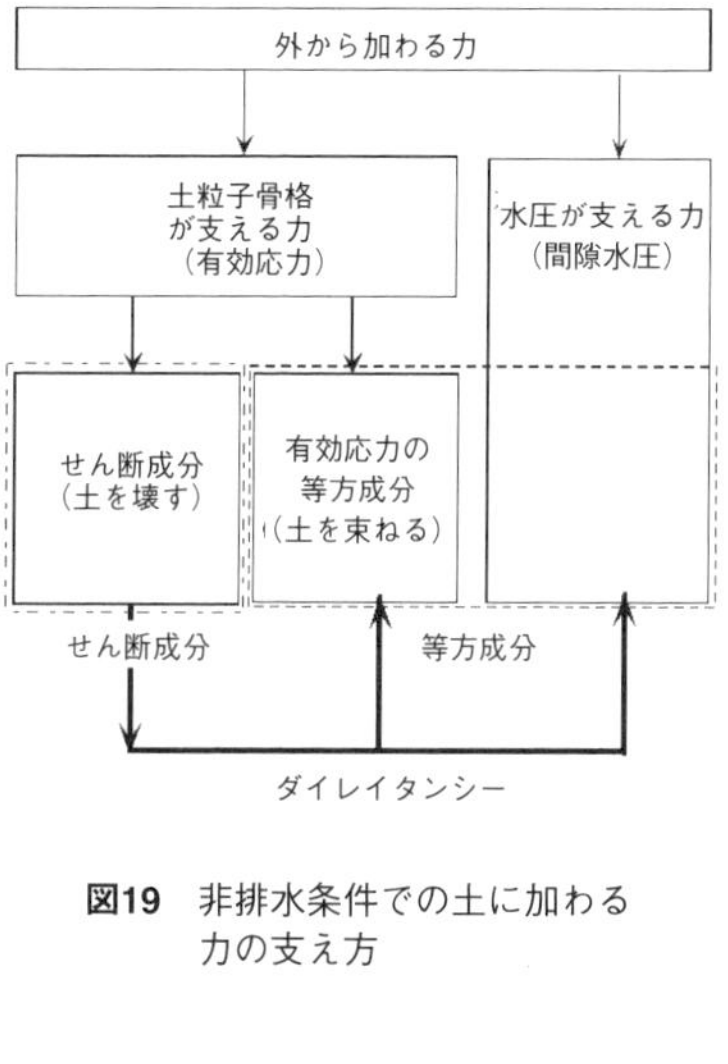

図19　非排水条件での土に加わる力の支え方

1）にしたがって、［外から加わる力］を［等方成分］（図19で点線で囲んだ部分）と［せん断成分］（図19で一点鎖線で囲んだ部分）の二つに分けて考えてみよう。このうち［等方成分］はすべて［間隙水圧］によって支えられ、有効応力の等方成分はまったく増加しない。この点を理解いただくために、多少の説明を加えたい。

皆さんも日頃の体験から直感できるように、水のような液体は、形は抵抗なしに変わるが体積が縮みにくい。例えば、お祭りで売っているゴムのヨーヨーを**図20**に示すように水で完全に満たして手で押しつぶそうとしたらどうだろう。形は容易に変わるが、周りから均等な力を加えて体積を縮めるのは容易ではない。一方、同じヨーヨーに今度は乾いた砂粒を詰め込んで手で押しつぶしたらどうだろう。土粒子接点が滑って密になり、それほど大きくはないが、体積が縮むことが分かる。

この両者が同じヨーヨーの中で同居している場合はどうだろうか。砂の間隙に空気はまったく含まない。当然体積は縮みにくくなる。そのとき、外から均等に押す力は、もっぱら水圧で受け持た

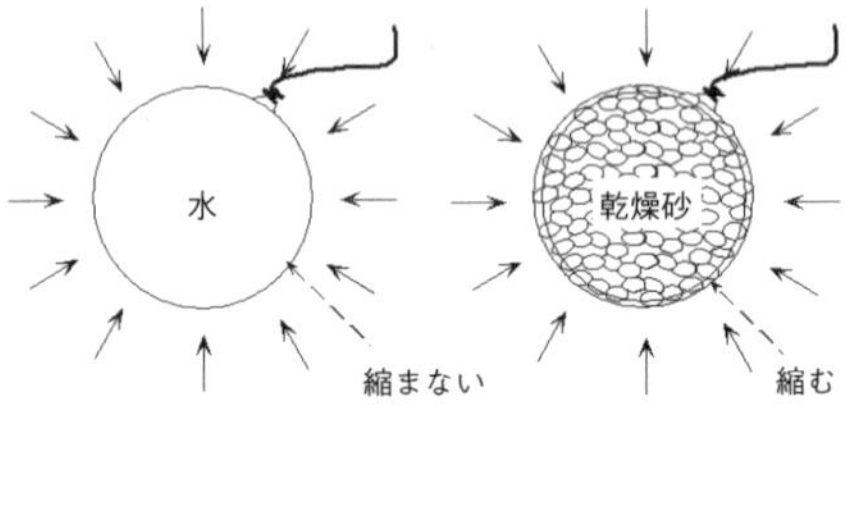

図20　非排水条件では等方成分は間隙水圧が支えるわけ（ゴムのヨーヨーに水と乾燥砂を詰めた時，周りから均等に押されると，水は縮まない・乾燥砂は縮む．ならば水と砂が一緒なら，当然縮まない．そのとき押す力はどう支えられるか？）

れる。そのわけは、昔懐かしい祭りのお神輿担ぎを思い出せば分かりやすい。お神輿の重みは外から加わる力で、担ぎ手は大勢いるが、土粒子接点（有効応力）と間隙水（水圧）の二グループに分かれている。土粒子接点は体がきゃしゃで荷重が加わると縮みやすいのに対し、間隙水は体が縮みにくい。お神輿の重み、つまり土にかかる力はもっぱら間隙水が負担することになり、有効応力は増えないことがお分かりいただけよう。

一方、図19の［外から加わる力］のうち［せん断成分］は片方が押しならもう一方が引きのような力の加わり方であり、水が負担できるわけはなく、土粒子接点の力（有効応力）が負担することになる。つまり［非排水条件］では［外から加わる力］は［間隙水圧］と有効応力の［せん断成分］で受け持たれる。つまり地盤上に荷重が載ると、土を壊す［せん断成分］は増えるのに、土を束ね強くするはずの［有効応力の等方成分］は増えないことになる。つまり、土は壊れやすくなる。それどころではない。軟弱な粘土地盤では［有効応力の等方成分］は増えないどころか、かえって減ってしまい、土はますます壊れやすくなる方向に向かう。この点を理解いただくには、新しくダイレイタンシーと呼ばれる現象を説明する必要があり、後ほど改めてお話しすることにしよう。

土の強さは有効応力で決まる

土はバラバラな土粒子の集合からなっており、それを束ねているのは等方成分の力、壊そうとするのがせん断成分の力という話をした。（式4）で分かるように、等方成分の力は［有効応力の等方成分」と「間隙水圧」に分けられるが、そのうち前者だけが、土を強くしたり硬くしたりすることに関わることになる。なぜなら、有効応力は土粒子間を伝わる力であるのに対し、間隙水圧は土粒子一つ一つを周りからまんべんなく圧縮するだけで、土粒子間の接点に加わる力にまったく無関係だからである。有効応力の大きさだけが土の強さや硬さを決定するという基本的な性質は、「有効応力原理」と呼ばれる。

ここで、クイズを一つ考えていただこう。

図21のような川底の砂地盤に設置された基礎を考える。この基礎が地盤にめり込まずに支えられる荷重Pは、川の水深が浅いときと深いときでどちらが大きいか？

この場合、砂の地盤であるから排水条件、すなわち間隙水は自由に移動でき、荷重はすべて有効応力によって支えられると考えてください。

正解は、「どちらの場合も支えられる荷重Pは同じ」です。なぜなら、水深が大きくなると間隙水圧は大きくなるが、それは土粒子の接点力に何ら影響を与えず、有効応力は水深にはまったく関係しないからです。

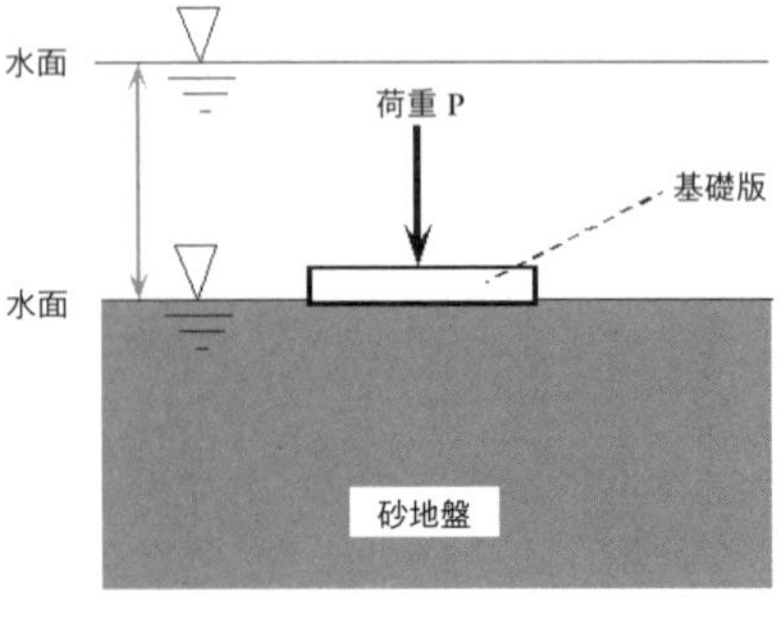

図21　水面の高さにより基礎版がめり込まない最大荷重Pは変わるか？

皆さんの中には、そんなことは当然だと思われた方もいたかもしれません。そう思った方は、実はすでに有効応力の原理を自然にマスターしている方です。「土粒子間を伝わる力で土の強さや硬さが決まる」とする有効応力原理とやらの何が重要なの？　と思うかもしれません。ところが、次にお話するとおり、液状化現象のように地盤が非排水状態で力を受ける場合の土の強さを考える上で、この有効応力原理の考え方がすべての基本となるのです。

ダイレイタンシー現象

土のように粒子の集合からできている物質の大きな特徴に、ダイレイタンシー現象と呼ばれるものがある。ダイレイタンシー（Dilatancy）とは英語のDilate（膨張する）の関連語で、粒々の集合からなる物質がせん断を受けたときに体積が変化する現象を言う。そんな現象は聞いたこともないと思われる方がほとんどでしょう。中学校・高校の理科の時間では教えていないし、身の回りによく起きている現象にもかかわらず、ほとんど人々の関心を呼んでいません。

ダイレイタンシーは、もともとイギリスの物理学者レイノルズ（一八四二～一九一二）によって提唱された考え方である。彼自身は、そのころ光の伝達媒体として存在が仮定されていたエーテルと呼ばれた物質の性質を説明するために、この考え方を導入しようとした。現在では、エーテルとは縁もゆかりもない土や岩の力学の世界で、重要な現象として生き残っている。

例えば、鉄道のレールの下に敷いた砕石バラストについて考えると、角張った固い石ころを枕木の下に振動をかけながら押し込んでいる。列車の重みで枕木が沈もうとすると、締まったバラストにせん断応力が働き、体積が膨らんで互いの噛み合いが強まり、しっかりと重みを支えるのである。岩山にトンネルを掘るときも、ダイレイタンシーの恩恵を受けている。掘った穴が崩れようとしてはらみ始めると、亀裂を挟んで接する岩のブロックどうしがかえってしっかりと噛み合い、崩れを防止しようとする。石積みのアーチ橋も同じ原理といってよかろう。橋の上に大きな荷重が載ると、石積みどうしが競り合って膨らみ、お互いの間の押す力が強まって荷重を支える。

さらに、土に限らず粒々からなる物体（粒状体と呼ぶ）、例えば、穀類、セメント、鉱石、石炭、錠剤、食料品、ごみに至るまで、われわれの生活に深く関わる粉状、顆粒状物質の力学現象にダイレイタンシー現象は深く関与している。例えば、薬の錠剤をビンから取り出すときに、入り口に詰まってなかなか出てこないことがあるでしょう。入り口付近で錠剤の集団がせん断を受けて膨らもうとし、お互いに押し合うことが原因です。もっと切実なところでは、ラッシュアワーの満員電車でドアが開いた時に、一斉に降りようとして入り口付近で人が揉みくちゃになるのも基本的に同じ現象です。

身の周りの粒状体で考えてみよう。**図22**に示すような軟らかい容器の中に乾いた砂または米粒を詰めて、それに横から角度変化（せん断ひずみ）を加えてやると全体の体積が変化する。緩く詰めた場合は体積が縮み、密に詰めた場合は膨張することが分かる。この体積変化こそが、ダイレイタンシーと言われるものである。ダイレイタンシーによ

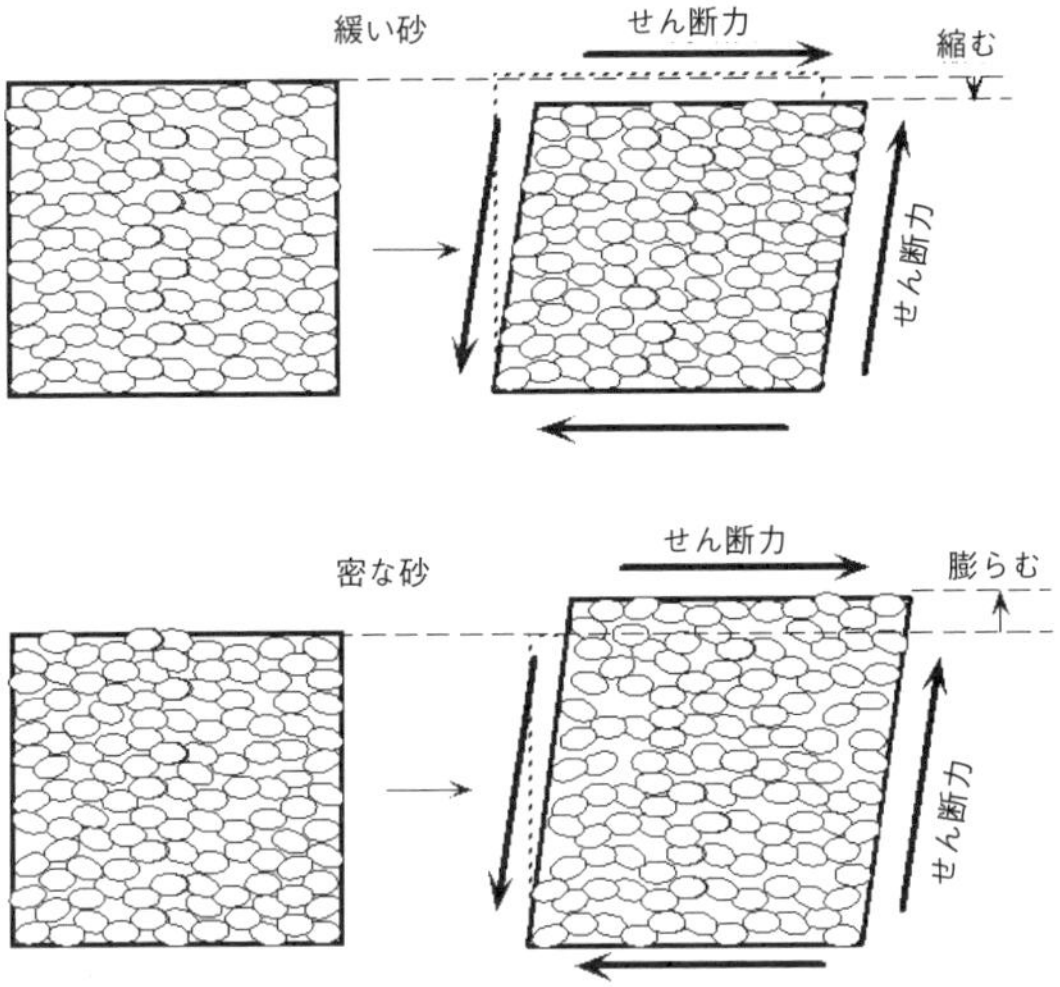

図22　緩い砂・密な砂でのダイレイタンシーによる体積変化

る体積変化は、等方応力の変化による圧縮や膨張とは違い、多くの粒の集団がマッチ箱を潰すような変形（これをせん断変形と言う）をする場合に起きる。つまり、一つ一つの粒が、回転しながら他の粒を乗り越えようとするときに起きる体積変化である。

ところで、ここでマッチ箱を潰すようなせん断変形と申し上げたが、せん断変形を厳密に起こすためには、図22に示すように砂の要素の四つの面に平行なせん断成分の力を加えることになる。この力の加え方と、図16（81頁）あるいは図17（82頁）の中で考えたせん断成分の力の加え方とは違うじゃないかと思われるかもしれないが、実は同じことを意味しているのである。なぜなら、**図23**から分かるように、正方形要素の各面にせん断成分の力（例えば同じ大きさ1で、縦と横で向きが反対の力）を加えると、力の釣り合いからそのな

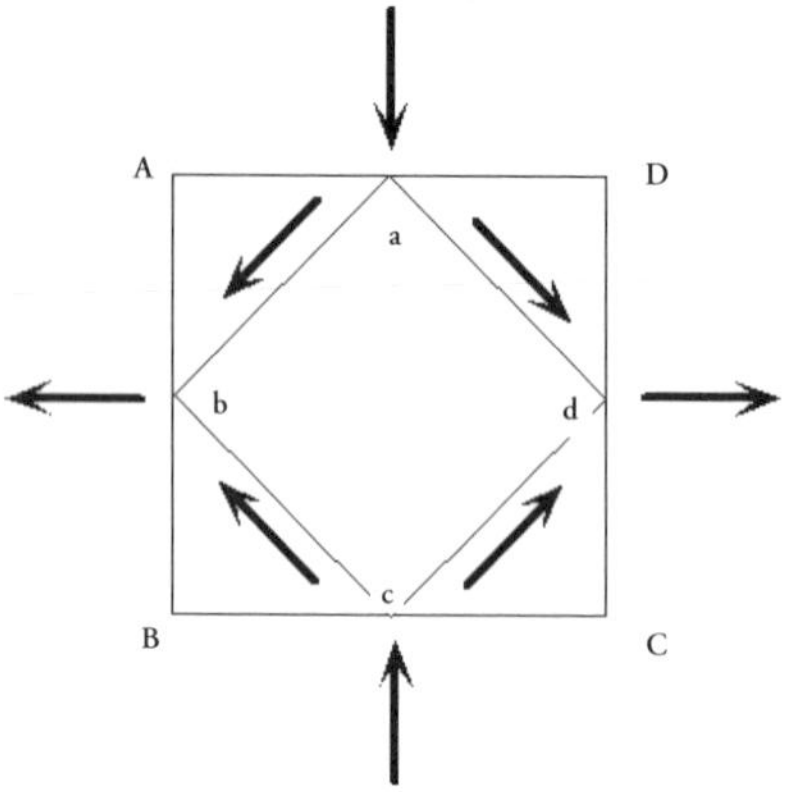

図23　せん断成分での土の要素への力のかかり方

かに含まれる四五度傾いた正方形要素ａｂｃｄの四つの面には同じ大きさ1の平行なせん断力が働き、図22のせん断力の加え方とまったく同じことになるからである。

さて、水で飽和されていない土や透水性の良い土では、体積が短時間に変化できるため、ダイレイタンシーによる体積変化はそのまま土の体積変化として現れる。いわゆる排水条件である。一方、水で飽和した透水性の低い粘土やシルトにせん断力が加わる場合は非排水条件となる。前に話したように、土の体積は短時間には変化できないため、その反動として間隙水圧が変化することになる。なぜならば、例えば、緩る詰めの土ではせん断力によって土粒子骨組の体積は縮もうとするので、外から加わる等方圧縮の力は間隙水が受け持つことになり、間隙水圧が上昇する。それとは反対に、密に詰まった土にせん断応力が非排水条件で働くと、土粒子骨組が膨らもうとする反動で間隙水圧が減少することになる。

さて、以前のお話のように、「外から加わる力」の等方成分は「有効応力の等方成分」と「間隙水圧」で負担される。「外から加わる力」が同じままで「間隙水圧」が変化すると、連動して「有効応力の等方成分」が変化することになる。すなわち飽和地盤が非排水条件でせん断成分の力を受けると、それにより間隙水圧が変化するため、有効応力の等方成分は、ダイレイタンシー現象のない場合に比べて非常に異なってしまう。これが図19（85頁）に太い矢印で示したダイレイタンシーの意味である。「有効応力原理」で述べたように、土の強さや硬さは有効応力のみに依存するので、結局、ダイレイタンシー現象は地盤が支える力や沈下量に非常に大きな影響を与えることになる。

例えば、軟弱な粘土地盤では、せん断力によって土粒子骨組の体積は縮もうとするので、外から加わる等方圧縮の力は間隙水が受け持つことになり、間隙水圧が上昇する。すると、土粒子を束ねるはずの有効応力の等方成分は減少し、土はますます弱く壊れやすくなるのである。これが、軟弱地盤での建設工事で苦労する理由である。工事の荷重により土に加わるせん断応力が増えるほど、有効応力は減って破壊しやすい方向に近づいていくからである。一方、密な土は、まったく逆である。せん断力を受けるほど有効応力が増し、壊れにくい方向に向かう。ダイレイタンシー現象により、弱い土はますます弱く、強い土はますます強くなるのである。

ダイレイタンシーが液状化を引き起す

図22のようにして一方向にせん断力を増やし、砂のせん断変形と体積変化の関係を調べると、例

えば**図24**aのようになる。非常に緩い砂は、せん断変形とともに体積が大幅に収縮するが、やがてある値に落ち着く。一方、ある程度に密な砂は、せん断変形が小さいうちは体積が減少するが、せん断変形をさらに大きくしていくと増加に転じ、その後はもっぱら体積が膨張する現象が現れる。これは、せん断変形が小さいうちは、粒の隙間に不安定な粒が転がり込むことで体積が縮むが、せん断

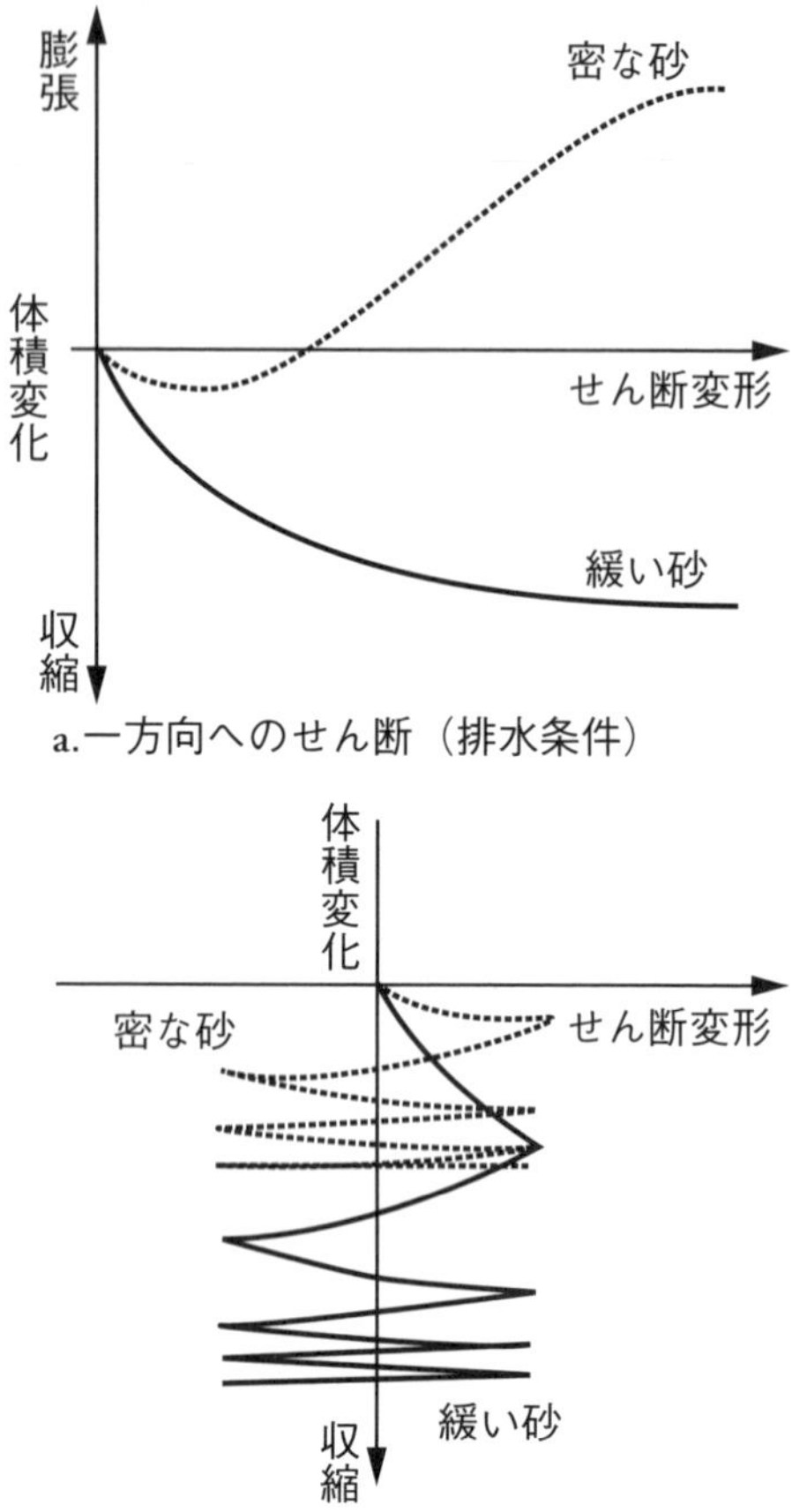

a.一方向へのせん断（排水条件）

b.左右への繰り返しせん断（排水条件）

図24　排水条件の砂のせん断変形と体積変化の関係

変形が大きくなると、最終的な破壊に向かって、粒子が隣の粒子を乗り越えようとして膨張するためである。緩い砂ほど体積の収縮が大きい。密度の大きな締まった砂では、体積収縮は最初にわずか起きるだけで、それ以降ずっと膨張し続けある一定値に近づく。したがって最終的には図24aのように、緩い砂は密に、密な砂は緩くなるのである。

一方、地震の時のように、左右に交互にせん断力を加えると、常に体積が縮もうとする。例えば図24bのように最初に右向きに力を加えた場合、途中までは、先ほどと同じ経路で収縮が進もうとする。ところが、途中でせん断変形の向きが変わると、図24aとは異なり体積はさらに収縮しようとする。つまり、せん断変形の向きが交互に変わると、そのたびに体積は収縮し続けるのである。もちろん、回数を重ねるにつれ、毎回の体積収縮量は小さくなる。このように、地震のような方向の変化する力の場合、砂の体積は常に減少しようとするのである。もちろん密度の小さな緩い砂ほどその傾向は目立つが、かなり密な砂でも、方向が交互に代わる繰り返し力がかかると、膨張することはなく収縮する傾向を示す。

以上は砂の体積が自由に変化できるいわゆる排水条件の場合であった。ところで、砂はいくら水が通りやすいと言っても、地震の時には力の加わる速度が大きく継続時間が短いため、間隙水の排水が追いつかなくなる。すなわち、地震のような短時間の現象に対しては非排水条件となり、土は体積変化できなくなる。それでも緩る詰めの粒子骨格（砂の粒々の集合体）は図24bのように縮みたいと主張する。その結果何が起こるか。実は、間隙水圧が増加するのである。ここで（式4）は、

［外から加わる力］＝［有効応力のせん断成分］＋［有効応力の等方成分］＋［間隙水圧］

であった。外からの力は変化しないなかで間隙水圧が増加することは、つまり［有効応力の等方成分］が減少することを意味する。地震の力の繰り返しにより、［有効応力の等方成分］が徐々に減ってやがてゼロに達する。この時点が液状化の開始点（初期液状化）である。

試験機を用いて、緩い砂の要素に非排水条件で一定振幅の繰り返しせん断を加えたときの、せん断応力、せん断ひずみ、間隙水圧の時間的変化の一例を**図25**に示している。ここでせん断ひずみの意味を丁寧に説明するのも骨が折れるので、変形の割合とでも考えていただきたい。力の繰り返しとともに間隙水圧が増加し、その分、有効応力が減

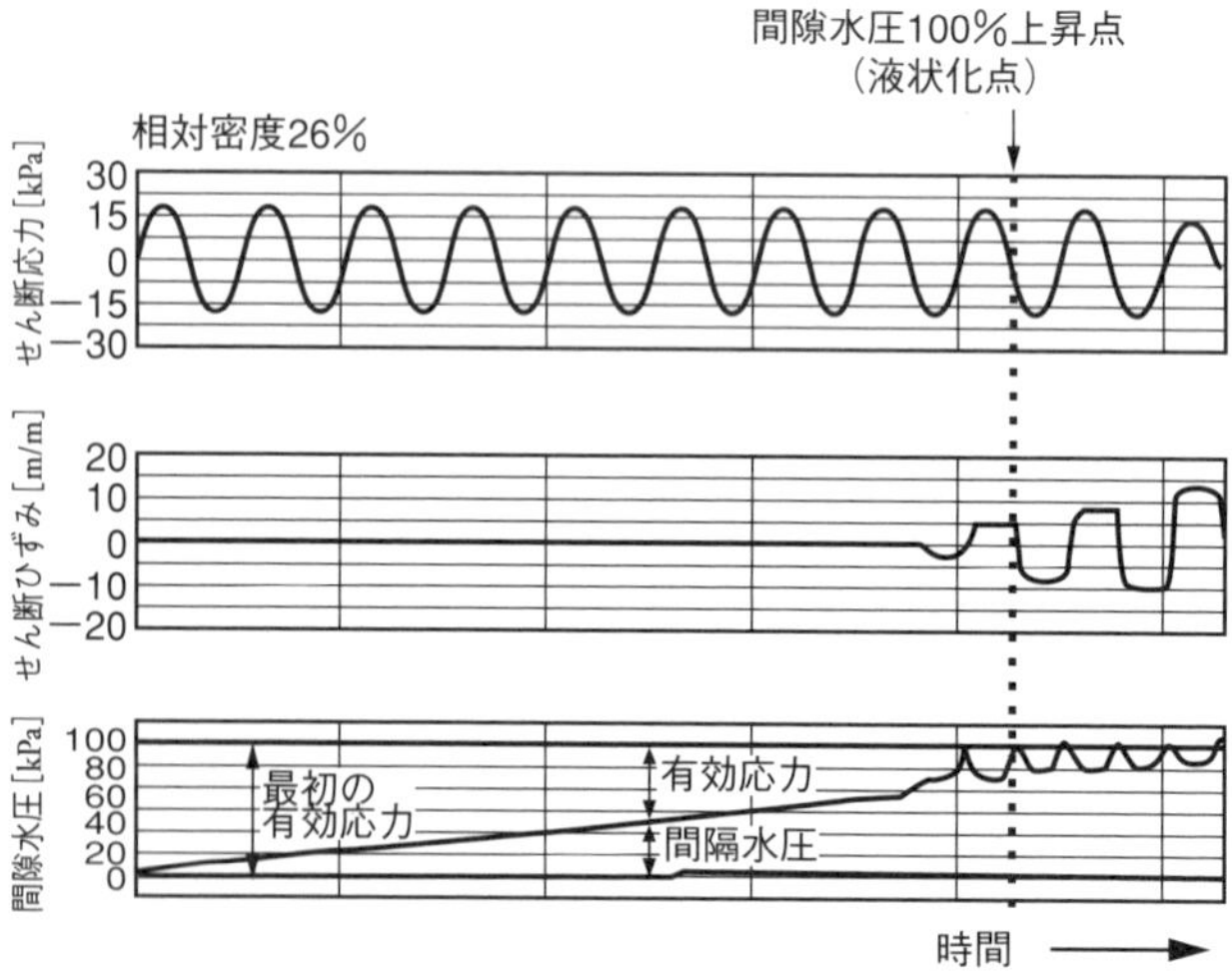

図25　非排水せん断試験での時刻歴の例

少する。水圧が一〇〇パーセント上昇し、有効応力がゼロになった時点（初期液状化）でせん断ひずみの振れ幅が急激に増加し液状化したことが分かる。

　このときの、せん断力とせん断変形の関係を示したグラフが**図26**aである。間隙水圧が一〇〇パーセント上昇したあと、急激に大きなひずみが発生している。さらに繰り返すうちに、砂を変形させるのに大きな力が要らない範囲が広がる。つまり、その範囲内ではほぼ液体としてふるまっていることが分かる。

密な砂でも液状化する？

　かなり密な砂であっても、左右に向きの代わるせん断力によって、体積は収縮傾向となることはすでにお話しした。したがって、非排水条件において何回も繰り返し力を加えれば、液状化の開始点（つまり有効応力ゼロの状態）には達するのである。特に、構造物が何も載っていない水平な地盤では、液状化してもまったく変形しないため、液体と同じ状態に見える。本当に液体であるならば、液状化している水平地盤に荷重を載せると、ほぼ無抵抗で変形しなければならないが、本当にそうだろうか。

　排水条件で一方向に大きなせん断変形を加えると、密な砂では体積が収縮から膨張に転じることは図24aで説明した。非排水条件ではその反動が間隙水圧に現われる。つまり、密な砂が地震の繰り返し力によって液状化の開始点（有効応力がゼロ）に達しても、せん断変形しようとすると間隙水圧が減少し有効応力が回復しはじめる。つまり、変形するにつれて抵抗が増し、液体でなくなって

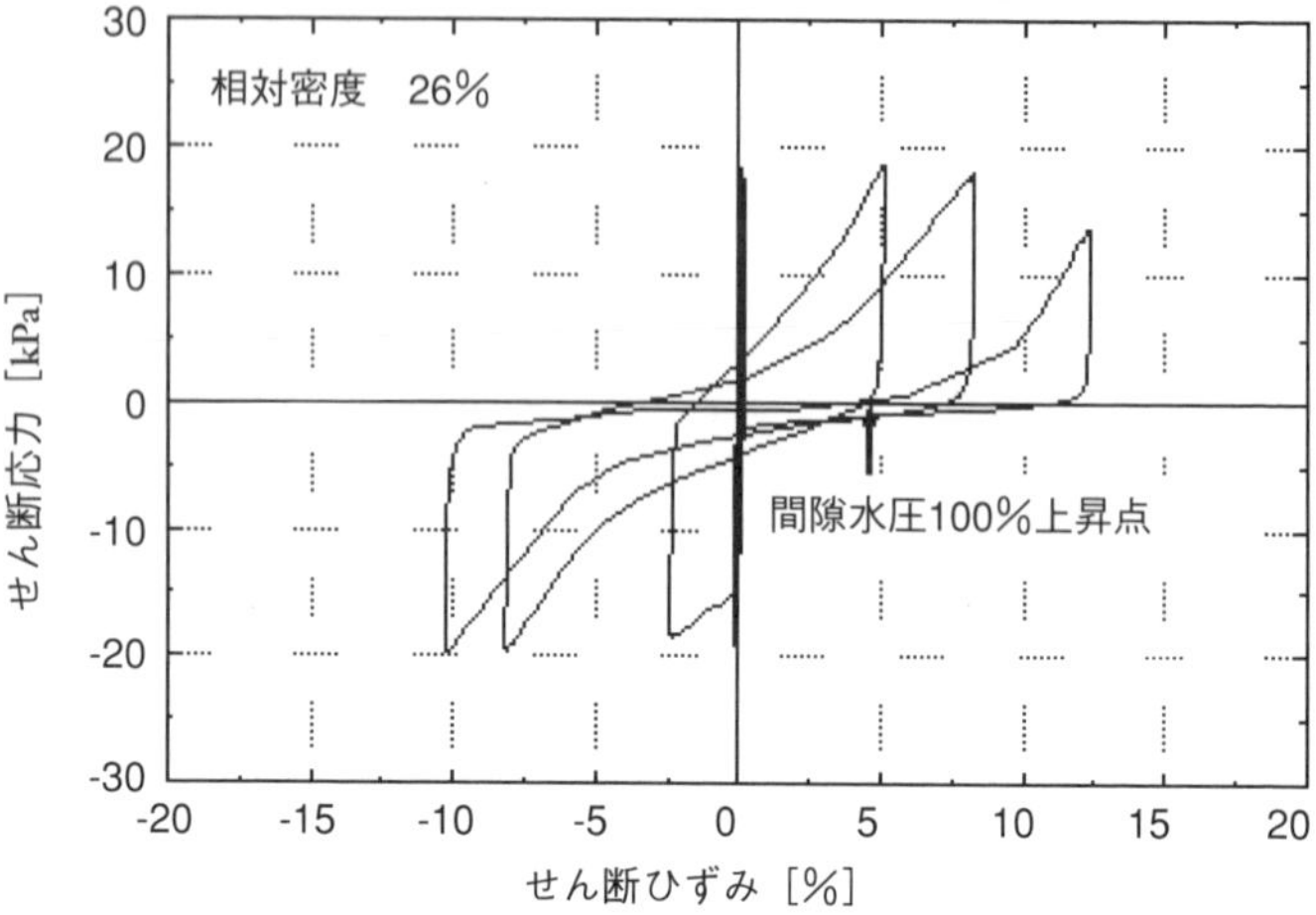

図26a　緩い砂の応力～ひずみ関係

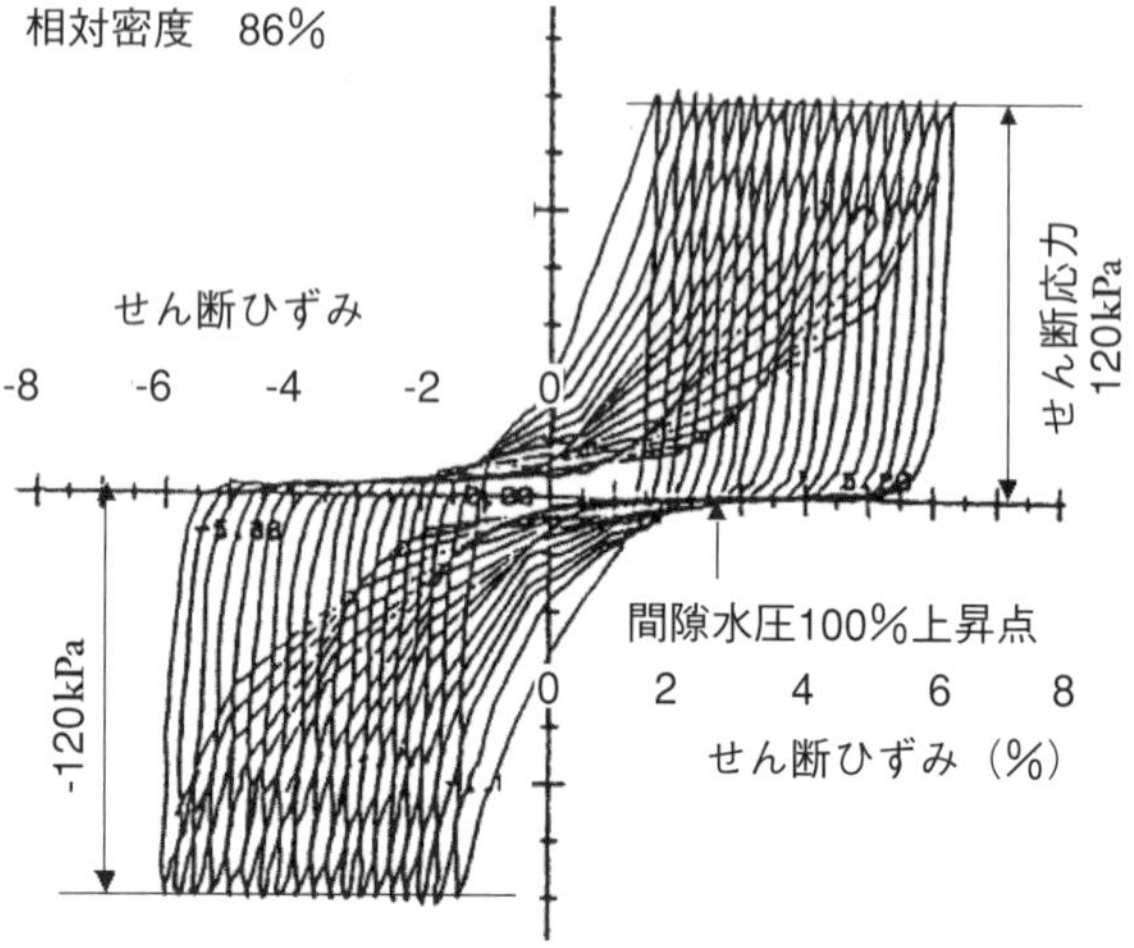

図26b　密な砂の応力～ひずみ関係

くるのである。

図26bは、密な砂について非排水条件で左右の繰り返しせん断を加えたときの、せん断力とせん断変形の関係を示している。緩い砂との大きな違いは、図中に表している間隙水圧が一〇〇パーセントに達した時点から後でも、せん断力が上昇するたびに変形に歯止めがかかり、抵抗が急に増える点である。もはや液状化という言葉どおりの液体からはかけ離れて、大きな力がかかるたびに固体状態に逆戻りしているわけである。試験機で非排水条件の試験をすると、密な砂ではこのような現象が見られる。

このような現象は「サイクリック・モビリティー」と呼ばれる。「サイクリック」とは「繰り返し」そして「モビリティー」とは「力が発揮されること」である。すなわち、変形が小さい範囲ではほぼ液体のように抵抗力は失われているが、ある変形量の大きさに達すると抵抗力が繰り返し回復する。これは、有効応力が失われていったんバラバラになっていた砂粒がある大きさの変形を受けると、ダイレイタンシー現象により体積が膨れ、噛み合いが復活するためである。

ここまで、液状化とは砂が液体になる現象と説明してきた。しかし厳密に言えば、変形の小さいときは液体としてふるまうが、よほど密度の小さな砂でもない限り、変形が大きくなると固体の性質をある程度取り戻す。密度の緩い砂では、液体としてふるまうせん断変形の範囲が密な砂に比べて広いだけである。つまり、液体のようで、どこまでも無制限に流れるような液体でないというのが、要素試験から分かる液状化の実態と言うことができる。

液状化と繰り返し軟化

このように緩い砂でも密な砂でも地震の繰り返しの力を受けると、間隙水圧が上昇し有効応力がゼロの液状化の開始点に至ることが分かった。もちろん密な砂の場合はそのためにより大きな力や繰り返し回数が必要である。もしこの状態を液状化と呼ぶならば、かなり密な砂でも液状化することになる。しかし、実際はちょっとしたせん断変形で固体に戻ってしまうのである。

そこで、小さな変形を加えただけでサイクリック・モビリティーを生じるような密な砂については液状化（Liquefaction）という言葉を使わず、繰り返し軟化（Cyclic softening）という呼び方をするのが適切と考えられている。繰り返し軟化とは図26bから分かるように、荷重が繰り返すたびに砂が液体としてふるまう範囲が広がり軟化が進むことから名づけられている。つまり、繰り返すことによって砂の粒子構造の乱れが進み、より大きなひずみまで液体としてふるまうひずみ範囲が広がることを意味している。

液状化と繰り返し軟化の境目がどこかを明瞭に決めることは難しい。実際、試験機による非排水条件の試験では、「相対密度」が三〇～四〇パーセント程度の緩い砂でも一〇～二〇パーセント程度のひずみ（例えば長さ一〇メートルの間で一～二メートルの変形の違いが起きる状態）で強度が回復するようである。現在、砂の要素試験で液状化が起きる条件としてせん断ひずみの両振幅（左右両側の振幅の合計）が七・五パーセントに達する時点とすることが多い。このひずみに達するあたりで、砂の間隙水圧がほぼ一〇〇パーセントに達することがその理由となっている。現在のこの判定条件で考えれば、両振幅が七・五パーセントを大きく超えたひずみまでもせん断強度の回復が起こらない土は、文字どおり液状化していると呼ぶことができるであろう。

ところでここで出てきた「相対密度」とは何か。砂など粘性のない土の締まり具合を表す実に単純な指標である。まず、土を規定の容器に入れ、規定の振動を加えて最も締まった状態を相対密度一〇〇パーセントとする。一方、同じ容器にロートを使って落下高さゼロでそっと詰めた状態を相対密度ゼロパーセントとし、対象としている土の締まり具合をその間のパーセントで表すものである。もちろん、詰め方を変えれば相対密度も変わってしまうため、理論的に意味のある値というよりは単に便宜的な尺度と考えた方が良いが、砂の強度などを比較する上で便利な指標である。

三〇~四〇パーセントの相対密度は新潟の大規模に液状化した地盤での最小の値にほぼ相当しており、これほど緩い砂でも大きな変形では強度が回復することになってしまう。しかし現実には、新潟では液状化によって文字どおり液体のような大きな変形が起き、建物が倒れ、橋が落ちたのである。これは、密度の緩い砂では、実際の地盤中と要素試験で液状化後の液体的性質の程度に違いがあることを示しているものと思われる。

もう一つの液状化…ボイリング破壊

ここで息抜きをかねて、話は多少横道に外れる。液状化が起きるためには、「有効応力の等方成分」

がゼロになることが必要だが、地震によらずともそのような状態になる場合があることをお話ししておきたい。これは普段から頻繁に見られる現象で、上向きの強い水流があるところで起きる。多分最も分かりやすいのは、泉の湧き出し口であろう。

最近は地下水利用が進んで泉の数が減ってしまったため、遠い記憶となってしまったが、かつては台地の末端にはよく泉が湧いていた。筆者の育った武蔵野台地の縁にも澄んだ冷たい水がこんこんと湧き出る泉がいくつかあり、夏などには子供達の恰好の遊び場になっていた。泉の湧き出し口からは冷たい水とともに無数の砂粒が舞い上がり、足が砂の中に抵抗なしに潜っていく奇妙な感触が体験できた。

砂の層に上向きの水の流れが働くと、砂の粒子の間に働いている力、つまり有効応力が減少することは直感的に分かりやすい。水の流れが激しくなって、砂粒がちょうど浮き上がろうとするときが限界状態であり、有効応力はゼロになる。この限界状態を超えると砂は粒がバラバラの状態となり激しい動きを起こすが、これをボイリング破壊と呼ぶ。ボイリング（沸騰）するように破壊するからである。泉の湧き出し口は常にこのボイリング状態である。足が潜っていく奇妙な感覚は、言ってみれば［有効応力の等方成分］がゼロの砂が、足のせん断力によって抵抗なしにせん断破壊するときの感触である。つまり、湧き出し口の砂はつねに液状化しているといえるわけである。

ところで、地震によって液状化したあと、砂層は沈下しようとして間隙水が絞り出され、上向きの水の流れが起きることはすでにお話しした。実は、液状化している地盤でも、上向きの水流によって、砂の粒子はちょうど浮き上がる限界状態にある。つまり、液状化中の砂層はボイリング破壊を起こす限界状態にあり、有効応力がゼロになっているのは当然だと考えることもできる。そして、地盤の弱いところがあると、そこに流れが集中して砂粒子の浮き上がりの限界を越え、水と共に噴出してくる。これが前にお話しした噴砂現象である。つまり、噴砂現象は地表付近で起きる地盤のボイリング破壊であるとみなすこともできるのである。

すなわち、地震による液状化も泉の湧き出しによる液状化も、液状化している最中の状態については本質的に同じだと言える。違うのは、地震ではダイレイタンシー現象によって液状化に至り、それで生まれた上昇流は地震の終了と共に終わりに向かうが、泉では水が湧き出している限り液状化が続くことである。

ボイリング破壊の恐ろしさ

話はさらに外れるが、ボイリング破壊は多くの場面において地盤の破壊を引き起こす可能性のある恐ろしい現象でもある。その典型は地盤の掘削工事である。

ビルの地下室や地下鉄の建設工事、橋の橋脚などの工事ではあらかじめ必要な深さまで地盤を掘り込んで、それから本体構造の建設を始めなければならない。地盤を掘り込むためには、まず土が崩れてこないように、また地下水が流れ込まないように土留め壁を造る必要がある。昔は、矢板と呼ばれる鉄の板をつなげて打ち込み壁を造る方法がとられていた。最近ではこの方面の我が国の技術は飛躍的進歩を遂げ、連続地中壁と呼ばれる厚さ一～二メートルほどの鉄筋コンクリートの壁で、百メートルを越える深さまであらかじめ土の側面を囲ってしまうことができるようになった。そのあと、なかの地下水をポンプで吸い上げ、掘削工事を開始することになる。

一方、過密な都会の中の工事では、地中壁の外側の地下水位は極力変わらないようにする必要がある。なぜなら、地下水位が下がると必ずといってよいほど地盤沈下が起き、近所からクレームがくることになるからである。その結果、地中壁の外と内で大きな水位差ができ、**図27**に示すように外から中に向かって地中壁の下側を通って地下水が流れ込むことになる。それによって中の水位が上がらないように、工事の間中、ポンプを動かして中の地下水位を一定のレベルに下げておく必要がある。

一方、図に示すように、地中壁の内側の土は下から上への水の流れによって有効応力が下がり、内側の土の厚さDに比べて地中壁内外の水位差Hが大きすぎると、有効応力がゼロ以下となってしまう。そして砂地盤の場合には急激にボイリング破壊が起き、泉の湧き出し口と同じ上向き水流による液状化が起こされるのである。地盤が液体のようになり、掘削現場にいる人は逃げる暇もなく

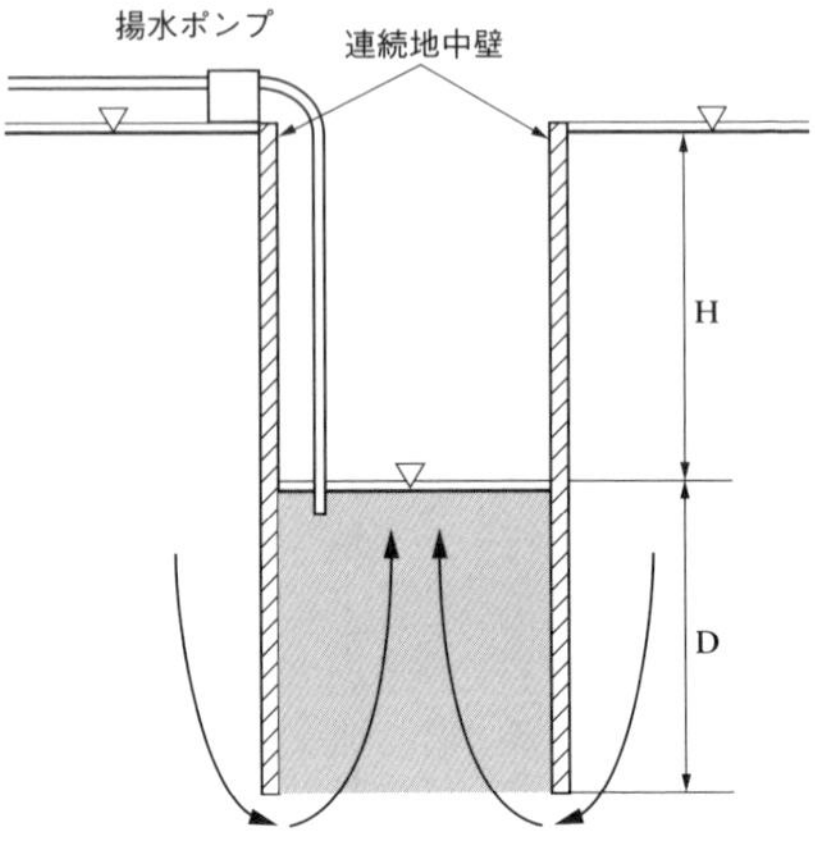

図27　地下掘削工事と砂地盤のボイリング破壊の危険性

押しつぶされる恐ろしい現象であり、絶対に避けなければならない。そのためには地中壁内側の土の厚さDを水位差Hに対してある程度の余裕を見込んだ値に設定する必要がある。いずれにしても、地震時ばかりでなく水の上向きの流れによっても、砂は有効応力を失い、液状化状態になることを指摘しておきたい。

自重により起きる液状化後の大変形

さて、話を地震による液状化に戻そう。密度の緩い地盤が液状化し、構造物にいろいろな被害がでる理由は二つに分けられる。一つは、液状化した地盤が地震で大きく揺れて変形・破壊するためである。もう一つは、液状化した地盤が、揺れが収まった後でも、建物の重さや地盤の傾斜・段差など静的な力により、変形・破壊するためである。一般に、地震の揺れによる動的変形に比べ、建物や地盤の自重による変形ははるかに大きい。

構造物の載っていない水平地盤が液状化した場合、地震の揺れが収まった状態では（式4（85頁））の［せん断成分］が存在せず、外からの力はすべて間隙水圧が受け持っている。一方、地面の上に構造物があり、その自重により地盤に力がかかると、液状化した砂は無抵抗で際限なく変形するように思える。しかし、実際はそれほど単純ではない。いったん液状化した砂が、そのあと変形を受けると、変形が大きくなるほどに、徐々に抵抗が回復するらしい。このとき発揮する強度を、残留強度と呼ぶ。残留強度を調べる研究は要素試験により数多く行われてきた。それによるとかなり緩い砂の試験結果でも、液体のように非常に大きなひずみまで無抵抗で変形することはない。例えば、新潟地震のときに大規模な液状化被害を起こした相対密度三〇～四〇パーセントの緩い砂についても、せん断ひずみが一〇～二〇パーセントを越えると有効応力が回復し始める。これは、緩い砂でも、バラバラだった砂粒子が大きなせん断変形のもとでは噛み合いを取り戻し、ダイレイタンシーにより体積が膨らもうとするためである。

ロックフィルダムは壊れるか

密度の緩い砂が液状化したときの液体的性質がどのくらい本物か、という難しいテーマに深入りする前に、再び息抜きをかねて、それと正反対に、非常に密な土がいかに丈夫かという話をしよう。

あらゆる土の構造物の中で、最も大きな密度に締め固めるものにロックフィルダムがある。ダムというとコンクリートのダムがまず思い浮かぶだろうが、ロックフィルダムはコンクリートで固めるのではなく、岩を崩した巨礫から砂、粘土までのいろいろな材料を盛り立てただけで造るダムである。このようにいろいろのサイズの土を混ぜて締め固めると、大きい粒の間に小さい粒が入る組み合わせになり非常に密度が高くなる。

土を積んだダムが地震を受けた時の最大の弱点は、上流側斜面である。上流側斜面は水で飽和していて弱く、ここですべり破壊が起きると、最も危険な状態となる。前出のサンフェルナンドダムはその良い例である。サンフェルナンドダムのような、緩い密度で盛り立てるアースフィルダムと違って、密度の高いロックフィルダムが地震の強い揺れで壊れようとすると、ダイレイタンシー効果により非常に大きな体積膨張が非排水条件で起ころうとする。巨礫を積んだダムでは水の通りは良くて非排水条件にならないのではとお思いだろう。しかし、巨大なダム斜面が一気に壊れる場合を考えると、水通しの良いダムでも間隙水が移動する時間的余裕はなく、実は非排水条件に近いのである。斜面が壊れるために体積膨張が起きようとするが、非排水条件ではそれが抑えられる反動で有効応力は増加する。さらに、密度が高いため、ただでさえ強い斜面は、その分ますます強くなる。

有効応力の増加に伴って間隙水圧は減少の一途をたどる。極端な場合には、間隙水圧はマイナスの値にまで達し、キャビテーションが発生する。キャビテーションとは、水圧の減少によって水の中に溶け込んでいた空気が気体の泡として出てくることで、これが起こると、当然、非排水条件は成り立たなくなる。

以上のことをまとめると、ロックフィルダムは壊そうとすればするほどますます強くなり、なかなか壊れない。キャビテーションの発生段階までいったとしても、排水条件の強度は保障されているわけである。

実際、ロックフィルダムは、たびたび強い地震を受けてきた。我が国でも昭和五十九年（一九八四）の長野県西部地震（マグニチュード六・八）で、震源のほぼ直上にあった愛知用水の牧尾ダム（高さ一〇五メートル）が非常に強い地震動を受けた。このとき、ダムに備え付けられた地震計は、揺れが強すぎて振り切れてしまった。余震でさえ一G（地球の重力加速度）を超えていた。それにも関わらず、ダム下流側斜面の表面にあった石が多少下にずり落ちた程度で、ダムの安全性にはまったく影響なかった（**写真24**）。

写真24　直下型地震を受けた牧尾ロックフィルダム（高さ105m）の下流側斜面：巨礫が多少ずった程度で何の被害もなし

世界的にも、いくつかのロックフィルダムは強い地震動を受けているが、これまでのところ重大な被害は被っていない。

つい最近の二〇〇八年には、中国四川地震で、一五六メートルの高さの紫坪浦（ジーピンプー）ダムが二G（重力加速度の二倍）以上の凄まじい水平加速度を受けた。このダムは粘土コアで遮水する日本に多い方式ではなく、CFRDという上流斜面に設置したコンクリート舗装版で水を漏らさないようにする形式である。上下流斜面の勾配も急で工事期間も短くでき、経済的なダムとして最近世界的に多く造られている。日本でも昔二つほど造ったことがあるが、ダムが揺すられて沈下すると、コンクリート舗装版はたわみにくいため亀裂が入り漏水につながるから地震国には向いていないとして、その後は全く造られなくなった。その意味で、今度の強い地震で紫坪浦ダムがどんなことになったかは、日本のダム技術者にとっても大きな関心事であった。

写真25は地震後に訪れたダムの上流側のコンクリート版の様子である。地震の時、ダムの水位は満水状態から五〇メートルほど低い位置にあった。強い揺れで、最も重要な上流斜面の遮水コンクリート版にはダムの全長八〇〇メートルにわたる水平亀裂と二本の縦亀裂が入り、地震直後に緊急放流によるダム水位の低下が図られた。何しろ数十キロ下流には人口数百万人の大都市成都がある。しかし、幸いなことに亀裂は貯水面以下には及んでおらず、漏水には至らなかったとのことである。下流面のロックは**写真26**でも分かるようにかなり乱れていたが、大きく滑った形跡はなく、ダムの頂上の沈下量も七四センチメートルとダム高さの〇・五パーセントに過ぎない。建設されたのは二

写真25　紫坪浦ダムの上流側コンクリート遮水版：地震による亀裂は既に補修されていたが，ダム本体の沈下による亀裂は問題となるほど大きくなかった．

写真26 ダム下流斜面ではきれいに張り付けたロックが多少移動し乱れていたが、大きな滑り変形は起きていない。天端中央での沈下量は74cm

〇〇一年～二〇〇五年で最新技術が導入されており、大きな岩を盛ったダム本体は大型の機械で十分締め固められ、密度は十分高かったようである。コンクリート版の亀裂についてはさらに安全性を高める必要があるが、少なくとも以前から心配されていた沈下による亀裂は大きな問題ではなかったことは**写真25**からも判断できる。亀裂はむしろ水面上に露出した部分のコンクリート版自体の揺れが原因のようである。ロックを積み上げたダム全体の安定性についてはこれだけの揺れを受けても滑りの兆候も全く見えず沈下量もわずかで、中国の技術者もしきりその点を強調していた。

根拠のない楽観論ではない。ロックフィルダムはコンクリートダムのように固まってはいないが、見かけよりはるかに地震に強い安定した構造物と言えるのではないだろうか。しっかり締め固めた密度の高い土がせん断されると、ダイレイタンシー現象により、非常に大きな強度を発揮するメカニズムを利用している良い例である。

なぜ液体のように流れるか

さて、密度の低い砂が液状化したときの液体的性質がどのくらい本物かという本来のテーマに戻ろう。新潟地震での建物の沈下・転倒や地盤の流動、アラスカ地震での海岸の流失、サンフェルナンド地震でのアースダムのすべり破壊などを見ていると、数十パーセントを超えるひずみ（例えば厚さ一メートルの土の両端で数十センチも変形が食い違う状態）が起きていたようである。これは、このように大きな変形を起こすまで、それほど大きな強度の回復が起きなかったことを意味している。

図28は図13（67頁）、14（68頁）で登場した新潟市の二箇所において、地盤の流動量と液状化した地層厚さから推定した発生ひずみである。値にばらつきは大きいが、最大一〇〇〜二〇〇パーセントも

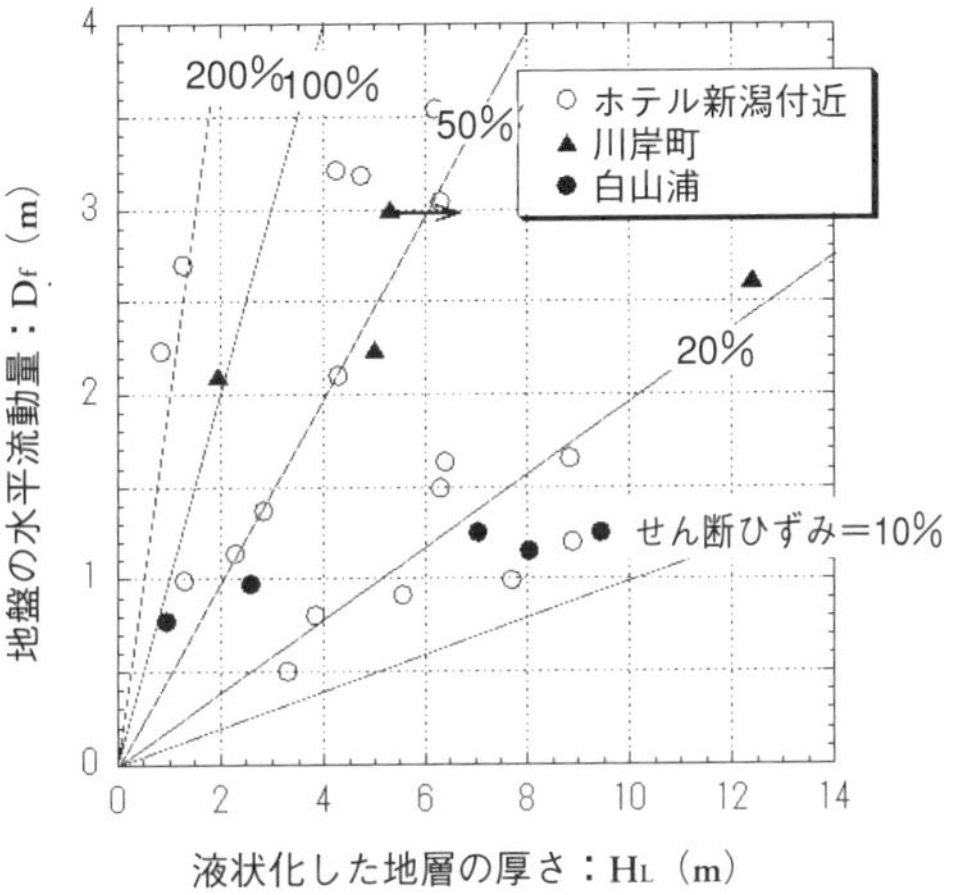

図28　新潟市の液状化地盤で発生したせん断ひずみの大きさ（文献4-6）

のひずみが発生していることが分かる。地表面勾配が一パーセント以下のほとんど平らな地盤においてである。この図は液状化層が一様に変形することを仮定した場合であり、実際は、地盤が均質でないことにより、ひずみがさらに局所に集中するため、これよりもっと大きなひずみが発生しているはずである。

ところで、この地盤の流動現象の解釈をめぐって、一九七〇年代から一九八〇年代の米国では二つのグループに分かれて、「液状化」という言葉の定義にまでさかのぼる討論に発展したことがある。液状化の研究では一九六〇年代のスタート以来、多くの研究者が、図25（96頁）のように、地震の繰り返し力によって間隙水圧が上昇し、震動中にひずみの振幅が伸びていく過程を重視してきた。これに対し別のグループは、地震は液状化を起こすきっかけのひとつに過ぎず、密度の緩い砂では地震によらずとも静的荷重で、大きな流動にいたっている例もある。むしろ、非排水条件で一方向のせん断力が加わった場合、それに対する土の抵抗力（残留強度）を上回り、大きな変形が進むことをもって、「液状化」と呼ぶことを主張したのである。

このグループの主張が刺激となり、いったん液状化した砂が発揮する残留強度を調べる研究は土の要素による試験装置を用いて数多く行われてきた。それによると、要素試験では、かなり緩い砂でも、液体のように非常に大きなひずみまで無抵抗で変形する現象は見られないことが分かってきた。

例えば、新潟地震のときに大規模な液状化被害を起こした、相対密度三〇〜四〇パーセントの緩い砂についても、せん断ひずみが一〇〜二〇パーセントを越えると有効応力が回復し始める。これは、大きなせん断変形のもとでバラバラだった砂粒子の噛み合いが復活し、ダイレイタンシーにより体積が膨らもうとするためである。このような要素試験結果からは、液状化した水平に近い地盤が大きく流動することは説明しにくい。実際、今までに起きた液状化した地盤の流動破壊の例を数多く集めて、破壊が起きるための実際の地盤での残留強度を逆算した研究もなされている。それによると、要素試験から求められる残留強度よりかなり低いことが指摘されている。

一方、振動台を用いて、緩い勾配の地盤を流動させる実験も行われている。そのような実験のいくつかは「遠心振動台」と呼ばれる特殊な試験機によって行われている。遠心振動台では、模型地盤に重力の五〇倍（五〇Gと表す）程度の遠心力をかけた状態で水平振動を加える。この実験の理屈を簡単に説明すると、**図29**に示すように、ぐるぐる回る回転軸の先に振動台全体を設置して、一定速度で高速回転させる。振動台は回転軸にブランコのようにぶら下がっているため、五〇Gもの遠心力が加わるとほぼ水平になり、模型地盤にと

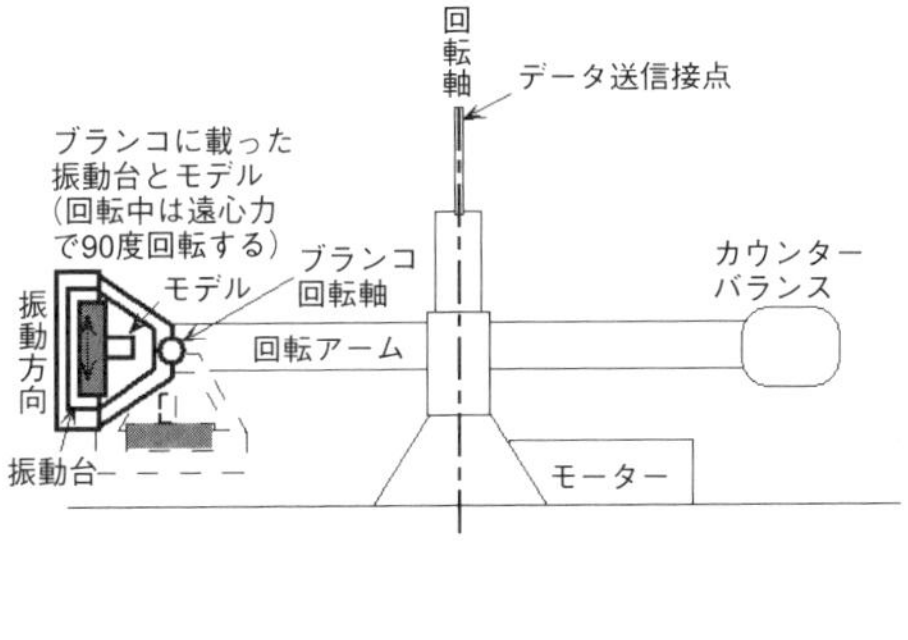

図29　遠心振動台の実験装置

っては地球の地面からほぼ九〇度に立った状態で振動実験が始まるわけである。これにより土には自重の五十倍の力が加わり、模型地盤を五十倍の厚さの地盤に化けさせることができる。その状態で地震の揺れを加えることにより、模型地盤内の力の状態を実際の地盤に合わせた実験ができるのである。

斜面勾配が数パーセントの模型地盤についてこのような実験をすると、大きな振動が加わっている間は、サイクリック・モビリティー現象を示しながら傾斜の下流側に徐々に変形が起きる。しかし、数十パーセント以上の大きなひずみまでにはなかなか達しない。また、振動を止めたとたんに、相対密度が三〇〜四〇パーセント程度の緩い砂地盤の実験でも、変形はほとんど止まってしまうのである。

実際の現象とこのような模型実験の不一致の原因の一つとして挙げられているのが、大きな地震の後に起きる小さな余震である。試験機の中で一方向に働くせん断応力を砂に加えた場合、ある程度大きな変形が起きると強度が回復することはお話しした。ところが、余震にあたる微小な振動（それだけで液状化を起こすにははるかに小さい振動）を砂に加えながら同じ試験をすると、強度回復があまり起きなくなることが分かっている。振動台の実験でも、液状化させたあと微小な振動を加え続けると、流動が継続することが分かっている。これは、微小な振動が砂粒の間の摩擦を下げすべりやすくする効果があるため、砂粒同士の乗り越えであらわれるダイレイタンシー現象が発揮されにくくなるためと解釈できる。

この効果を現場のデータで如実に表していると

思われるのが、前出のサンフェルナンドダムの地震計の記録（図12（62頁））である。確かに図中に②～⑤の区間で四つの余震の起きている間は流動が速まっているように見える。つまり、余震は流動を加速する効果がありそうである。しかし明らかに余震が起きていないときにも流動は起きている。つまりこのダム現場のデータから、大きな流動変形の起きる理由は余震以外にもありそうなことが読み取れる。

砂地盤の層構造がもたらす効果

図9（47頁）で見たように、地盤は通常、層構造になっていることが多い。なぜなら、地盤は多くの場合、海や川、湖水で運ばれてきた土砂が沈降・堆積してつくられるが、その沈降の過程で土粒子の大きさの違いにより沈降する速度に差ができて、粗い粒から先に堆積し、その上に細かい粒子が溜まるという具合に層分けができる（分級作用と呼ぶ）。また、土砂を供給する川も洪水時には平常時に比べて粗い土を吐き出す。このような理由により、実際の地盤には水平な層構造を持った不均質性が備わっていることが多い。

このような不均質性の効果を見るために、水で飽和した砂層からなる斜面を透明な箱の中に作り、そのなかに、シルトのような細かい土からなる薄い層を円弧状に連続的に挟み込む。それを振動台で液状化させる。**写真27**はそのような実験の様子である。また、**図30**は実験で得られる模型地盤の流動の時間的変化である。地盤の流動を測った位置は、同じ図cの中に同じ記号で示している。

図aのシルト円弧を含んだ場合、地盤は振動開始後すぐ液状化するが、斜面の流動（シルト円弧の上も下も）はすでに振動中に起きていることが分かる。振動が終わると流動もすぐに止まるが、間もなく今度はシルトより上の部分だけが大きく流動することが分かる。このとき、ごく薄い水膜がシルトの下にほぼ連続的に形成され、それに沿って上の土の塊が重力の作用によりすべるのが観察できる。これと比較のために、図bのようにシルトを挟まない均質な斜面についてまったく同じ条件で実験すると、流動はほぼ振動中に限られ、後半の流動はほとんど起きない。

　このような実験から、地盤の均質・不均質によ

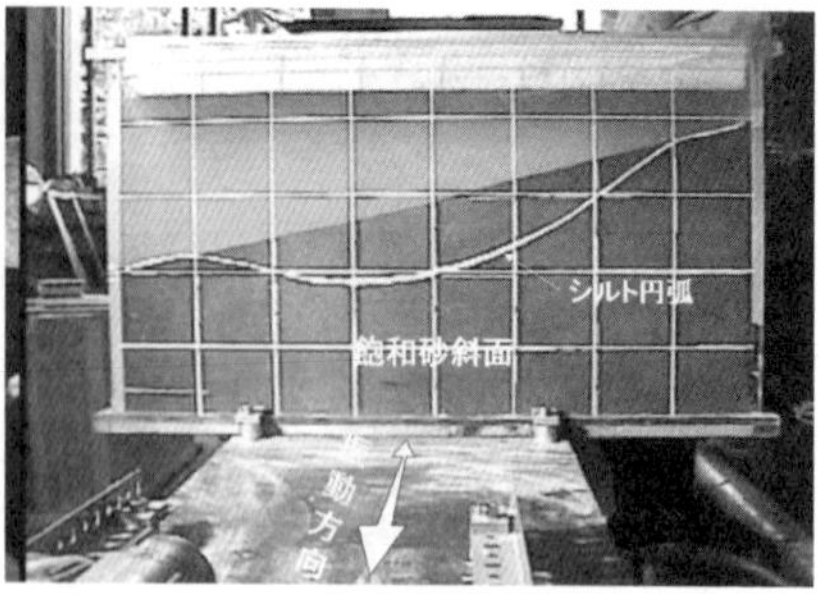

写真27　斜面すべりの模型振動実験（透明の壁を通して，飽和した砂斜面の破壊の様子が観察できる）

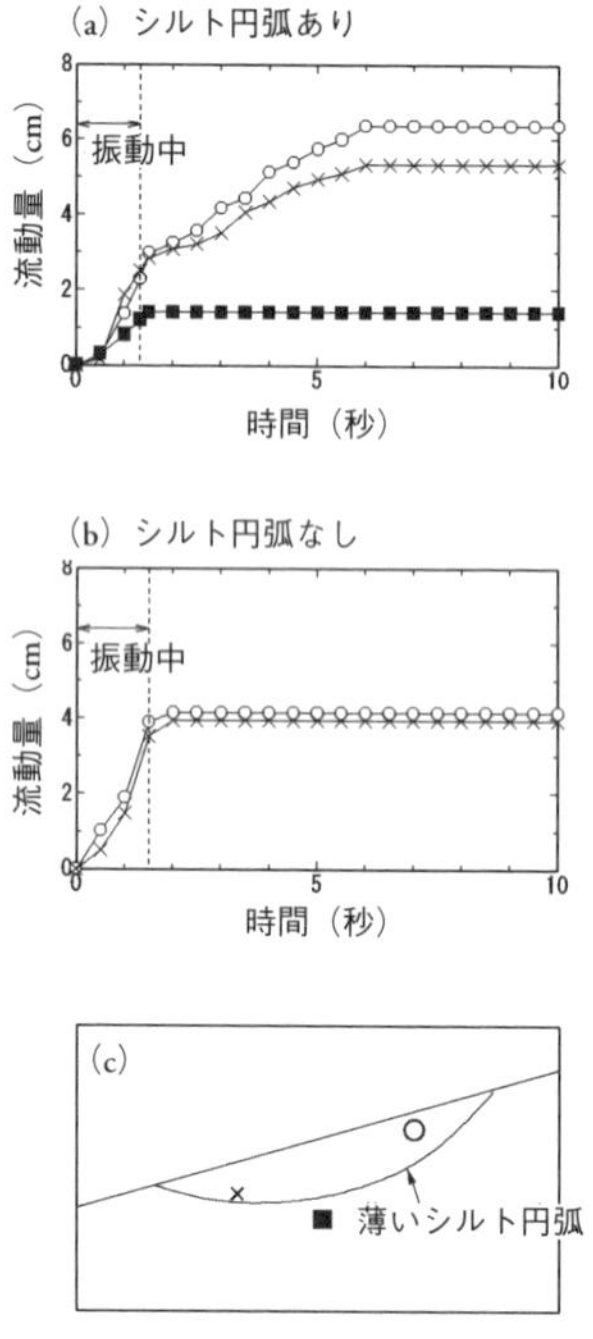

図30　振動台実験で調べた飽和砂斜面の流動に与えるシルト円弧の影響（文献5-8）

って、流動の様子が大きく異なることがよく理解できる。つまり、砂の不均質性のために砂層の中で水の移動が起きる。そして細粒土が集中した層の直下に極端に水が集中した水膜が現われ、流動の仕方が均質な砂層とはまったく違ってしまう。水膜が連続的にできれば、当然、そこを通るすべり線にそって流動が起きる。わずかな地表面勾配でも大きな変形が可能である。

このような現象が実際の地盤で起きるためには、密度が低く大量の水を搾り出す砂層が厚く存在し、水膜が十分厚く成長する条件が整っていなければならない。なぜなら、実際の砂地盤に挟まれるシルトや粘土の薄い層と砂との境界面は、かなり凹凸があることが予想され、水膜がかなり厚く成長しない限り凸凹が噛み合ってしまい、水膜に沿ったすべりが起きにくいと想定されるからである。

新潟市内では、傾斜が一パーセント（一〇〇メートル行って一メートル下がる傾斜）にも満たない地盤が数メートルも流動したことはすでにお話したが、ここでは液状化した砂の相対密度は三〇〜四〇パーセントと非常に低く、液状化した砂層の厚さも数メートル以上あった。液状化した砂の密度が緩くその厚さが大きいことは、水膜が厚く成長できる条件が整っていたことを意味する。また、地表面沈下が五〇センチにも達していたことから、液状化した地盤中に何枚もできたであろう水膜の全厚さは、最大時すなわち地表に水が激しく噴き出す前には五〇センチ程度の値となっていたと考えられる。

このような水膜による大きな流動変形は、緩い密度の不均質な砂層が、ある程度広い範囲に連続して厚く堆積しているような条件で発生しやすい。

実際には、細粒土層は水平方向にある程度は連続性があるが、途切れることもしばしばあり、模型実験ほど単純ではないことも確かである。しかし、途切れ途切れにでも強度ゼロの面が何枚も地中に出現すれば、その影響は非常に大きい。

砂層の不均質性は、図9(47頁)からも分かるように、大規模なものから小規模なものまで見られ、その影響はマクロなレベルでもミクロのレベルでも、液状化した砂の残留強度に影響を与えていると考えられる。したがって、実際の緩い砂地盤が液状化したあと、大きな変形を起こすときに、室内試験で均質な砂の要素を試験した場合ほどには強度の回復が生じない。このように考えていくと、均質な砂の要素による試験結果は、液状化した砂の残留強度の上限値に対応していることになり、不均質性が大きくなるほど、実際の強度はその上限値から低下する傾向を示すと想定できる。

このように水膜が地中に何枚も発生すれば、それほど連続性がなく途切れ途切れであっても、それは当然、建物の沈下や傾斜、盛土の沈下、護岸背後の地盤の流動などにも影響しないわけがない。水膜のような弱部にひずみが集中し、強度回復が起こらないまま、大きな流動変形につながるものと考えられる。

地震によって液状化が起きるか否かについては、ここ三十年ほどで大幅に解明が進んだ。それに比べて、液状化した後、緩い砂地盤がどのくらい大きく変形するかについては、その基本的メカニズムについてさえよく分かっていない。実はこの点こそが、構造物の安全性を考える上で最も大切なのだが、いまだにいろいろ異なる見解が並立している状況である。ここに、述べたのはそのうちの一つの見解である。液状化した地盤の変形メカニズムを解明し、変形量を定量的に予測して耐震設計の信頼性を上げるために、多くの研究者が奮闘中というのが実状である。

第6章

液状化しやすさの条件

どんな場所が問題か

ここまで読み進まれた読者にとって、「そんな理屈っぽい話より、どんな場所が地震の時に液状化しやすいか早く教えろ」とか、「今、住んでいる場所は一体大丈夫なのか知りたい」とか、いろいろ言いたくなってくる頃でしょう。

実は最近では、多くの自治体が、管轄範囲の液状化可能性の区分図を用意している。東京都の場合で言えば、液状化の可能性が高い・中くらい・低いを地図の上にそれぞれ橙・黄色・緑に色分けして示している。大まかには、その地図で液状化しやすさの概略の見当はつけられる。しかし、この地図をつくる上で、取り扱う区画が粗く、細かい地盤の変化が必ずしも反映されていない場合があるので注意が必要である。

特に、都会では人工的な地盤の改変が、やたらに行われており、部分的には原地盤とはかなり変わっている場所が多い。例えば、ライフラインの埋設埋め戻しや、建物基礎の盛土置き換えなどである。あとからの話にあるように、このような埋め戻し地盤は、よく締め固めないと液状化を起こしやすい。ここでは、役所発表の大まかな液状化地図に頼るだけでなく、自分でもわが家の液状化の起こりやすさを判断できるようにするために、基本にさかのぼって液状化を起こす基本条件をもう一度考えてみよう。

液状化は、地下水位以下の飽和した土が起こす現象である。大抵の場所は、掘れば地下水が現れることから、必ず飽和した土があるといえるが、そこでの土の性質と深さが問題である。液状化を起こす土は粘着力の少ない砂のような土で、しかも密度があまり締まっていない場合である。このような土が地表近くに存在し、地下水に浸かっていることが液状化のしやすさの重要な条件である。一方、その場所で起きるであろう地震の強さも、当然重要である。

まずは大雑把に、液状化しやすいのはどういう地盤かを一言で言ってしまえば、川沿い、湖沼沿い、海沿いなどの低地や埋立地で地下水が地表近くにあり、粘性が少なく、砂や砂礫・シルトなどからなる地盤と言えよう。例えば、厚い軟弱粘土層からなる地盤では、ふだんから加わっている建物などの重さによる沈下やめり込み破壊を心配しなければならないが、まずは液状化の心配はないといってよい。また、砂や砂礫からなる地盤であっても、締まっていれば液状化の心配はない。さらに、地下水面までの深さが一〇メートル以上もあれば、通常のケースでは液状化を心配する必要はあまりないといってよいだろう。あとでお話するように、深くなるほど同じ土でも液状化しにくくなるからである。また、深いところで液状化したとしても、液状化しない地表近くの厚い地層によって、地表の建物などに与える影響が緩和されてしまうからである。

地形から大まかな判断はできる

現在では、ある程度の大きさの工事をする前には、その地盤にはどのくらい液状化の可能性があるかをあらかじめ判定することがあたりまえになっている。ただ、個人住宅のような場合、建売の会社や土地分譲の会社がそこまで情報を提供できないケースもあるだろう。その場合、周辺の地形を注意深く観察すれば、液状化が心配な土地かどうかを大まかには判断することができる。

まずはほとんど心配ないケースとして、山地斜面や丘陵・台地が挙げられる。このような土地は通常地下水位が低く、液状化する条件にない。また、そこの土は新しい時代に川や海の作用で堆積したものではなく、数万年以前に堆積したものである。例えば東京周辺に広く分布する丘陵や台地は、表面近くは関東ロームと呼ばれる火山灰層に覆われ、その下には砂層や礫層が水平に連続した層を成している。これらの土のできた年代はほぼ数万年以前であり、地下水位の深さも一〇メートル程度はある場合が多い。

その反対に、液状化の可能性が最も大きい土地としては、河川沿いの低地やそこを埋め立てた造成地、海沿いの埋立地、海沿いに分布する砂丘の間の低地やそこを埋め立てた造成地、昔は川の流れ道だったが今では川筋が移動しているような場所である。もちろん、密度の緩い砂や砂礫、非粘性のシルトなど、液状化しやすい土があることが前提だが、大方の場合、このような条件は備えている。

つまり、平野ができる過程で、河川の氾濫、川筋の移動などによりいろいろな土が時代とともに入れ替わり立ち代り堆積し、大抵の場所には、粘土層もあるがその上か下には液状化の可能性のある砂層も存在している。また、埋立地は、砂質や礫質、ときには非粘性のシルト質の土からなっていることが多く、何らかの対策工事がされていない場合には、液状化しやすいと考えた方が良い。

液状化しやすい典型的場合について述べたが、その中間的な条件の土地については、地形・地質的見地だけからは簡単には決めにくい。それでも、地下水が浅いかどうか、以前の土地利用がどうなっていたかなどは大きな参考となる。もちろん、地元の方に昔のことをいろいろたずねれば役立つ情報が得られる場合が多い。

若い土は弱い

同じ砂地盤であっても、液状化しやすさの重要な条件は土の年齢の若さである。地盤の年齢は、人間の感じるタイムスケールとは比較にならないほど長い。岩になっていない土の地盤でも数十万年に達するものまである。そのなかで、埋立地は高度成長期に造られたものが多く、せいぜい五十歳より若いものが大半である。また、昔は川が流れていたが今は埋まっているところ（旧河道と呼ばれる）は、せいぜい百歳か二百歳であり、地盤の年齢からするとまだ生まれたてに近い。

これまでに液状化で大きな被害を出したところは、このような年齢の若い地盤がほとんどである。例えば、昭和三十九年（一九六四）新潟地震で激しく液状化した川岸町や白山町などは、江戸時代には信濃川河口付近の入江になっていたところである。**写真28**は、地盤工学会発刊の「一九六四年新潟地震液状化災害ビデオ・写真集」に収められている嘉永二年（一八四九）の新潟市街地図であるが、それがはっきり分かる。

兵庫県南部地震の時には、神戸市から尼崎市にかけての海岸沿いの埋立地や人工島が広い範囲で液状化したが、いずれも、昭和三十年代から六十年代にわたって、埋め立てられた非常に若い地盤であった。昭和六十二年（一九八七）に起きた千葉県東方沖地震では、東京湾沿岸の多くの場所で

写真28　嘉永2年（1849）の新潟市街地図（日本海側から新潟市街地を望む．右上の窪みは川岸町あたり）（文献8）

液状化が見られたが、いずれも戦後の埋め立てで造成された土地であった。平成十二年（二〇〇〇）の鳥取県西部地震では、境港のそばの竹内工業団地というところで、なぜかシルト質の土の液状化被害が集中したが、ここも浚渫造成されてから地震まで二十年足らずしか経っていなかった。もっと小規模には、田んぼや沼地を山砂で埋め立てて宅地としたようなところは、日本全国に無数にあるが、地下水位が高く若い地盤のうえ、締め固め不足のことが多く、液状化による家屋の被害が起きやすい条件がそろっている。

新しく埋め戻された土が液状化しやすいことは、意外なところにも影響している。平成十六年（二〇〇四）十月二十三日に起きた新潟県中越地震では、千個以上に及ぶ下水のマンホールが浮かび上がり、道路の通行に支障がでるケースが相次いだことはすでにお話した。いずれの場合も、周りの地盤はほとんど液状化していない。元々の地盤が、液状化しにくい土からなっている場合も多いにもかかわらず、わざわざ液状化しやすい砂で埋め戻して、液状化被害を人為的に増やす結果となっている。また、周辺に自然の砂地盤があっても、そこはほとんど液状化していないのである。締め固め不足もあろうが、若い土ほど液状化しやすいことの現れと言えよう。

土ができてからの年月の長さが、液状化しやすさに大きな影響を与える理由は何だろう。室内試験によってそのヒントは得られる。砂は同じ締まり方でも、詰めてから一日後に測定した液状化強度と、百日間そのまま保存してから測定した強度を比較すると、後者のほうが少し大きくなる傾向がある。砂に粘土・シルトのような細粒土が混じった場合は、さらに時間の効果が大きく現れる。これは土の粒子の接触点が時間とともに土に含まれる炭酸カルシウム分などの固結作用によって強化されるためであり、これによって古い地盤ほど液状化しにくくなる効果が現れる。他にも、年齢を経た土は、地下水の変動による有効応力の変化、それほど大きくない地震の揺れを多数回受けることにより、強度が強くなる効果があることも知られている。

一般的に、二万年より以前にできた洪積地盤では液状化しにくいとされているのも、主にこの時間効果の現れである。また、二万年前より新しい沖積地盤においても、数千年を経たものは当然百～二百年前の旧河道より強いし、ましてやここ数十年の埋め戻し地盤より液状化しにくいのは当然である。このように、時間とともに液状化強度が少しずつ増加していくことは、定性的にはよく知られているものの、まだ十分定量的な答えが出されていないのが実状である。

どのくらいの地震で液状化するか

ところで、どのくらいの強さの地震で液状化は起こるのだろうか。これまでに液状化を起こした地震について、液状化の起きた地点の震央からの距離と地震のマグニチュードの関係、さらに震度との関係を綿密に調べた研究が多数なされてきた。それによると、当然のことながら、マグニチュードが大きくなるほど、遠いところまで液状化が起きていることが分かっている。

例えば、兵庫県南部地震のようなマグニチュードが七程度の地震では、五〇～一〇〇キロメートル程度である。このように幅があるのは、液状化が震央距離やマグニチュードだけでなく、地盤条件などの影響を大きく受けているためである。一方、震度と液状化発生の関係についてみると、普通は震度五以上の場合に、液状化が多数発生し始めることが分かっている。

地盤が液状化するかどうかを理屈っぽく考えれば、地震により土に加わるせん断力が土の強度を上回ったときに、液状化が起きると言える。大きな地震では、ある程度強度の大きな地盤も液状化しやすくなり、液状化の平面的範囲や深さは増えることになる。地震の強さと並んで、液状化に大きな影響を及ぼす要素として、地震の継続時間がある。せん断力の繰り返しによって液状化が起きるから、継続時間が長く繰り返しの回数が多い方が液状化しやすいことになる。

ここで液状化しやすいといっている意味は、単に間隙水圧が一〇〇パーセント上昇した液状化開始点のことだけを言っているのではない。それ以降もせん断力が繰り返し加わることにより、液状化の程度がもっと激しくなり、より大きな変形や沈下が起きることが知られている。一九六四年のアラスカ地震の時には、強い揺れが三分半も続いたと言われており、繰り返し回数は百回以上に及んだはずである。一方、平成七年（一九九五）の神戸の地震では、ポートアイランドで、強い波の繰り返し数はわずか三〜四波であったにも関わらず、震源直近で揺れがあまりにも大きかったため、激しい液状化が起きた。

以上をまとめると、地震のマグニチュードが大きく震源に近いほど、液状化を起こす地震のせん断力は大きく、液状化を起こしやすい。また、マグニチュードが大きいほど、地震の継続時間や揺れの繰り返し回数も大きくなる。つまり同じ震源距離であれば、マグニチュードが大きくなるほど、飛躍的に液状化しやすくなると言える。

どんな種類の土が問題か

地盤の中にある土の性質を地表の土から判断することは難しい。しかし、近くに崖があって、地盤の中の地層の重なりが表れているようなときには、そこから土をつまんで、液状化を起こしやすいかどうかを手っ取り早く見分ける方法がある。まず、水を含んだ土の小さな塊を片方の手のひらにのせ、もう一つの手でかるくトントンとたたく。たたくほどに土の表面が水気を帯び、光沢が出てくるようであれば、その土は液状化しやすい部類に属すると考えてよい。

　このように振動を加えると、水が分離して表面に出てくるような土は、粘性つまりネバネバ度が少なく非粘性土と呼ばれる。液状化しやすい非粘性土の代表格は砂であり、今までに液状化を起こした大半は砂地盤である。砂の粒の大きさの範囲は〇・〇七五～二ミリメートルと決まっている。二ミリよりも大きな粒を含んだ砂礫も液状化しやすい。礫を多く含んだ土は水の通りが良くて、地震中にいわゆる非排水条件とならず、間隙水圧が上がりにくいと思われがちである。

　しかし、実際の地盤では粒の大きな礫のみからなることはまれで、たいていは大きな粒の間は、砂や細粒土の小さな粒で埋められている。したがって、水の通しやすさはせいぜい砂と同じ程度であり、同じ程度に非排水条件が当てはまるといえる。ただ、砂礫の場合、間隙水圧が一〇〇パーセント上昇するまでは砂と大差はないが、その後の大きな変形に対する強度回復が起きやすいと言う研究結果も示されている。

　一方、粒の大きさが砂よりも小さくなり、粒子サイズが〇・〇七五～〇・〇〇五ミリメートルのシルトやさらに細かい粘土になると、粒と粒の間に、ネバネバした粘着力が表れるのが普通である。つまり非粘性土ではなく、粘性土に分類されるようになる。

　一般に、土粒子の重さは、粒のサイズの三乗に比例して減少するのに対し、表面積は二乗に比例して小さくなる。そこで、土粒子が小さくなるほど、粘着力（表面を構成する物質の電気化学的特性から生じる面積に比例した力）が自重による力よりも目立ってくることになるのである。粘性土でも、せん断力の繰り返しによって間隙水圧はやはり一〇〇パーセント近く上昇し、有効応力はゼロに近づく。しかし、粒子の間が粘着力で糊付けされていてバラバラになれず、強度は多少低下するが、非粘性土のような急激な破壊が起きない。つまり、ネバネバ度の強い土は、液状化に対しては安全であると言える。

ネバネバしない細粒土は要注意

ところが土に含まれている鉱物の種類によっては、それほど粘性が表れない細粒土がある。このような粘性の小さな細粒土だけからなる土は、むしろ非常に液状化しやすいと考えたほうが良い。その代表格として、鉱山の精錬所からでる鉱宰《こうさい》がある。

鉱宰とは、鉱石から有用金属を分離した後に残る岩石の粉末であるが、シルトや粘土なみに細かい粒からなっている。しかし、その割にはほとんどネバネバしないものが多い。大量に出る鉱宰を処分するため、一般に鉱山のそばに鉱宰ダムと呼ばれるダムを造り、その内部に水に混ざった鉱宰をパイプで輸送して排出する。ダムでせき止められるのは水ではなく、さらさらした岩石の粉末固体と水の混合物であり、固体は沈殿して鉱宰の層を作る。このダムは水ではなく鉱宰を貯めることから、ダムとは名ばかりの簡単な土の堤でできている。しかも、ダムがいっぱいになってあふれそうになると、古い鉱宰の丘の上にさらに土の堤を足して、また中に溜めていくという具合に段重ねをしていくのが普通である。いわば鉱宰の中味を、饅頭の薄皮の土で包んでいるのと同じである。

昭和五十三年（一九七八）の伊豆大島近海地震のときに、伊豆半島の修善寺のそばにある持越鉱山の鉱滓ダムが液状化した。鉱滓は堤の二箇所を破って、泥流となって狩野川を流れ下り、駿河湾にまで達した。泥流に巻き込まれた人が亡くなり、川や海が鉱滓に含まれたシアンなどの有害成分で汚染されて鮎が大量に浮上し、大きな社会問題となった。

実は非常によく似た出来事は、太平洋をはさんだ南米のチリでは何回も起きている。首都サンチャゴや港町バルパライソがあるチリ中部は、銅を中心とした金属資源の宝庫である。たくさんの鉱山が集中し、鉱滓ダムが多数造られている。しかもチリという国は日本とよく似ていて、沿岸に海洋プレートの潜り込みがあり、頻繁に大きな地震が起きている。現在も使用中の鉱滓ダムだけでなく、すでに使い終わって放置されている昔のダムまでが被害を起こし、大きな問題となっている。

このような液状化しやすい細粒土のもう一つの例としては、石炭灰が挙げられる。文字どおり、石炭を燃やしたあとの灰で、これも自然の土ではない。しかも有用成分も含まれているので、有効活用が図られている部分もある。しかし、日本だけで火力発電所などから、年間八〇〇万トン以上も発生するためとても使いきれず、そのうちのかなりの量を灰捨場で処分している。その結果、石炭灰からなる地盤が日本の各地にできている。

石炭灰は、時間とともに粒の接触点が固まる性質（自硬性という）を示す場合もあるが、地下水以下ではその効果も小さい。粘性のない細かい粒径からなっており、液状化しやすい土の典型といえよう。もちろん、国土の狭い日本のことだから、灰捨場跡地の公園や都市施設などへの有効利用も考えられている。このときに、当然、液状化に対する対策が重要となる。

細粒土ではないが、鉱宰や石炭灰のような人工的な土で、現代社会で忘れてはならないものに、ゴミがある。ゴミの埋め立て方法も時代とともに変わり、現在では焼却灰による処分が増えたが、一昔前は生ゴミをそのまま埋め立てていた。東京で言えば、夢の島を埋め立てた時代である。このような、生ゴミ地盤の性質は十分には分かっていない。もちろん、ゴミそのものは液状化しにくいが、それを処分した時に埋め戻した周辺の土については検討を要する。また、ゴミは地震のときに揺れやすく、また圧縮しやすいと言われている。大きな地震の経験がまだない土であり、安心はできない。

このような特殊な土でなくても、粘性の低い細粒土は、けっこう自然の地盤でもお目にかかれる。液状化した例もいくつか報告されている。例えば新潟市の砂層に挟まれているシルト層には非粘性のものが多いし、最近の平成十二年（二〇〇〇）鳥取県西部地震で液状化した竹内工業団地（境港のそばにある）のシルトや、平成五年（一九九三）の北海道南西沖地震でも函館市のシルト地盤が液状化している。なぜか、埋立地のシルトは粘性が小さく、液状化しやすいものが多い。

ところで、シルトのような細粒土と砂や砂礫のような粗粒土が混じった土も、現実の地盤において結構多く見かけられる。このような土は中間土と呼ばれる。細粒土と粗粒土のそれぞれは性質がよく調べられているのに対し、中間土についてはまだ不明な点が多く残されている。試験機を用いた要素試験では、砂や砂礫に、粘性のない細粒土を三〇〜一〇パーセント程度加えると、液状化に対する強度が半分程度にまで低くなる結果が出されている。一方混ぜる細粒土に粘性がある場合には、細粒土が多くなるほど、むしろ強度は大きくなるとの相反する試験結果が出されている。

実際の地盤で、粘性の低い細粒土が混じった中間土が、本当に液状化しやすいかについては、まだ疑問の余地もある。細粒土を含む土は、時間の経過による強度増加が大きい可能性があるからである。一般に、土の強度は地層が堆積してから数百年・数千年を経るうちに、土粒子の接点に固結作用が働き、強度が増加していく。その効果は普通は細粒土の方が砂や砂礫だけからなる土より大きい。自然地盤の液状化強度を考えるうえで、この時間効果は無視できず、人工的に細粒土を混ぜ合わせてから短時間で行う通常の要素試験では、この効果を表せていない可能性がある。

実際の工事では、後ほどお話するように、液状化強度を貫入試験の抵抗値（N値と呼ばれる）で判断することが多い。砂の密度が大きくなるほど、N値も液状化強度も大きくなるため、その間の関係を使って、地盤の液状化強度を出すのである。その場合、同じN値であれば細粒土の割合が増えるほど液状化強度は大きくなるとしている。これは、細粒土が増えるほど砂や砂礫だけからなる土よりも貫入抵抗のN値は大幅に低下するが、液状化強度はそれほど低下しないと考えていることを意味している。これが本当かどうかについても、土の年齢の効果も含めて、専門家の間でケンケンガクガクの最中である。

どのくらいの深さまで液状化するか

ここまで特にはっきり説明はしてこなかったが、液状化は主に地表面近くで起きる現象であることは薄々ご理解いただいていると思う。その第一の理由は、液状化しやすい密度の小さい年齢の若い地層は、地盤のあまり深いところにはないことによる。さらに、たとえまったく同じ土が深くまで続いていても、液状化する深さには限界があると考えているからである。それはなぜだろうか。

砂の液状化に対する抵抗力は、地表からの深さが増し、土に加わる有効応力が増すほど大きくなることが分かっている。これは、前に（式1（81頁））に登場した［等方成分］が強度を増す働きがあり、［せん断成分］が土を壊す働きがあるというお話しを思い出していただければ納得していただける。深くなるほど等方成分が増すので、液状化強度も増加するのである。この傾向を示したのが**図31**の点線である。

一方、液状化を起こす地震のせん断力は、地表に近いところでは深さに比例して増えていくが、ある深さになるとそれ以深は頭打ちとなり、ほぼ

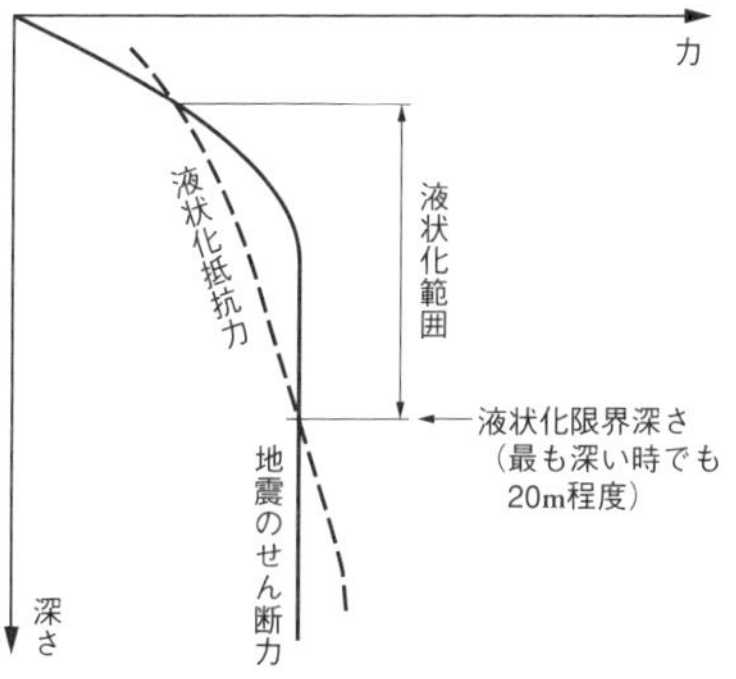

図31　地盤の深さと液状化範囲

一定値となる傾向がある。これには地震での地盤の揺れ方を想像していただければよい。地盤はいろいろな揺れ方をするが、そのなかで特に重要な揺れ方は、前にお話ししたようにSH波（俗に横波と呼ばれる波）による横揺れである。

地盤はいろいろな地層が層状に重なり水平方向に広く続いているが、それを縦に切り出した地層の柱を考えてみる。地震のときは、その柱がゆらゆらと横揺れすると考えればよい。地表付近を考えるとほぼ同時に同じ揺れかたをしているので、地震の慣性力は土に同時に同じ向きに働くことになる。

地盤に発生するせん断力は、各深さの土に働く慣性力を地表から下に向かって足し合わせたものなので、地表からの深さに比例して増えてゆく。ところが深くなるほど、土の柱の揺れに時間のズレが生じてくる。地表が右に動くときは、下のほうが左に動くというような具合である。こうなると、慣性力の働く方向もバラバラになり、お互いに打ち消し合う効果も表れて、せん断力が深さ方向に増加する傾向は深いところでは見られなくなる。結局、図31に実線で示すように、地盤に働くせん断力の最大値は、地表からある深さまではほぼ直線的に増加するが、それ以深ではほぼ一定値に落ち着く。したがって、図31の実線（液状化を起こす力）と点線（液状化に対する強度）の関係から、液状化する深さに限界が表れることになる。この限界深さはもちろん地盤の硬さや地震波の条件（大きさ、含まれる主な振動数など）によって異なる。しかし、一般的には二〇メートル程度を限界深さと考えてよい。

地表近くでは液状化は起こらず、深いところで起きた場合、地上の構造物の不同沈下などに与える影響は、当然小さくなると考えられる。ただ、深くても激しい液状化が広い範囲で起きれば、地表面の沈下や側方流動などの影響は地表でも現れると考えたほうが良い。

現場での専門的判定

実際の工事などを行う場合、その地点の液状化のしやすさをあらかじめ判断するためには、現場にボーリング機械を持ち込んで、孔を掘りながら「標準貫入試験」を行うことが多い。この試験では、**図32**のように、孔の底から地盤に土を採取できる直径五センチメートルほどのチューブを、ハンマーでたたき込む。そして、採取試料から、まず液状化の検討が必要な種類の土か否かを判別する。

さらに、貫入抵抗のN値（ロッドを三〇センチメートル地中に貫入させるのに必要なハンマーのたたく回数をN値と呼ぶ）により、液状化のしやすさを判断する方法がとられる。

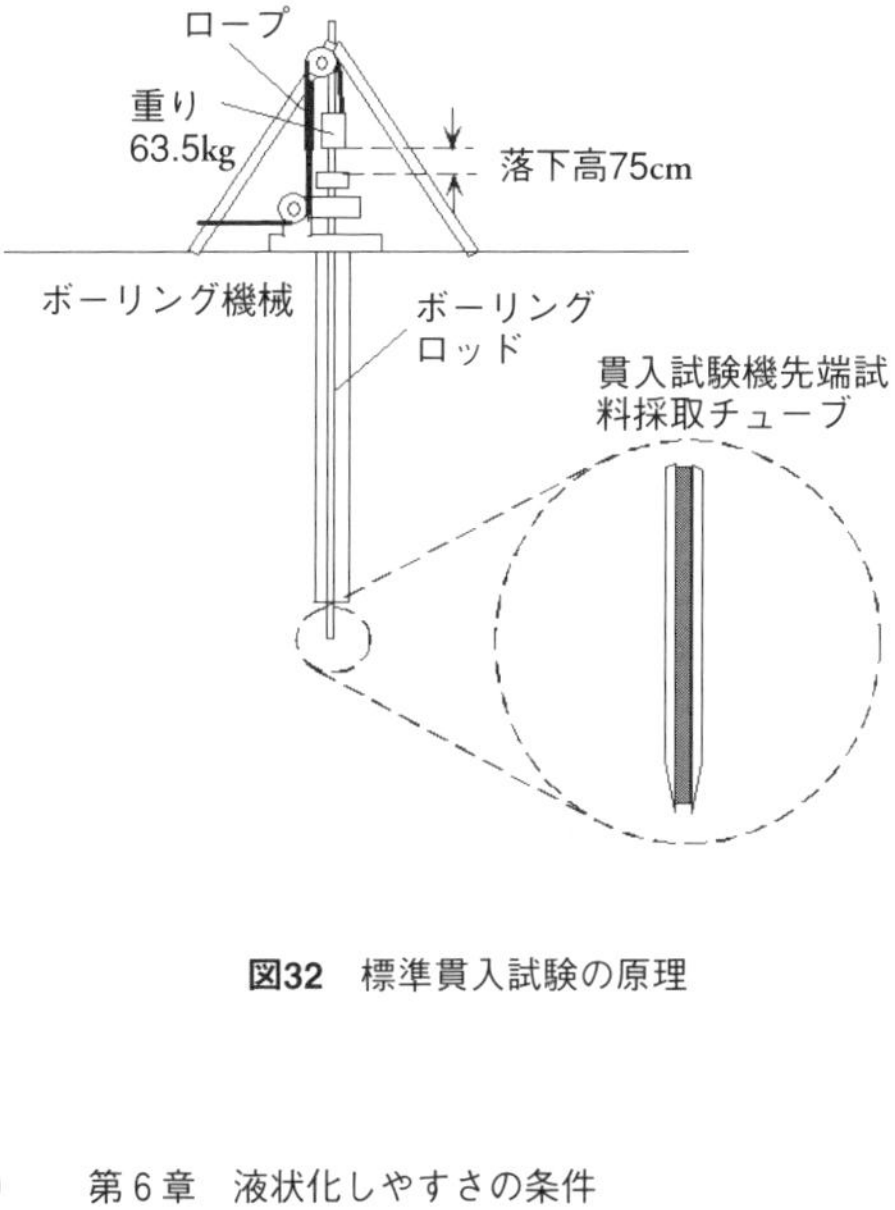

図32　標準貫入試験の原理

砂は密度が締まっているほど液状化しにくく、貫入抵抗も大きくなるので、N値から液状化に対する強度を推定できることになる。ただし、先にお話しした細粒土が混じることによる影響については、先端のチューブに入った土を取り出し、細粒土の含まれる割合やその粘性の程度を調べて、N値を修正することとなっている。この標準貫入試験は深さ一メートルごとにしかできず、連続的な情報が得られないこと、試験をする人の技量などによって結果の違いが大きいことなど、多くの問題を抱えている。しかし、もともとは米国で考え出された方法だが、日本でも以前から継続的に使われてきたこともあって、今でも液状化の判定に最も頻繁に使われている。

これに代わって最近では、密度の緩い地盤であれば、連続的な地盤の貫入抵抗が得られる静的コーン貫入試験と呼ばれる方法が、世界的に使われるようになってきた。基本原理はあまり変わらないが、直径四センチメートル足らずの円錐形の先端（コーン）をもつ金属棒をジャッキにより一定速度で押し込んで、そのときの先端の貫入抵抗の変化を連続的に読み取るものである。標準貫入試験のように土を取り出すことはできないが、コーン上部の側面で摩擦抵抗を計測したり、コーンの先端で土に発生する間隙水圧を計測して、土の種類も推定できるようになっている。

また、素人でも腕っぷしが強ければできる試験として、スウェーデン式貫入試験というのがある。機械力を一切使わず、おもりと人力だけで直径三センチほどの錐を地盤に押し込んでいく。そのとき使うおもりの重さが半端でないため、屈強な若者の力が必要であるが、軟らかい地盤ならば一〇メートルくらいの深さまで入れることができる。その抵抗値から標準貫入試験のN値を計算し、液状化しやすさを判定できる。

原地盤の真の強度を知るには

それでは、このような現場での試験で求められる貫入抵抗値と液状化に対する強度の関係は、どのようにして導かれるのだろうか。最も現場的な方法としては、今までに起こった地震での多くの地点の事例を調査し、各地点で地盤に加わった地震のせん断力を、震度や地震記録から計算する。

一方、その地点の貫入抵抗値（N値）を調べ、せん断力とN値をグラフの縦軸と横軸にとってグラフ上に点を落とす。このような多数の点を、噴砂など液状化が発生した証拠がある地点とない地点に区別し、その分布から両者を大まかに分ける境界線をグラフ上に描いて、それを液状化発生の判定カーブとするのである。つまり、このカーブは液状化が発生した限界の地震のせん断力とN値の関係を表していることになる。しかし、かなり経験的に引かれたカーブであり、データの不足するN値が大きい部分については不正確さも含まれがちである。

もう一つの方法では、あらかじめN値を測定しておいた地盤から土の要素を取り出し、試験機により地震に相当した力を加えて液状化強度を測定する。この方法では、N値と強度の直接的関係が得られるため、信頼性が高いように見える。日本の道路橋に用いる液状化の発生可能性を判定するカーブは、この方法で作られた。しかしこの場合、気をつけなければならないことがある。まず、砂の要素を、地盤からそのままそっと取り出すことはけっこう難しい。粘土ならば土はそのままの形で取り出しやすいが、砂や砂礫は崩れやすい。ある程度締まっていれば、砂でも何とか取り出せるが、それによって、液状化に対する強度が、地盤の中とは大幅に変わってしまう危険がある。

液状化は、土を繰り返しせん断することによる体積変化（ダイレイタンシー特性）で起きるが、これには、土粒子どうしの接触の仕方が大きな影響を及ぼす。土を取り出すときに加えるわずかな振動・ショックや、地盤の中で加わっていた力が解放されることなどで、粒子間の接触の仕方が微妙に変化し、これが砂のダイレイタンシー特性を大幅に変える。密に締め固まった砂の場合、わずかなショックを加えるだけで、密度はほとんど変化しないにも関わらず、液状化強度は四分の一にもなってしまうという試験結果もある。逆に、地盤中で非常に緩い状態の砂は、取り出すときの振動・ショックにより、実際より密度が締まり強くなってしまう。

このような問題を根本的に解決するには、土を凍らせて取り出すのが有効である。これを凍結サンプリングと呼ぶ。地盤に孔を開け、パイプを通して液体窒素のような冷たい物質を流し、柱状の凍結土の塊を造る。そこにボーリング孔を掘って、凍りついた土の塊を切り出す。そのためには、金属チューブの先端にダイアモンドの粉を取り付けた、非常に高価な切削道具を用いる。凍った土が切り出す時の熱で融けないように工夫しながら、円柱形に切り取るのである。それを試験室に持ち込み、凍ったままで試験機にセットし、土が現地で受けていた力を加える。そのままの状態でゆっくりと融かしてから、地震の繰り返しの力を加えて、液状化の試験をするのである。このようにすれば、土にとっては、いわば金魚のように、低温にして眠らされている間に試験機の中に移され、現地と同じ力がかかった状態で揺り起こされて試験されるわけで、通常の方法で土を取り出す時に乱れる要因はほぼ取り除ける。

この方法により、現地での本当の液状化強度とN値の関係を調べる研究は、日本において勢力的に進められた。その結果、N値が二〇～三〇以上になると、液状化強度は急激に増加することが分かってきた。つまり、砂が密になりN値が大きくなると、以前考えられていたより、はるかに液状化しにくいことが分かったのである。これにより、道路橋に使われる液状化判定カーブも見直しが図られた。

土を凍結して採取する方法は、砂だけでなく、大きな粒を含んだ砂礫にも使われている（**写真29**）。砂礫の場合、粒が大きく土を乱さないで採れる方法が他にないため、要素試験により強度を測定する必要に迫られた場合、この方法に頼らざるを得ない。この凍結サンプリング法は非常にお金がかかるため、特別な場合以外にはなかなか使うのは難しい。例えば重要な施設では、設計の時に想定する地震の力を、普通の施設より大きくとる必要がある。締まった砂や砂礫の上に重要な施設を造る場合、通常の方法で土を取り出すと、液状化に対する強度が実際より大幅に下がった値が得られ、液状化の危険があると判定されてしまうことが多い。そのために、地震に耐えるためには、過剰な対策が必要ということになりかねない。凍結サンプリングによって、乱れていない土の強度が、実際にはもっと大きいことが分かれば、経済的な設

写真29　ダイアモンドのカッターで切り出した直径30cmの凍結した試料（岩のように見えるが，融ければバラバラの礫の集まり）

計ができることになり、サンプリングに余分なお金をかける価値が出てくるわけである。

ただし、凍結法といえども万能ではなく、シルトや粘土のような細粒土の含まれる割合が大きい土では限界がある。なぜなら、細粒土がたくさん含まれるようになると、土が凍るときに周りの水分を吸い寄せて膨張し、土をかえって乱して弱くしてしまうからである。もっとも、細粒土が十分多くなれば、土をあまり乱さずに取り出しやすくなるため、凍らせる必要性もなくなることになる。

第7章

液状化は地震の揺れ方を変える

"軟弱地盤はよく揺れる"は常識

昔から、軟弱地盤は地震に弱く、地盤のよい所と悪い所で、被害に大きな違いが現われると言われてきた。特に、大正十二年（一九二三）の関東地震の経験が、その大きな根拠になっている。関東地震の被害の傾向ではっきり現われているのは、木造家屋については、墨田区などのいわゆる下町が文京区より西の山の手台地に比べて被害が大きく、それが、下町一帯の大火災を引き起こす原因となったことである。一方、当時まだ多数存在していた、石と土壁を主体とした土蔵造りについては、むしろ山の手で被害が多かったことが知られている。

その理由としては、下町では地表近くに厚い軟弱な沖積層（ここ一万年くらいの間に堆積した地層）が多く、ゆっくりした周期で大きく揺れ、そのような揺れ方に弱い木造家屋の被害を大きくした。一方、土蔵造りは木造家屋よりも硬い構造のため、揺れの周期は短い。山の手台地を構成しているのは、火山灰ローム質や砂礫からなる比較的しっかりした地盤で、短い周期の揺れが卓越しやすく、これにより土蔵造りの被害が多くなったと言われている。

また液状化は、隅田川から江戸川に挟まれた下町の広い地域で、発生したことが分かっている。つまり、液状化が起きるような軟弱地盤において、山の手に比べて木造家屋の被害が多かったことになる。この地震以来、我が国では軟弱地盤は地震の揺れが大きく、被害が集中するとの考え方が一般の人たちだけでなく、専門家にも広く受け入れられてきた。

軟弱地盤がよく揺れるわけ

それではなぜ、やわらかい地盤の方が揺れやすいのだろうか。その理由を簡単に言えば、深いところにある硬い地盤から、表面の軟らかい地盤に、鉛直に地震波が昇ってくるときに、地震波の振幅が大きくなる性質があるためである。つまり、表層が下の層よりも軟らかいほど、層境界で波は増幅しやすい。

さらに、表面の軟らかい層はある特定の振動数に対して特に揺れやすい性質を発揮する。これを簡単に説明するため、実際は多くの地層が重なりあった地盤を、例えば**図33**のような簡単な二層からなるモデルに置き換えて考えてみよう。このモデルで下の硬い層を基盤と呼ぼう。基盤から一定の振動数の波を入れると、表層の地盤の表面で大きく揺れるような揺れ方（振動モードと呼ぶ）が、複数個あることが分かる。そのうち最もゆっくりとした揺れは図の（a）であり、順次（b）、（c）という具合に早い振動数のモードが現われる。それぞれの振動数に対して、表層地盤は揺れやすい状態（共振状態）となるのである。これは、例えば薄い弾力性のある板の片方を手でつかみ、適当

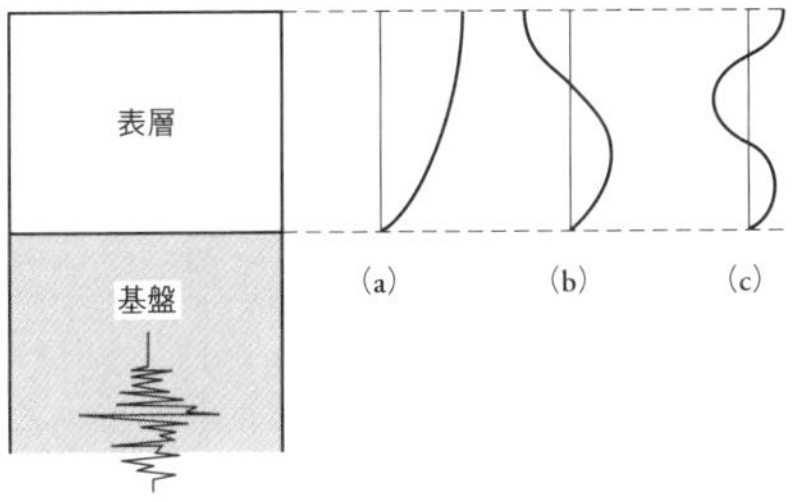

図33　表層地盤の揺れ方

な振動数で揺らして共振状態にする簡単な実験で感覚的に理解できる。実際の地震波には、いろいろな振動数の波が一緒に含まれているが、そのなかから揺れやすい振動数を選んで増幅し、結果的に表層の揺れを大きくするのである。

このような揺れの増幅メカニズムは、地盤を弾性体（力と変形の大きさが比例し、力を除くと元に戻る）とした理論計算から簡単に求められ、表層が軟らかく、波の伝播速度が遅いほど大きく増幅することが、理論計算からも出てくる。一般に基盤に相当する硬い層は、広い地域に共通していると考えてよいので、表層が軟弱なほど揺れが大きくなることが、理論的にも言えるわけである。最近は地震計が多く配置され、同時に多くの点で、同じ地震の記録がとれるようになってきたので、地盤の軟らかさによる揺れ方の違いが、観測記録によっても実際に分かるようになってきた。

以上は、波が鉛直方向に一次元的に伝わる場合の話であったが、軟弱地盤で大きく揺れる理由として、それ以外に二次元・三次元的な効果が影響している場合もあることが分かってきた。その代表的な例が、一九八三年に起きたメキシコ地震でのメキシコシティーである。マグニチュード八・一のこの大型地震は、メキシコの太平洋沿岸で起きたが、そこから東京—名古屋間くらいも離れたメキシコシティーが最も激しい被害を受けた。この人口一七〇〇万人の大都市は、標高二千メートル以上の高原にあるが、五〇〇メートルもの厚さの軟弱地盤の上に発達した都市である。表面から数十メートルは超軟弱な粘土からなり、液状化とは縁がないが、ゆっくりした揺れが増幅しやすい条件を備えていた。それに加えて、この軟弱地盤は、もともとは火山性の湖水が泥で埋まってできたために、周辺が硬い岩盤で囲まれたお盆のような構造になっていた。いったんそのなかに入った地震波のエネルギーは、周辺の岩盤に反射されて、なかなか外に出て行けないことになる。このような二次元・三次元効果によって、揺れがますます大きくなったと考えられている。

神戸では軟弱地盤の揺れは小さかった

平成七年（一九九五）の神戸の地震においては、六三〇〇人以上の方の生命が失われた。その被害は**図34**に示すように、いわゆる「震災の帯」と呼ばれた幅一キロメートル長さ十数キロメートルの細長い範囲に集中していたことは、まだ記憶に新

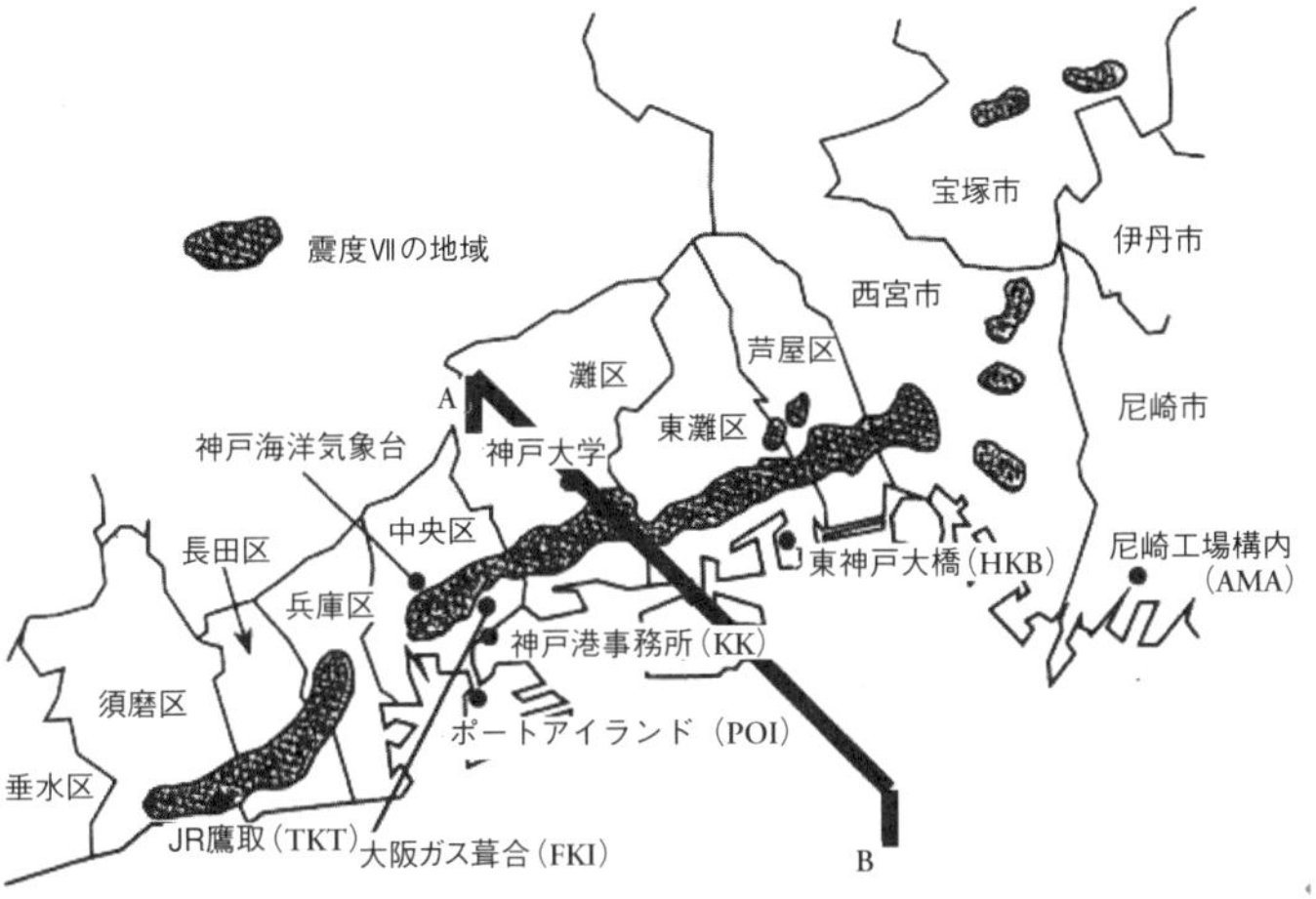

図34　兵庫県南部地震での震災の帯（A-Bラインは図35の断面線）（文献7-2）

しい。多数の近代的ビルの破損、地下鉄の駅の破損や、高架の阪神高速道路の倒壊区間なども、この中に含まれている。この激しい震災の帯の場所は、通常、地震に弱いとされているような軟弱地盤ではなく、六甲山のふもとから旧海岸線までなだらかな勾配が続く、比較的良好な地盤であった。

それより北側の六甲山麓にかかると、建物被害はほとんどなくなるが、一方南側では、旧海岸線から埋立地に入ると、液状化による被害は見られるものの、やはり地震の揺れによる建物本体の被害はほとんど目立たなくなる。埋立地やその沖の人工島には、木造の建物がほとんどなかったため、「震災の帯」で多数の犠牲者を出した木造家屋の被害の比較はできない。

しかし、鉄骨や鉄筋コンクリートによる近代的ビルについては、地震の揺れそのものによる激しい破損は、埋立地ではあまり目立たない。阪神高速道路に関しても、高架道路の橋脚が軒並み倒壊した震災の帯とは違い、海岸沿いの路線では、地震の揺れによる地面から上の脚の倒壊や破損はほとんど見られなかった。一方、海岸沿いの軟弱地盤では、橋脚を支える多数の杭基礎が、液状化や流動で破損したり亀裂が入ったりした。これは揺れによる直接的被害というよりは、地盤の変形によって杭が無理やり変形させられた影響が大きい。震災の帯では、杭基礎はほぼ無被害であったこととは好対象である。

震災の帯に激しい震動被害が集中した理由は、いくつか挙げられている。まず、地震断層のほぼ直上であったこと。実は、神戸市内では地震を引き起こした断層は地表には現われなかったため、その正確な位置は不明だが、ほぼ震災の帯のあたりだろうと言われている。ちなみに、この地震で断層の破壊が始まった地点（すなわち震源）は、明石と淡路島を結ぶ世界一長い吊橋、明石海峡大橋の直下あたりである。

地震が起きた時、この吊橋はちょうど工事中であったが、海上の二本の橋脚とその上のタワーに橋桁を吊るメインケーブルがすでにかけられ、これから橋桁の工事にかかる段階であった。海底地盤に設置された二本の巨大な橋脚のうち、本州側は礫層に、淡路島側は岩盤の上に、据え付けられていた。この地震により、橋が受けた影響は二つあった。ひとつは、断層がちょうど橋の直下を通ったため、両岸の距離が伸び、世界一長い橋の全長三九一〇メートルがさらに一メートルほど長くなった。もうひとつは、淡路島側の岩盤の上に載っていた、幅七八メートル、高さ六七メートルのコンクリートの巨大な橋脚基礎が、激しい揺れによりわずか三・五センチほどであるが横に移動した。それにもかかわらず大きな問題は起きず、計画どおり完成している。

話を元に戻すと、断層は明石大橋の真下で割れ始めたあと、淡路島側と神戸側の二手に分かれて、破壊が進んでいった。一般に、断層の割れは、地震波の横波（S波）の伝わる速度の六割程度の速さで進み、割れの進行方向に地震動のエネルギーが集中することが分かっている。これは、列車が汽笛を鳴してこちらに向かって進んでくるときには、音波エネルギーが集中し、音が高く激しく聞こえる、いわゆるドップラー効果と同じ現象である。断層の割れる先端が列車に相当し、汽笛に相当する地震波を出しながら、波の伝播速度の六割で近づいて来るために、ドップラー効果が現われるのである。神戸市の震災の帯は、ほぼその方向に当たっていたことが、地震の揺れを大きくした原因の一つと考えられている。

さらに、もう一つの原因が挙げられている。神戸は、六甲山と大阪湾に挟まれた細長い土地に発達した町であるが、その地下を海岸に直角に切って見ると、驚くべきことが分かる。**図35**は、神戸の海岸線に直交する線A-B（図34（143頁））で切った断面を示している。六甲山を形成している花崗岩の岩体は、旧海岸線から二キロメートルほど内陸によったところから急激に落ち込み、海よりを埋め尽くした軟らかい地層との間で、約一キロメートルのオーバーハングした絶壁を形成しているのである。これはまさに、長期間に六甲山を造ってきた地殻変動の積み重ねの表れである。今回の地震も、長い時間の中で幾度となく起きてきた出来事の一つに過ぎないことが良く分かる。このような地質構造があると、地震波が下から鉛直に入るだけでなく、横の硬い岩盤からも伝わることになる。この効果を考えたコンピュータ計算により、揺れのエ

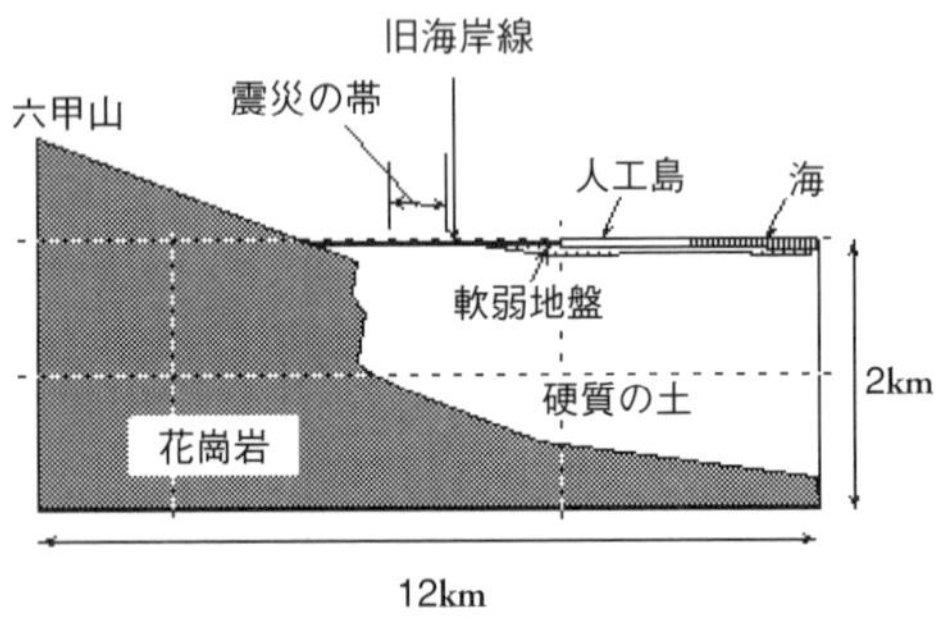

図35　神戸の地層の断面（図34のA-Bラインでの断面で，縦が横の2倍強調されている）（文献7-2）

ネルギーが震災の帯の付近に集中した可能性が指摘されている。

それにしても、震災の帯から一キロメートルくらいしか離れていないのに、海よりの軟弱地盤に入ったとたんに建物などの被害が影を潜め、それと引き換えに、液状化による地盤の被害が目立ってくる変化はあまりにも明瞭であった。これは、深い地盤での地震波の伝わり方だけでなく、表面近くの地盤の性質が、地震の揺れ方に何らかのかかわりを持っていたことを暗示している。実際、表層が液状化した神戸ポートアイランドでも、水平加速度は、八四メートルの深さでも、重力加速度の七〇パーセント程度もあり、震災の帯での値とそれほど遜色ない大きな値を示していた。

以前から、新潟地震や日本海中部地震などにおいても、液状化したところでは地盤の不同沈下などによる被害はひどいが、地震の揺れによる被害はほとんど起こらないことが気付かれていた。

例えば**写真30**は、昭和五十八年(一九八三)に起きた日本海中部地震での男鹿工業高校の被害の様

写真30　昭和58年(1983)日本海中部地震での男鹿工業高校の地震後の様子

子である。校庭に何列も亀裂が入り地盤が激しく流動しているにもかかわらず、体育館の壁の亀裂はおろかガラス一枚割れていないのは印象的である。

しかし、以前の地震では、揺れによる直接的被害と、液状化による被害との地域的コントラストが、それほどは明確でなかった。それに対し神戸の地震では、距離が一~二キロメートルしか離れていない山の手と海沿いで、これだけ明確な違いが見られたため、いまや液状化現象が地表での地震の揺れを弱める効果は、多くの人の認めるところとなった。同時に、関東地震以来いわれてきた、軟弱地盤は地震に弱いという常識の意味を、もう一度考え直してみる時期がきている。

海外でも同様な現象が

震央付近で極めて強い揺れを受けると、軟弱地盤の方が硬い地盤より建物の被害が小さくなる傾向は海外の地震でも最近いくつか指摘されている。一九九九年に起きたトルコ・コジャエリ地震は、地震を起こした北アナトリア断層沿いの広い範囲で強い揺れを引き起こした。その内でも、建物の倒壊により最も多くの犠牲者を出したのが、アダパザーリという町である。アダパザーリという街の名前は「島のバザール」を意味し、もともとは湖の中にある島で舟による交易で発展した町である。市街の中心部はもともとの島の上にあったが、近年になって周辺を埋立てながら街が拡大してきた。今はその面影はほとんど見られないが、歴史を反映して街の中心部は比較的地盤がよく、それを取り巻くように軟弱地盤が広がっている。液状化は埋立てで出来た周辺部の軟弱地盤で起きやすかったと思われる。

この町の建物は多くが五~六階建、柱は鉄筋コンクリートだが壁はレンガを積んだもので、日本に比べても耐震強度は小さく見える。建物被害を街路沿いに調べて分かった面白い傾向は、沈下が見られない所では建物が揺れによる激しい破壊を蒙っているのに対し、沈下や傾きが大きい区域では建物本体の被災の程度は小さいことである。前者では**写真31**のように、建物の損傷が激しいわりに、基礎や周りの地面に異常は見られない。それに対し、後者は**写真32**のように、基礎のめり込み沈下や傾斜が見られるが、建物本体の損傷は前者に比べるとそれほど激しくはない。つまり、地盤の良いところでは、地震の揺れによる直接的被害

写真31　トルコのアダパザーリでの地震被害（地盤が良いところでは地震の揺れにより建物は見る影もないほどの被害）

写真32　トルコのアダパザーリでの液状化による建物被害（1階の基礎が1.5mほどめり込み，基礎スラブの亀裂から土が床にあふれている）

が目立ち、悪いところでは、建物の不同沈下による柱や壁などの損傷が目立った。一九九五年に神戸で起きたことと、傾向的に似ていると言える。

ただし、基礎のめり込み沈下や傾斜が起きた所での地盤の様子は、いわゆる液状化とはかなり趣を異にしていた。普通よく見られる噴砂口はほとんど見られず、洪水のような激しい噴水も起きなかった。それは、ここの土が典型的な砂よりシルトに近い土で、しかも粘性が小さいことが原因していると見られている。このような砂より細かく粘性の低い土は意外と液状化し易いことは前に書いたが、砂地盤での被害との違いについては、まだまだ分からないことがけっこう残されている。

一方、一九九四年に米国ロサンゼルスの北部で起きたノースリッジ地震についても、興味深い調査結果が出されている。地震後に危険と判定された一戸建の多く集中する地域と、水道管の破断箇所が集中する地域が、地図上で重なり合わないのである。つまり、埋設管が壊れやすい軟弱地盤では家屋の被害は軽減される傾向にあり、良好な地盤の家屋のほうがむしろ揺れによる被害を大きく受けたとことが分かってきた。これらの事例の蓄積により、海外でも軟弱地盤が地震の揺れに及ぼす影響について再評価する動きが出ている。

液状化が揺れ方を変えるわけ

一般的に、軟弱地盤が地震のときに、硬い地盤よりよく揺れることは、理論計算からも言えることである。この理論計算では、土は弾性体と仮定している。弾性体とは、バネのように、加える力に比例して変形量が増加する性質を持っている物体である。また、いったんかけた力を取り除くと、元の形に戻るのも弾性体の大事な性質である。土はどのくらい弾性体に近いだろうか。

図36は、ひずみの大きさによって、土の応力〜ひずみ関係がどのように変化するかを、以前に筆者が開発した微小ひずみまで測定できる試験機に

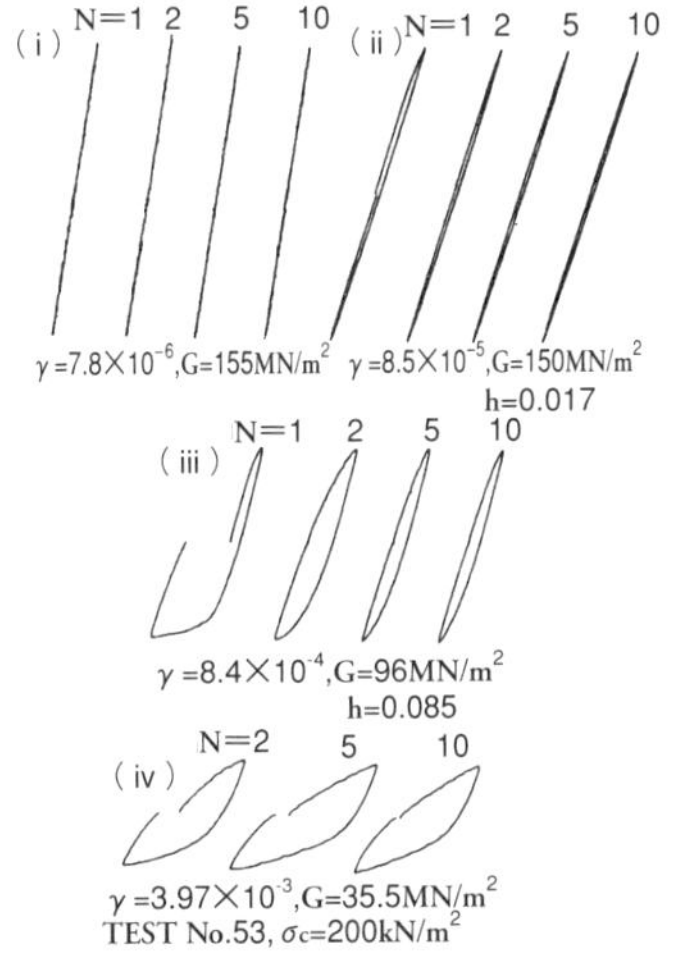

図36　砂に加わる力と変形の関係（文献7-4）

より調べたものである。十万分の一（一メートルの土が〇・〇一ミリ長さが変わる）程度かそれ以下のごく小さいひずみでは、土も鉄などの弾性体と同じく、力と変形の関係が直線であることが分かる。しかし力が大きくなり、ひずみが一万分の一程度かそれ以上発生すると、曲線の関係となり、一定振幅の力を繰り返し加えると、ループ形状を描く。そしてループの頂点どうしを結んだ直線の勾配は、ひずみが大きくなるほど最初の値から低下し、ひずみが大きくなるほど、土が軟らかくなることを意味している。また、ひずみが大きくなるほど、ループの面積も大きくなる。この面積は、一サイクルの揺れで失われるエネルギーを表している。つまり、ひずみが大きくなるほど、地震波で運ばれてきた揺れのエネルギーのうち、土の中で熱になって失われる割合が多くなる。

図37は別の試験機で、砂に地震波の不規則な力を加えたときの、せん断力とせん断ひずみの関係を調べた例である。地震の力が小さくて変形が小さい間は弾性体に近いが、力が大きくなり繰り返し回数が増すほど、間隙水圧が上昇し、軟化する。大きなひずみに達すると抵抗が復活するが、その後ではほとんど抵抗なしに変形する範囲が広がることが分かる。つまり地震が強くなり、土が受ける変形が大きくなるほど、土が液体的となり地盤の揺れ方も変化する。図37よりも、もっと密度の緩い砂の場合には、液状化すると同時に、有効応力はまったく失われ、大きな変形まで抵抗力が回復せず、ほぼ液体と同じような振る舞いをするようになる。それにより、地盤の揺れ方に、当然、劇的な変化が起きることになる。

一般に、液体の中では、地震波の主要動である

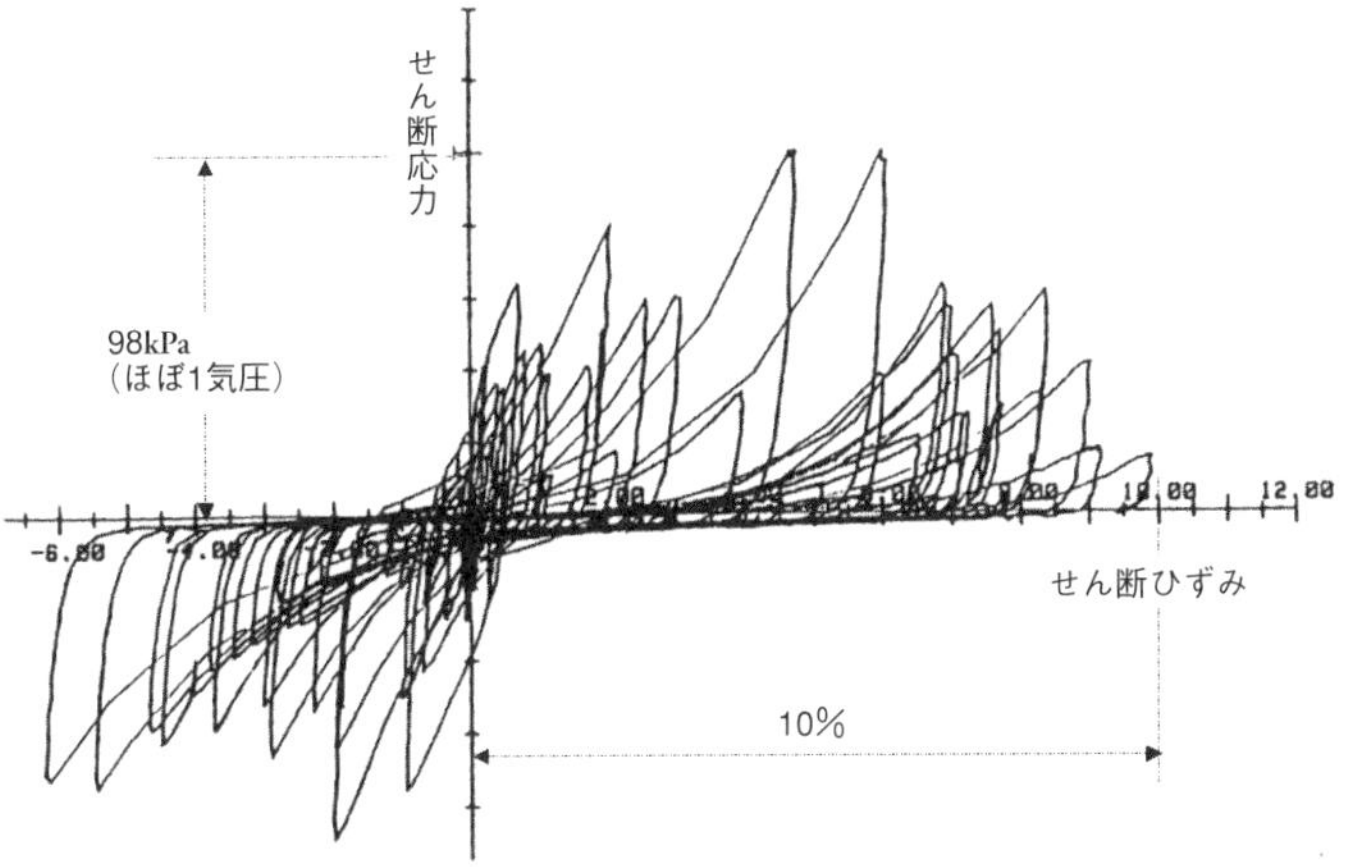

図37　砂の要素に地震力を加えたときの応力〜ひずみ関係

S波が伝わらない。実際、S波をまったく伝えない海水の上に浮かんでいる船では、地震動の主要動である横揺れは感じない。その一例として、昭和五十三年（一九七八）の伊豆大島近海地震のとき、震源の真上あたりで漁をしていた漁師さんの話が伝わっている。ドンと言うP波のショックらしきものを感じた以外には、地震には気が付かなかったとのことである。液状化した地盤でも、表面にまで主要動が届きにくくなる。地表では激しい震動はなくなり、船の上のようなゆっくりとした揺れだけを感じるようになる。

緩い砂地盤が液状化した時の揺れ方の典型として、**図38**に示す新潟地震での川岸町県営アパートの基礎と屋上で取れた記録がある。初期微動のあと主要動が三秒ほど続いたあと、地震らしい大きな揺れは影をひそめ、長周期のゆったりした動きのみとなり、緩い砂地盤の典型的な液状化を反映しているものと解釈できる。もっとも、以前はこのゆっくりした動きを、液状化よりは表面波のみによるものと解釈する意見も多く聞かれた。

一方、密な砂の場合には、小さいひずみ範囲では液体と同じだが、強い揺れにより大きなひずみが生じると、途中で強度が回復する。前にお話したサイクリック・モビリティーである。ひずみが小さい範囲では、ほぼ液体のように抵抗力は失われているが、あるひずみの大きさに達すると、強度が急に回復する。これにより土の変形速度に急ブレーキがかかるため、ショック型の特異な加速度波形が生じる。

近年になって、このような地震記録がいくつか得られるようになってきた。**図39**は一九八七年の米国カリフォルニア州のインペリアルバレー地震での波

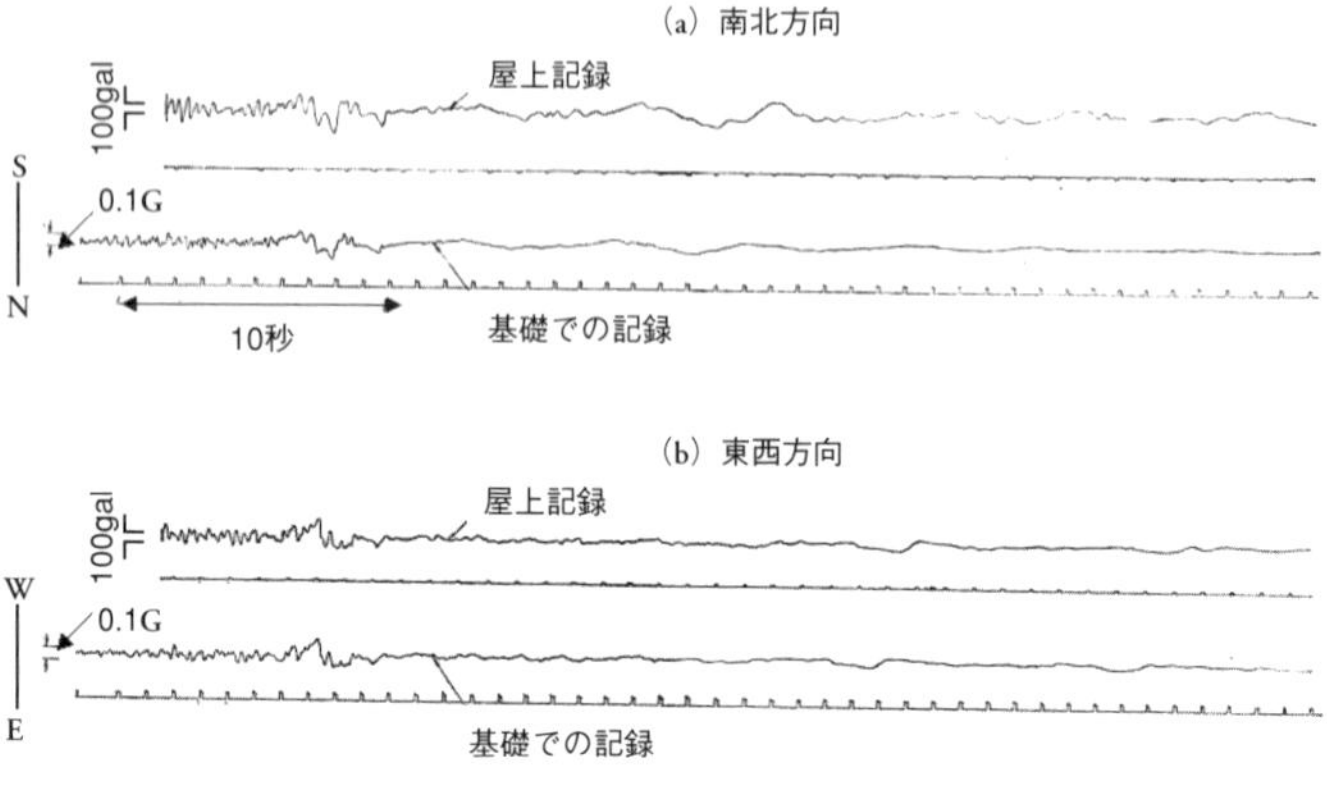

図38 新潟市川岸町アパートの地震記録（地震波の途中から短周期のゆれがなくなり，緩い砂地盤の液状化を反映している）（文献7-1）

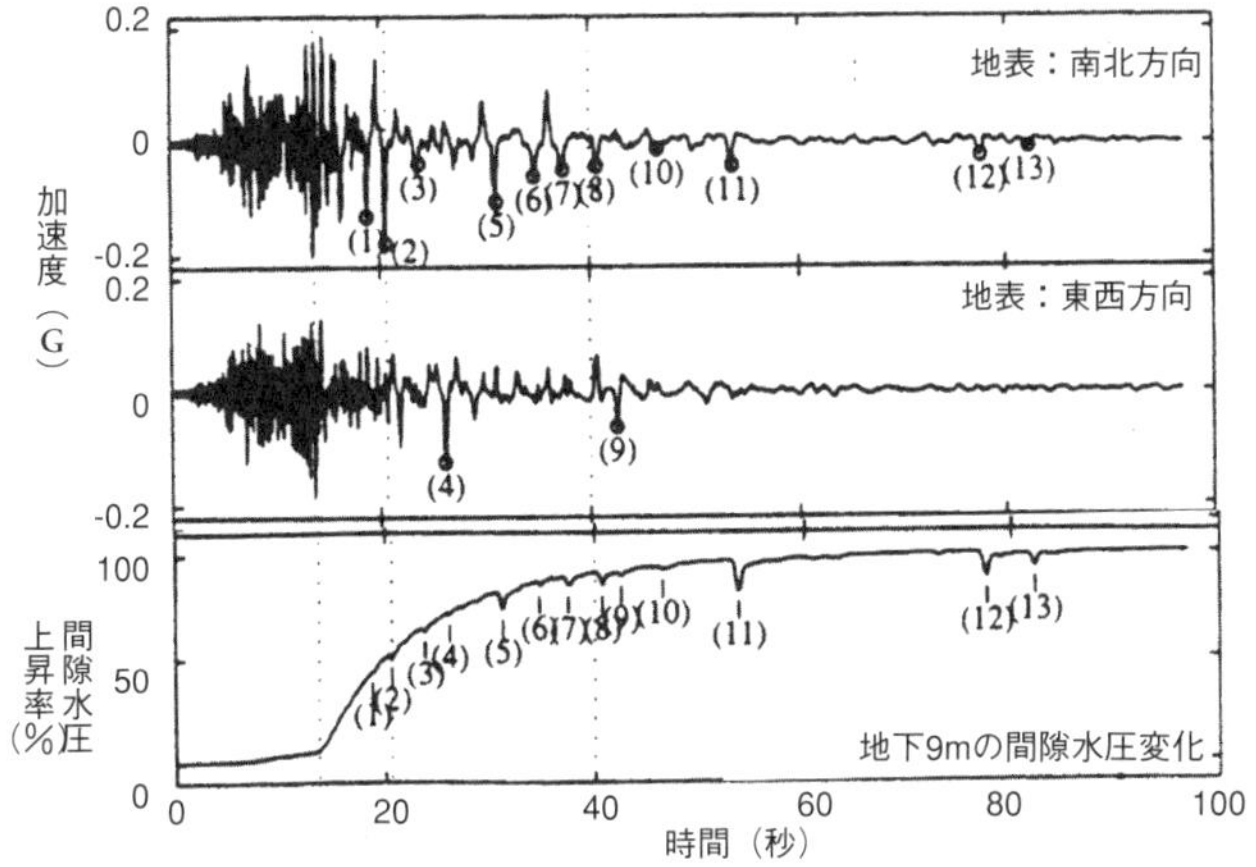

図39　米国インペリアルバレー地震での加速度・間隙水圧記録（途中から短周期の揺れがなくなると共に，特異なショック波形が現れ，密な砂地盤のサイクリック・モビリティーを表している）（文献7-3）

形で、サイクリック・モビリティー型の波形が、実際に記録された最初のころの例である。ここでは加速度記録の他に、地盤中での間隙水圧の記録も得られているので、両者の関係が理解しやすい。地震の始まりから二十秒ほどたった時点で、加速度にショック型の特異な波形が現われている。それ以降、いくつかのショック波形が現れているが、対応して間隙水圧の減少（ダイレイタンシー現象による）が起きていることが分かる。

このようなサイクリック・モビリティーが生じるのは、砂の密度がある程度高く、間隙水圧が一〇〇パーセント上昇したあとに、強い揺れにより大きなひずみが発生する時である。ちなみに、ショック型の波形が現われた時点では、間隙水圧はまだ一〇〇パーセント上昇しきっていないように見えるが、これは水圧を測る計器に、何らかの問題があったためと考えられている。その後、平成五年（一九九三）の釧路沖地震や平成七年（一九九五）の神戸の地震でも、このような記録が得られ、決して珍しい現象でないことが次第に明らかになってきた。

図40は二〇〇七年の中越沖地震の時に柏崎市役所の敷地に防災科学研究所が設置した地震計でとれた記録である。この場所はN値二〇くらいのある程度締った砂丘性の砂地盤からなっている。図の上段の加速度記録には、周期の長い加速度の動きの後半部にショック波形がはっきりと表れている。また下段の速度波形の後半部では波の先端が頭打ちになり、いずれも明瞭なサイクリックモビリティーの特徴である。

ところで、土の力学を扱う研究者の間では、一九七〇年代ころより模型実験やコンピュータによる計算によって、砂地盤の液状化が起こると、地震の揺れが小さくなる可能性が指摘されていた。例えば、振動台の上にせん断土槽と呼ばれる箱を設置し、そのなかに砂を詰めて模型地盤を作り、

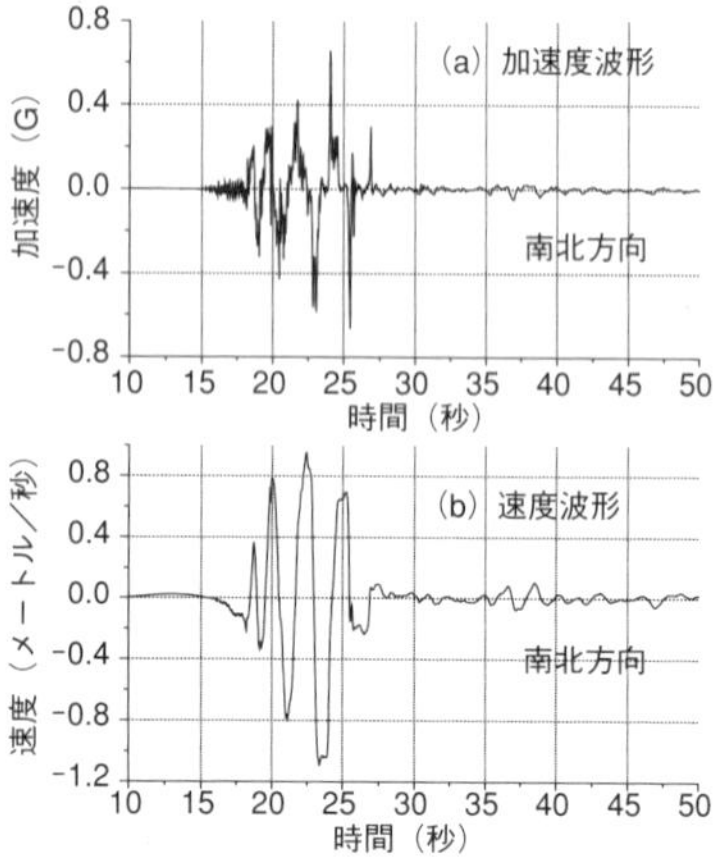

図40　柏崎市役所裏でとれた、防災科学研究所の強震記録：波形の後半に（a）加速度波形には特徴的なパルス，（b）速度波形は波の先端の頭打ちが現れ，いずれも明瞭なサイクリックモビリティーの特徴．

写真33　電力中央研究所で筆者が開発した初代の小型せん断土槽（高さ1m）と防災科学技術研究所にある大型せん断土槽（高さ6m）

地震波を加える。

せん断土槽とは、普通の硬い壁をもつ容器でなく、多数の水平な金属枠をベアリングを介して積み重ね、中に土を入れて水平地盤をモデル化し、SH波による揺れを再現できるように工夫したジャバラ型の容器である。ちなみに、筆者は二十五年ほど前に、液状化したときの地盤の揺れ方を振動台で調べようとして、地盤と一緒に揺れてくれる箱の必要に迫られて、せん断土槽を作った。高さはわずか一メートルであったが、いまやこの種の実験ではなくてはならない道具立てになっており、大きいものは高さ六メートル、長さ十数メートルの巨大なものまで使われている（**写真33**）。

このような模型実験によれば、加速度が小さいうちは、地盤表面の動きは振動台の動きによく反応し、表面での揺れの増幅も大きいが、揺れが大きくなるほどに、表面の揺れは弱くなって、振動台の加速度を下回るようになってくる。液状化すると、地表の揺れはほとんどなくなる。

模型実験だけでなく、実際の軟弱地盤の条件を考えたコンピュータによる計算も行われてきた。このような計算では、図36（149頁）のような、土の力と変形の関係を使い、非排水条件でのダイレイタンシー現象による間隙水圧の変化も取り入れている点が、土を弾性体とした計算との大きな違いである。その結果、模型実験と同じく、基盤での揺れが大きくなるほど、地表での加速度の増幅は小さくなり、基盤よりも地表の方が小さくなる現象が起きることが分かってきた。

しかし、そのような多くの研究結果が発表されてからも、実際の地震でそんなことが起きるはずはないという人は、専門家の中でも多かった。筆者が前述のせん断土槽の実験結果を発表したときに、今は亡きある高名な先生が、そんなことは実際の地盤では起きるとは思えないと言われたことを、今でも鮮明に覚えている。神戸の地震がそれを変えた。

ポートアイランドの地震記録の意味

神戸の地震では、揺れの記録が実に多くの地点で得られた。これだけの強い地震の記録が、硬い地盤から軟らかい地盤まで、同時に得られたのは、世界的にも珍しい。一九八九年のカリフォルニアのロマプリエタ地震でも、一九九六年のノースリッジ地震でも、多くの記録が取れたが、神戸では揺れが一段と大きく、また、記録のいくつかは、鉛直アレーと呼ばれる地震計の配置により、同じ場所の深さの違う位置で、同時に取られたことは特筆に値する。もともとこの地域は、近年、あまり大きな地震が起きていなかったため、地震観測の必要性に対する社会的理解も低い地域であった。そのなかで、神戸市、関西電力、旧運輸省などの機関が、地道な努力により、地震観測点を設置してきた。

これらの記録は、大げさでなく、日本の地震工学が世界に誇る努力の成果である。そのなかで、神戸市開発局が設置したポートアイランドの鉛直アレーは、地表だけでなく、それに加えて地中深くの異なる深度に、三個の地震計を入れていた。これによって、液状化した地面の中で地震の揺れが、実際どのように変化するかがとらえられたわけである。

図41aには太線で、ポートアイランドでの、地表からの深さによる水平方向の揺れの変化を、加速度の最大値により表している。奇妙なことに、上に行くほど加速度は小さくなり、地表で一番小さくなっている。同じ図にこの地盤の地層構成が描かれているが、表面一七メートルは、前にお話ししたように、人工島の埋め立てに使ったマサ土である。ここが激しく液状化したために、地表の水平加速度が大幅に下がったのである。それにより下の粘土や砂の層も、激しい揺れにより液状化や軟化に近い状態となり、途中の加速度も下がった。

これに対して、縦方向の揺れを表す鉛直加速度は、液状化の影響は受けず、地表に近づくほど大きくなっている。縦揺れは、主にP波からなり、液状化の影響を受けにくいことは、前にお話しした。このため、地表の加速度は、縦方向のほうが

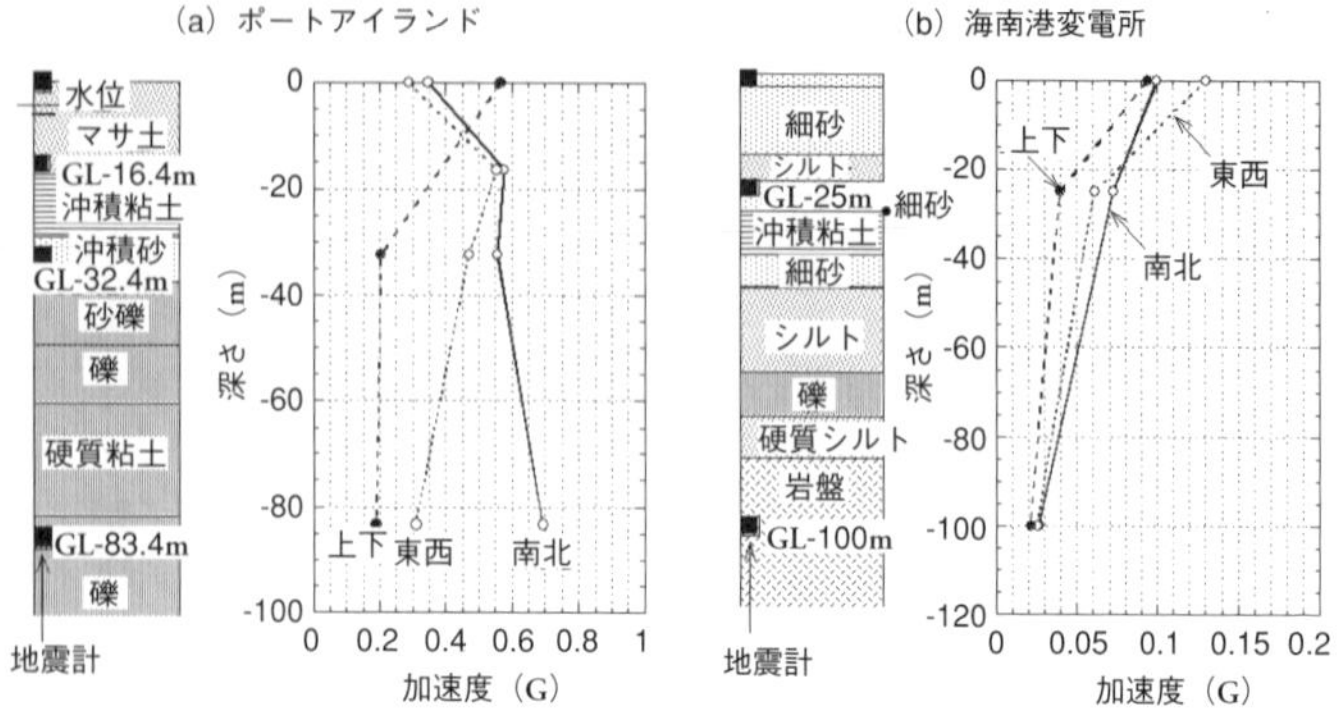

図41 神戸ポートアイランド(左)と和歌山海南港変電所(右)での最大加速度の地中分布 (文献7-5)

横方向よりも大きくなってしまった。普通、地震の加速度は、縦方向の方が小さく、横方向の半分か三分の二程度のことが多い。この逆転現象は、ポートアイランドに限らず、強い揺れを記録したいくつかの地点で見られ、地震のあと間もないころは、新聞などにも取り上げられた。まさに液状化がその犯人であったのだが、それを証明できたのは、ポートアイランドの鉛直アレー記録のおかげであった。

ポートアイランドの強い揺れの記録が、いかに貴重であるかを示すためには、通常の地盤の揺れ方についてお話しする必要がある。図40bは、同じ兵庫県南部地震のときに、地震断層から六〇キロメートルほど離れた和歌山市にある、関西電力の海南港変電所の鉛直アレーでとれた最大加速度の深さによる変化である。ここは、地表から深さ一〇〇メートルまで地震計があり、その間で水平加速度は、地表に近づくほど大きくなっている。これが、従来の常識どおりの地盤の揺れ方と言ってよいであろう。前にもお話ししたとおり、地盤は、普通、表面近くになるほど軟らかくなっており、地震の揺れは表面近くほど大きくなるからである。ところが、大きな揺れで地表近くが液状化したときには、従来の常識的揺れ方とはまったく変わってしまうことが、ポートアイランドの地震記録により実証されたのである。

液状化すると揺れによる被害が減るわけ

液状化すると揺れが小さくなるわけは、地盤が液体と似た状態になるので、せん断波（SH波）が伝わりにくくなるためであることはすでにお話しした。もちろん、その程度は液状化の激しさによっても変わる。液状化の程度が激しいと、前にお話した新潟川岸町の記録のように、まったくと言ってよいほど横揺れが伝わらなくなる。

話が多少ずれるが、最近、地震の揺れが伝わりにくい基礎構造を、銀行のコンピュータセンターや病院、市役所など重要な施設はもちろん、マンションビルにさえ、導入していることをご存知でしょうか。これは免震基礎といって、ゴムと金属板の薄板を何枚も重ねたような構造をしているものが多い。地盤が水平方向に揺れるときに、免震基礎の軟らかいゴムの層が変形を吸収し、一緒に設置したエネルギー吸収装置と共同で建物本体の揺れを大幅に下げる役割をする。これと同様に、地盤が液状化すると、いわば自然の免震基礎としての働きが現われるのである。実際、この液状化現象を、積極的に活用した免震装置が、ドイツで考案されている。容器の中に、砂のような粒状材料を液体と一緒に封入し、それを建物の床下において、免震基礎の働きをさせようとするものである。

液状化すると、揺れは小さくなるといったが、揺れのうち、特に加速度が小さくなるといったほうが良い。地震の揺れは、加速度あるいは速度または変位で表される。地震の揺れの速度とは、地面が動く速さであり、加速度は速度の時間に対する変化割合を言う。電車がブレーキをかけたり、飛行機が離陸・着陸のときに、急発進・急制動をかけたりしたときの経験から、我々は加速度の感覚にも慣れ親しんでいる。地震の揺れでは、当然ながら、加速度も速度も、プラスマイナス両方向にめまぐるしく変動する。

地球の引力は、あらゆる物体に一定の重力加速度（その大きさを一Gと言う）を及ぼしており、その結果が物の重さとして感じられる。地震の加速度が加わると、物体にはその重さに［加速度／重力加速度］をかけた力がめまぐるしく変化しながら加わるわけである。建物が地震を受けた場合も、建物の重さに、［地震の加速度／重力加速度］をかけると、建物が受ける力が計算できる。このように、地震の影響を力によって考えるためには、加速度で考えることが必要であり、以前から加速度による検討が行われてきた。

揺れを加速度で記録した場合、加速度は速度の変化割合なので、どうしても速度記録よりも早い振動成分が強調されることになる。液状化して地盤が液体に近づくと、早い振動では揺れにくくなるため、加速度は極めて小さくなる。一方、速度についてはそれほど極端には小さくならない。鉄筋コンクリートでできたがっしりした建物は、早い振動に対して揺れやすい性質を持っているため、液状化によって加速度が小さくなると、揺れによる被害が減る傾向となる。

液状化すると、建物などの被害が減るメカニズムは、地震波が運ぶエネルギーの見方からも説明できる。前にもお話したように、地震の主要動は下から上がって来る横波（SH波）である。ポートアイランドの記録で計算すると、兵庫県南部地震のときに、横波で上がってきたエネルギー量は、一メートル四方の面積当たり三一〇キロジュールであった。これは、一トン重のおもりを、三一メートル上から一メートル四方の地面に一個づつ落としたときのエネルギーに等しい。なぜこのようなたとえをするかと言うと、あとからの話しに出てくる地盤改良方法の一つである「動圧密工法」では、まさに大きなおもりを高くから落として、地盤を締め固めるのである。その場合、二〇〜三〇トン重の重りを、二〇〜三〇メートルの高さから三メートル四方くらいの狭いエリアごとに何回も落とす。ちょっと暗算してみれば分かるが、軽く一〇〇〇キロジュールは越えている。大地震のエネルギーも、人間が一箇所で目的をもってやることに比べれば意外とかわいいものである。

話が横に外れたが、この上がってきたエネルギーの七割が、地表近くで失われたことが計算されている。ここでは、地表近くの一七メートルを占めるマサ土の埋め立て層が、激しく液状化していたことが分かっている。つまり、液状化は地震のエネルギーを地面下で消費して、その分、地上の構造物の被害を減らすエネルギー吸収効果があると言える。

液状化の免震性活用へ向けて

　さて皆さんの中には、それでは軟弱地盤は、地震のとき揺れやすいのか揺れにくいのか、一体どっちなのと聞きたくなる方もおられるでしょう。この質問に正確に答えるためには、地震の揺れの強さと軟弱地盤の特性によって、場合分けして考える必要がある。

　軟らかい地盤では、硬い地盤に比べて、揺れが大きくなることは一般的に言える。例えば、隣り合う場所で、岩盤が直接地表に顔を出している地点と、その上を土が厚く覆っている地点を比べた場合では、後者の方が、明らかに揺れが大きくなることは、まず間違いない。実際、神戸の地震の際に、岩盤が浅い六甲山麓とその南の震災の帯では、被害の違いが際立っていたし、一九八九年のロマプリエタ地震の時には、サンフランシスコ湾周辺の、岩盤の上と土の上での加速度の大きさには、二倍以上の違いが現われたことなど、枚挙にいとまがない。特に、それほど大きくない地震については、たくさんの記録が集まりやすく、その傾向がはっきり表れている。

　しかし、軟弱地盤の中でも液状化しやすい地盤では、大きな地震がきて液状化すると、揺れは小さくなる現象が現われるのである。液状化した地盤では、地震の主要動であるSH波が伝わりにくくなることや、内部で多くの地震動のエネルギーが失われることなどがその原因である。重要なのは、当然、地盤が弾性体としてふるまう小さい揺れではなく、大きな被害が起きるような揺れ方であり、その意味で、地盤の液状化現象が揺れに与える影響は重要である。

一方、液状化が起きない、粘性土からなる軟弱地盤ではどうなるだろうか。強い地震力が加わると、土はやはり軟化し、地盤の固有振動数は低くなる。また、土の中で摩擦で失われるエネルギーが増加し、揺れを押さえる効果も現れる。したがって、地盤の固有振動数は低くなり、当然、地盤の揺れ方にも影響がでる。しかし、液状化した場合ほど変化は極端ではなく、決して免震性を期待できるほどではない。それどころか、硬い地盤に比べれば、地震の揺れの変位は大きく振動数も低くなるため、もともと低振動数で揺れやすい木造家屋などが、被害を受けやすい条件がそろってくる。昔から言われている軟弱地盤の地震被害の多さが、このように説明できることになる。

ただ、これは必ずしも軟弱地盤で、揺れのエネルギーが大きくなることを意味しているのではない。軟弱地盤で地震波の振幅は大きくなっても、揺れのエネルギーは硬い地盤に比べて大きくなるとは限らないのである。一般に、軟弱地盤は共振しやすく、地震波のエネルギーを貯め込むために、地震被害が集中しやすいと思われがちである。しかし、大きな地震では、土の中で摩擦により熱として失われるエネルギーも増加し、エネルギー蓄積効果はあまり発揮されない。それでも、軟弱地盤で木造家屋の被害が多く発生してきたのは、建物の共振効果が大きな役割を果たしたためと考えられる。

日本式の壁の少ない木造家屋では、揺れやすい振動数（固有振動数）は二ヘルツ（一秒間に二回揺れる）程度と低く、しかも家が大きく揺さぶられるほど傷みが進むため、一ヘルツ以下の低い値に落ちてくる。その割には建物の中では、摩擦により揺れを抑える効果はあまり大きくならない。

一方、大地震の揺れにより、軟弱地盤も軟化して固有振動数が低下する。このため、地震波のエネルギーはそれほど大きくなくても、揺れの打撃を受けた建物にとっては余計に共振しやすくなり、破壊が進む最悪のパターンとなりやすい。これを避ける対策としては、建物の固有振動数を高め、大きな揺れでもあまり低下しないようにするため、耐震壁を増やすことが効果的である。

一方、地盤が液状化する場合には、液状化しないが軟化する粘性土地盤とは大きく異なる。地表に到達するエネルギー自身が地盤の免震性や破壊により極端に減少し、建物を壊すレベルに達しないのである。

ところで、いかなる大きな地震であっても、地盤の深いところでは、土はほぼ弾性的にふるまう。深くなるほど地盤は硬くなり、大きな地震波のせん断力によっても、弾性的性質を失うほど大きなひずみが発生しないことによる。神戸の地震の場合で言えば、三〇〇メートル以深であれば、ほぼ弾性的であったとの試算結果もある。一方、地表面に近づくほどに、地盤が軟らかくなり、地震波の振幅も大きくなるために、大きな変形により弾性範囲を越えるばかりでなく、ダイレイタンシー現象によって、間隙水圧が変動するようになる。

大きな地震のときに、地表近くで、地盤の性質がこのように変化することは、地震の専門家が地震の揺れの大きさを計算する際には、ほとんど考えられてこられなかった。これは、地表から十キロから数十キロメートルの深い断層での地震波の発生や、そこからの波の伝播特性に比べて、地表近くのごく薄い層での土の特性の変化は、無視できると思われていたためである。さすがに、平成七年(一九九五)の神戸の地震以降、従来のやり方に対する見直しが始まり、大きな地震では、土の弾性的性質が変化する効果を考えるようになってきた。しかし、液状化により、揺れが大幅に低減する効果は、今のところ実際の設計ではまったく無視されている。

それどころか、安全策として、地盤改良などにより、液状化が起きないようにしてしまうのが普通である。杭などの基礎で支える場合にも、その周りの地盤まで、地盤改良によって、液状化させないようにしている場合が多い。地盤改良は、不同沈下や流動などの被害を防ぐ上で有効であるが、液状化を許した場合に比べ、構造物に伝わる揺れのエネルギーを増やし、被害を増やしている面がなきにしもあらずと言えよう。

これまでは、液状化はとにかく危険だから、起こさないようにするとの姿勢が強かった。その大きな理由は、液状化による免震効果が、よく知られていなかったこと以外に、液状化によって起きる構造物への影響を、見極めることが難しいためだろう。しかし、神戸の地震以来、構造物の耐震設計で考える地震の大きさは、格段に大きくなった。以前は地盤改良などで、液状化させないようにしてきた地盤でも、少々の改良では効かない場合が出てきた。むしろ、大きな地震については、液状化を自然の免震メカニズムとして、前向きにとらえて、激しい揺れによる建物本体の被害を減らし、液状化で心配される基礎の不同沈下や流動に対しては、基礎形式などで工夫することも必要になってきたと言えよう。

このような考えに対しては、慎重な見方も多い。例えば、完全に液状化してからの免震性については問題ないが、その途中段階では、地盤が一時的に大きく揺れる可能性もあるため、危険であるとする意見がある。また、多少密な砂では、先にお話したサイクリック・モビリティー特性により、加速度波形に、大きなショック的なパルスが現われることがあり、免震性の保障がないとの意見もある。しかし、これだけ免震効果の事例がありながら、構造物の設計でそれをまったく無視している現状を、そのままにして置くわけにはいかない。さらに検討を積み重ねる必要はあるが、そんなに遠くない将来、液状化の免震効果を積極的に取り入れて、構造物を造る時代がくるものと思う。

第8章

液状化で街に起きる異変

あなたの街に大地震が起きたら

もしあなたの生活している街を大きな地震が襲ったら、どんな地盤の異変が起きるだろうか。東京について考えると、大正十二年（一九二三）の関東大震災の先例がある。幸いなことに、それ以降の約八十年以上にわたり、東京は震災の洗礼から免れている。そのため、当時の東京市の被害から今の被害を直接想定するには、東京はあまりにも変わりすぎてしまった。

大地震は、加速度的に発展する人間社会の時間軸で考えると、あまりにも稀にしか起きない現象である。特に、同じ地域が再び大きな地震の襲撃を受けるまでには、数十年から数百年以上の時間が経過する。現代社会はこの間に大きな変貌を遂げる。液状化の重大さに気付かされてくれた新潟地震から、ほぼ四十年たつが、その間で大きく発展した日本社会。特に大都市は驚くほどの変貌を遂げた。都市は海、空、大深度地下に向かって際限なく発展し続け、とどまるところを知らない。我が国の近代都市は平成七年（一九九五）に神戸で起きた阪神淡路大震災までは、これほどの破壊の試練を受けたことはなかった。液状化に限ってみても、神戸で初めて、いわゆる人工地盤の大規模な被災を経験したことになる。

都市がいくら発展しても、地盤はそれほど変化しないと思うでしょうが、多くの大都市では近年になって多くの新たな埋立地が広がり、そこに港湾設備をはじめとするさまざまな新しい都市機能が造られている。人間は都市の構造物ばかりでなく、埋め立て、地下工事、地盤改良などによって地盤まで変化させてきたのである。

今までの液状化の経験から、発展の著しい近代都市が大地震に襲われた場合、液状化しやすい地域で何が起きるかを想定してみよう。この際、最も参考となる経験は、なんと言っても阪神淡路大震災である。また、神戸ほどではないが、似たような都市環境で、液状化によるライフラインの被害を体験した一九八九年のロマプリエタ地震がある。それ以外にも、近代化した社会を襲った大きな地震はいくつか起きており、最近の新潟県の中越地震や中越沖地震でも液状化の被害も起こしてきた。ここでは近年の地震経験に基づいて、液状化にかかわりのある地震被害の現れ方を見てみよう。

液状化による被害の起きかた

構造物の液状化による被害を予測するためには、それがどんな基礎によって支えられているかを知らなければならない。我が国では、鉄筋コンクリートや鉄骨の三〜五階程度より高い建物は、よほど良い地盤でもない限り、普通は杭を打ってその上に建設している。超高層ビルのように地下室を深くまで入れて、基礎が締まった礫層の上に直接載っている建物もあるが、それらは例外的である。

一口に杭と言ってもいろいろな種類があるが、地盤への荷重の伝え方の違いによって、大きく先端支持杭と摩擦杭に分けられる。前者は、杭がそれほど深くない範囲にある硬い地層にまで到達し、主にその先端で荷重を支えている場合である。後者は、そのような支持層が手の届く深度にないときに、杭の周面に働く摩擦で荷重を支える場合であるが、先端支持杭の方が一般的である。

一方、普通は杭がなく直接地面に載っているものとしては、石油や水などのタンク類、堤防・道路盛土のような土構造物、二階程度のコンクリートや鉄骨の建物、木造住宅、塀、土留よう壁、電柱、照明塔、地上の道路などが挙げられる。また、地中に埋まっている地下鉄のトンネル・駅、共同溝、マンホール、ガソリンスタンドの地下タンク、浄化槽なども一般に杭はない。

地盤が液状化した場合でも、硬い層に先端支持杭で支えている構造物は、大きな沈下を起こす心配はまずないと言える。むしろ周辺の地盤が沈下しても、杭の上のものは沈下しないため、その境目でいろいろ困ったことが起きやすい。このような例は、最近の地震被害で随所に見ることができる。**写真34**は、昭和五十八年（一九八三）の日本海中部地震のときに見られた、沈下した地盤と沈下しなかった建物の階段との間にできた段差である。水道管・下水管などのライフラインは、境界で切断されたりする。杭基礎の上に載った燃料タンクなどでは、本体は問題なくても、外との連絡パイプとの継ぎ目が破損し

写真34　日本海中部地震で地盤の液状化による沈下で能代工業高校の杭で支えられた体育館の階段に段差ができた.

て、燃料漏れを起こしやすい。

実際、阪神淡路大震災のとき、LPG（液化プロパンガス）の基地において、まさにこれに近いことが起きた。そこには、神戸の埋め立て地盤特有のマサ土の上に、二万トンの燃料が蓄えられる大型タンクが三基あった。うち二基の基礎は杭ではなく、バイブロフローテイションと呼ばれる地盤改良がされ、もとの地盤より多少締まった状態となっていた。残りの一基は、二七メートル深さの礫層まで届く杭基礎で支えられていた。地盤改良された二基については、タンク本体の重みで六〇〜八〇センチメートルも沈下し、周りの地盤も二〇〜三〇センチ沈下したが、本体および接続パイプ類はなんとか持ちこたえた。一方、杭基礎で支えられたタンクはまったく沈下しなかったが、周りの地盤は三五〜六〇センチ沈下した。そのため、地盤に載っている接続パイプの支持架台が沈下・移動し、パイプの継ぎ目からガス漏れが起き、近隣が立ち入り禁止の大騒ぎになった。

つまり、液状化による沈下の影響を考える場合、構造物本体の不同沈下の防止が重要だが、周りの地盤との段差の発生を減らす工夫も重要であることが分かる。そのためには、構造物の隣の地盤を地盤改良して沈下量を減らしたり、段差ができてもよいような連絡板を最初から境目に設けておいたり、間をつなぐパイプを変形に追随しやすい構造のものにするなど、さまざまな工夫が考えられる。

杭のない建物の沈下

普通の一戸建て住宅では、杭のあるものは少ない。木造住宅では重量が軽いため、いわゆる布基礎といって、**図42**のように地面を多少掘りこんで砂利を敷いたあと、その上に、細長い幅のコンクリート基礎を、床の外周や内部の土台の下に、造る方式が多い。木造家屋は重量も軽いため、液状

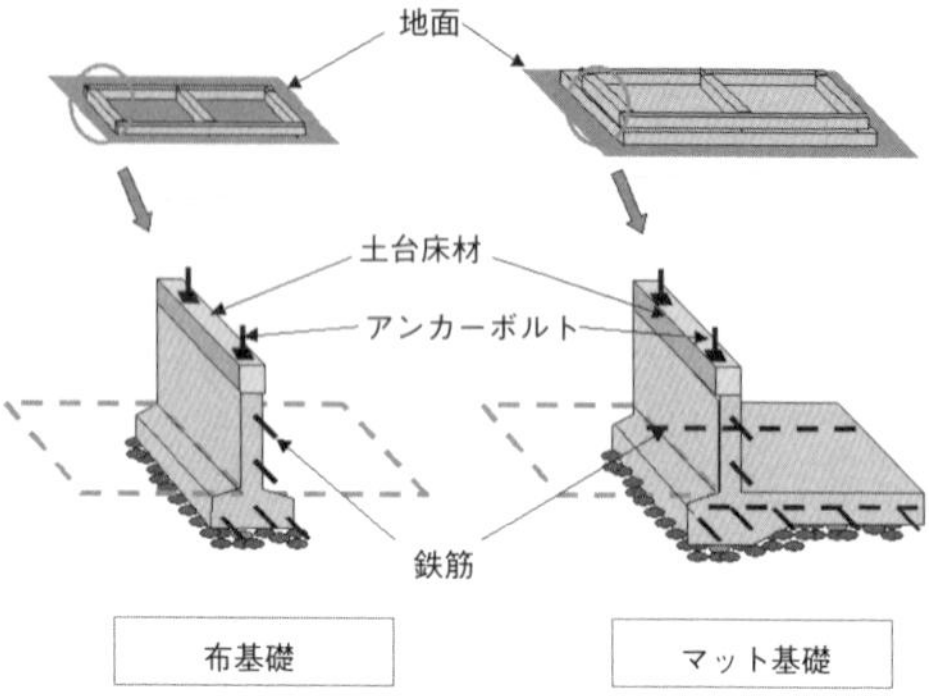

図42　木造家屋の布基礎とマット基礎

化しても、タンクやコンクリート建物ほど、地盤へ大きくめり込むことはない。かといって、被害が軽いわけではないことは、過去の被害例が示している。

昭和三十九年（一九六四）の新潟地震のときには、激しい液状化が起きた信濃川沿いで、木造建物の被害も大きかった。その原因としては、地盤の不同沈下、亀裂、地下水・砂・泥の噴出による布基礎の破損であった。また、昭和五十八年（一九八三）の日本海中部地震のときには、秋田県若美町で、多くの木造住宅が被害を受けた。被害の集中した地域は、砂丘地形の後ろ側にできた低地や沖積低地で、地表から地下水までが二メートルしかなかった。液状化による沈下や地割れ・亀裂、噴砂孔の出現などによって布基礎が破損し、その上の床・柱・壁・梁なども損傷し、家屋が全壊または半壊に至った。布基礎の沈下は最大五〇セン

チメートルにも及び、数十センチの大きな地割れが布基礎を横断して、建物が引き裂かれるような変形も起きた。しかし、地震の揺れによる建物の被害は、ほとんど見られなかった。

秋田県若美町での被害調査によると、同じような地盤の条件でありながら、被害の少なかった例としては、元の地面に盛土をしてよく締め固め、その上に布基礎を造ったもの、地表近くの土を液状化に強い締まった土で置き換えたもの、木の杭でもよいから、液状化層を貫く支持層まで入れたもの、コンクリートのマット基礎（ベタ基礎ともいう）を造り、その上に建物を建てたものが挙げられ、大いに参考になる。このうち盛土については、よく締め固めてあれば、下が液状化しても家屋を一体となって支えてくれるため、不同沈下が少なくなる。また、マット基礎は鉄筋を入れて一体化できていれば、いっそう不同沈下に耐えることができ、たとえ傾斜沈下が起きてもあとの修復が容易にできるようになる。

マット基礎の沈下のしかた

低層の鉄筋コンクリートや鉄骨の建物では、地面を多少掘りこんで砂利を敷き詰めたあと、コンクリートのマット基礎を造ってその上に建物を建てるが、これも液状化に弱い。新潟地震では、新潟市内において、このような杭がないか、または杭があっても液状化した層の途中までしか入っていない鉄筋コンクリートの建物の多くが、沈下や傾斜の被害を被った。そして、液状化した地層が厚いほど沈下量が大きくなる傾向が表れた。その沈下量は最大一・五メートルにも及び、地面にめり込んだ形となった。それも水平なままで下がったことは少なく、沈下が大きいほど傾きも大きく現れやすかった。沈下量は当然建物の階数が多く重いものほど大きくなると思われるが、新潟地震の調査データでは、なぜかそのような明瞭な傾向は見られていない。むしろ、新潟地震ではっきりした傾向として言えるのは、基礎の平面サイズが小さいものほど沈下や傾斜が大きくなるということである。

基礎の平面サイズがなぜ沈下量に関係するかについては、多少の説明が必要である。水平な地盤の上に建物が立っている場合を考えると、最も液状化しやすいのは、建物から離れたその影響の及ばない自由地盤である。逆に最も液状化しにくいのは建物の直下である。これは振動台による模型実験などではっきりと示されている。その理由は、建物の下では有効応力が増え、強度が増す効果が大きいためである。したがって地震の時に、液状化はまずなにも載っていない自由地盤から始まり、揺れが大きく、継続時間が長引くほど、建物の下までその範囲が広がってくる。そこで、マット基礎のサイズが大きいほど、基礎中央部の地盤は液状化しにくく、沈下量も小さくてすむことになる。この場合、基礎の中央より端の方が地盤の沈下は大きくなり、基礎を上に凸の形に曲げる力が働くことになる。マット基礎はそれに耐えられる程度に丈夫でないと、中央部に亀裂が発生することになる（**図43**）。

建物一階の床に、このような亀裂が発生する被害は、液状化した地盤でよく見られる。その理由は、柱や壁の重みが基礎マットの周囲にかかる構造が多いこと、液状化が基礎周辺から真下に向かって進むため、マットは凸の形で変形しようとするのである。基礎の真下まで液状化した場合には、発生した亀裂から砂や泥水が噴き上げる現象が起きる。筆者が見た例では、トルコのコジャエリ地震で、アダパザーリの五階建て建物の一階床が土砂でいっぱいになったり、台湾中部の員林で、レンガ造り平屋の集合住宅の床に、高さ一メートルもの砂の山が出現したりしている。

液状化に強い家を建てるには（木造の場合）

液状化しやすい土地に我が家を新築しようとする場合、どのようにしたら良いかをこれまでの被害経験から考えてみよう。通常、重さが軽い木造住宅は簡単な布基礎で支えられているが、これは

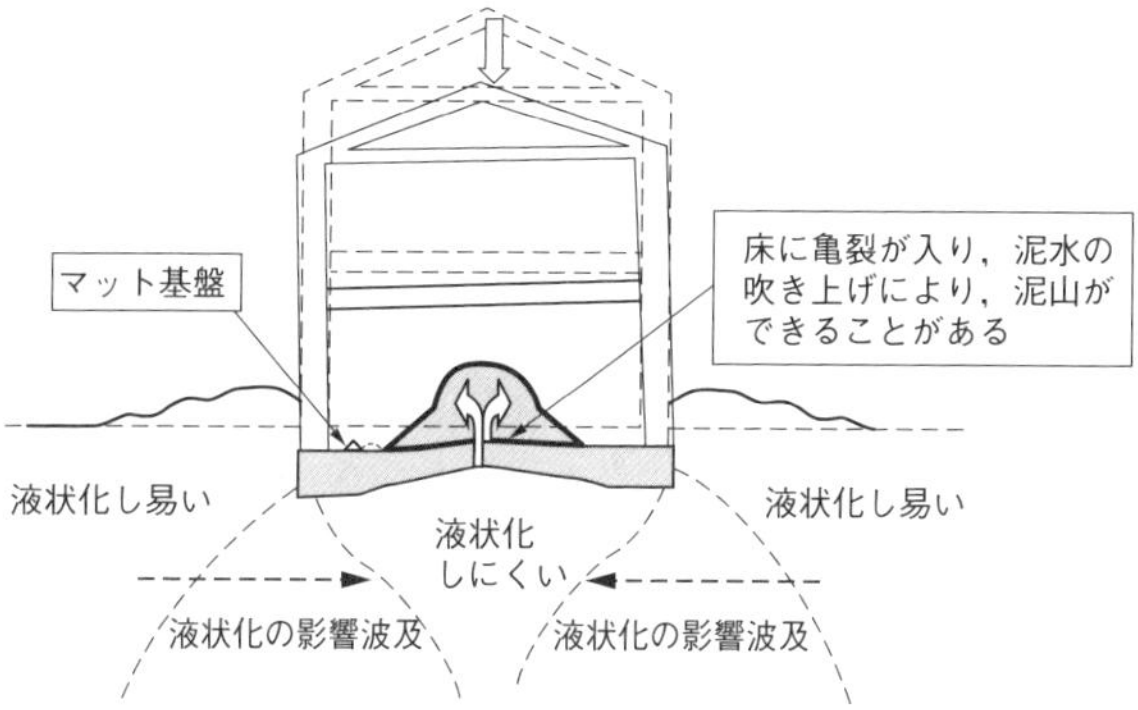

図43　液状化地盤でマット基礎によく起こる沈下と亀裂

液状化には極めて弱い。布基礎は一体性が小さく、地盤の不同沈下や地割れ・亀裂によって簡単に移動し、バラバラになってしまうからである。従来工法の木造家屋は、基礎の移動に極めて弱い構造になっているため、基礎が移動してしまうとほぼ全壊状態となってしまう。これに対する手段として、最近では、布基礎に鉄筋をいれて強化する努力もされているが、液状化による不同沈下に対して、布基礎は折れ曲がりやすく、あまり効果が期待できない。

ある程度安上がりで効果が期待できるものとして、砂礫のような良質な土を、液状化しやすい地面の上によく締め固めながら盛土をし、その上に基礎を造る方法がある。この方法で液状化に対して強くなる理由は、二つ考えられる。一つは液状化する層の上に液状化しないしっかりした層が載ることで、地表面への不同沈下や亀裂などの影響が和らげられることである。液状化しない表層が、剛な板として働く効果が期待できるわけである。盛土の締め固めが密なほど、基礎への影響は小さくなり、被害は少なくなると期待できる。

もう一つは、地面に盛土が載ることで、下の砂層が液状化しにくくなることである。なぜならば前のお話のように、液状化は、土に働く地震のせん断応力と、地震前に働いている有効応力の等方成分の比が大きいほど起こりやすい。盛土が載ると地震のせん断応力も増えるが、有効応力の等方成分はさらに大きく増えるので、両者の比が小さくなるためである。

さらにお金はかかるが、確実な対策としては、布基礎の代わりに、鉄筋コンクリートのマット基礎を造ることである。布基礎は線状の基礎であるのに対し、マット基礎は建物の全域を覆う面的な基礎である。鉄筋を多めに入れて一体性を強くすれば、不同沈下や亀裂などに対する抵抗性も大きい。通常、マット基礎は、階数の少ない鉄筋コンクリートや鉄骨の建物に使われるが、木造家屋でもここまでやれば万全と言えよう。こうしておけば、たとえ多少は傾斜や沈下が起きても、簡単に修復しやすい。

住宅の液状化による被害を考えるときのもう一つ大事な点は、単なる沈下以外に地面が横方向に流動する可能性があるかどうかである。地盤が激しく液状化すると、勾配が緩くても地面の流動が起きることは既にお話しした。ここでは最近の例として、二〇〇七年の新潟県中越沖地震で震源域にある住宅地で起きた液状化被害を紹介しよう。この一体は海岸線から二キロメートルほどは海からの強い風でできた砂丘がひろがっており、海と反対側の斜面は一般に砂が緩く堆積し地下水位も高いため、液状化しやすい条件を備えている。刈羽村稲葉や柏崎市の山本団地などは、砂丘低部の斜面を切土・盛土で雛壇状に開発した住宅地である。激しい揺れにより液状化・流動を起こし、建物に大きな被害を与えた（**写真35**）。中には、液状化で滑りだした砂丘斜面自体が建物にもたれかかってきたケースもあった。このあたりは、三年前の中越地震のときにも今回ほどではないが液状化の被害を受けている。それに懲りて基礎を補強した家では被害が軽微であった例もあるが、なかには修復を終えた家がもっとひどい被害を受けた気の毒な場合もあった。

地盤が流動を起こすと、単なる沈下だけでなく地面に亀裂や段差が現れるため、布基礎のような弱い基礎では地面の縦方向だけでなく横方向の変形が直接建物に伝わり、床・壁・梁・屋根にいた

写真35　2007年新潟県中越沖地震で，柏崎市の砂丘下部斜面を造成した山本団地で流動により被災したお宅：手前から向こうに流動し，敷地に2〜3の段差・開口　　亀裂が現れ，木造家屋は床から屋根まで変形・傾斜した．

るまで大きな影響を受ける。この場合も、鉄筋入りの丈夫なコンクリートマット基礎にしておけば、地面の亀裂や段差の直接的影響を受けにくいのみでなく、小さな亀裂は基礎の外側を通る傾向がある。流動すれば地面の傾斜も起き易いが、厚いマット基礎上の建物はジャッキアップなどで修復が容易である。

液状化に強い家を建てるには（コンクリート・鉄骨の場合）

鉄筋コンクリート建物では、木造に比べ重量が大きいため、液状化したときの沈下量や傾きが大きくなりやすい。これを完全に防ぐためには、杭基礎にするか、あとでお話しするように地盤改良をすることが必要になる。しかし個人住宅の場合、いつ起きるか分からないような地震に対して、そんなにお金をかけられないのが普通である。その場合、マット基礎工事前に、砂礫のような良質な土を、もともとの地面の上によく締め固めながら盛土をすることは、やはり効果的である。また、マット基礎や建物本体の構造を標準より強めに造っておけば、沈下や傾斜を起こしてもあとで、基礎の下にジャッキなどを入れて修復しやすいため安心である。

日本の鉄筋コンクリートの建物は、もともと丈夫に造られている場合が多い。例えば、新潟地震での有名な川岸町の県営アパートがその良い例である（**写真1**参照）。この四階建アパートは全部で八棟並んでいたが、そのうちの一棟はほぼ完全に横になり、他も沈下や傾斜がひどかった。それにもかかわらず、**写真36**のように、建物本体の損傷

写真36　昭和39年（1964）新潟地震での傾斜した川岸町アパート（壁にひび割れもなく、窓ガラスも割れていない）（新潟日報社提供：文献1-1）

は極めて小さく、コンクリートに亀裂が入ることもなく、ガラスも割れず、ジャッキで起こしてそのまま住めるくらいの状態であった。それに比べると、一九九九年のトルコの地震で液状化したアダパザーリの街の状況はまったく異なる。ここでは、鉄筋コンクリートの五階から六階程度の建物が杭のないマット基礎の上に載っていた。

建物の柱は日本に比べて細く、壁は強度のほとんど期待できない穴あきレンガを積んだだけの構造であったため、基礎の不同沈下によって、建物の柱・壁などにかなりの損傷を受けた。**写真37**のように、川岸町アパートと同じくらい傾斜した建物もあるが、壁には何本も亀裂が見られ、ガラスも割れている。

日本の場合、コンクリートの家屋は、通常、かなり丈夫に造られているため、杭がない基礎が液

写真37　トルコのアダパザーリでの液状化による建物横倒し（構造が弱い建物の壁には亀裂が入り，ガラスは割れているが，揺れによる被害は大きくない）

状化で不同沈下しても、建物本体が大きな構造的損傷を受けることは少ない。したがって、後からジャッキなどを使って修復することが可能であることが多い。

ただ、木造でもコンクリートや鉄骨でも言えることだが、家の基礎を丈夫に造った場合にも弱点として残されるのが、家と庭との境界である。液状化が起きると当然ながら境界では段差が起きやすい。特に立派な杭でしっかり支えた場合、周りの地盤だけが沈下して、玄関アプローチの段差が起きたり、ガス・水道・下水の管が破断したりする。段差の発生に耐えるようなアプローチや埋設管の構造を取り入れておくとさらに安心である。

街で見られるその他の異変

地震で液状化した時にまず見られる異変は、地割れ、亀裂の発生とともに、地面からの水・泥・砂の噴き出しである。液状化が激しいと地域全体が水浸しになる可能性もある。もちろん、水と一緒にたくさんの泥が出てくるため、一体が泥の海になり、救助活動の支障になることも考えられる。

現代都市は、どこもかも舗装などで覆われているため、これらの噴き出し口が限られてくる傾向にある。神戸ポートアイランドでは、道路の植え込みのところから噴き出て、舗装上に広く広がったところが多かった。地表が道路舗装などで覆われている場合、噴砂・噴水は地表付近のどんな隙間にも入り込もうとし、建物の床下はもちろん、舗装の下や芝生の下にさえ入り込んだ例もある。

噴砂・噴水の進行とともに、液状化による地面の沈下が起き、杭などのしっかりした基礎の上に載っているもの（近代都市ではほとんどの大きな施設はそうであるが）との間に段差ができる。これまでの地震での例から考えて、激しい液状化が起きると、沈下は最大五〇センチ程度になる。

沈下は場所による違いが大きく、波打つように起きることが多い。ところが、不思議なことに、平成七年（一九九五）の兵庫県南部地震のときは、神戸のポートアイランドなど人工島や埋立地では、激しい液状化によって大きな沈下が起きたにも関わらず、舗装面に亀裂がほとんど見られず、地面は実に整然と沈下していた。ここは砂ではなく、すでにお話ししたとおり、マサ土と呼ばれる土でできていた。この土は、シルトから大きな礫にいたる、とりどりの大きさの粒子からなる。礫の骨組みの間にある粒の細かいシルトや砂は、礫に比べて水に流されやすい性質がある。液状化で生じた上向きの水の流れによって、細かい土だけが選ばれて上に運ばれ、それが地表に噴き出して地表を黄色く覆った。あとに残された粒子の粗い礫の骨組みは、液状化してもばらばらになりにくく、整然と沈下したのではないかと想定される。

街の道路では、橋の手前に土を高く盛って造られた上り坂がよくある。その下の地盤が液状化すると横につぶれて低くなり、地割れが無数に入って幅が広がり、舗装はいくつにも割れて、まるで固焼き煎餅の表面のようにデコボコになる。**写真38**は、新潟地震で桁が落ちた昭和大橋の取り付け道路の様子である。この例のように、橋との継ぎ目では、段差が生じて通行が困難となる。ただし、最近の道路で、液状化対策がされているものは、これほど激し

写真38　新潟の昭和大橋取り付け道路が固焼き煎餅のよう（新潟日報社提供：文献1-1）

いことにはならないだろう。

さらには、地下に埋め込まれた埋設物が浮き上がってくる。これまでの地震でよくあるのがガソリンスタンドの地下タンクで、数十センチ程度浮き上がって、舗装を持ち上げた。トイレの浄化槽、地下水槽などの例も多い。水泳プールの例もある。道路の下に埋まっている下水管やマンホールも、よく浮き上がるものとして挙げられる。浮き上がる原因は、前にもお話ししたように、周りの埋め戻し土が液体のようになり、密度が水の一・八倍ほどの泥水の中に軽い埋設物が埋まっている状態となるためである。埋設物の本体は、コンクリートや鉄からできているので一見重たいが、中身が空洞のため、たとえ水が充満していても密度は水の一・四倍程度であり、浮き上がりやすい。さらに、埋め戻した砂自身も沈下するため、さらに浮き上がりが大きく見える。

浮き上がりが起こると、当然、もともと埋設物が占めていたすぐ下に空間ができることになり、その部分に周辺の液状化した土や水が移動する。さもなければ、その空間に負圧（大気の圧力より低い圧力）が生じて、埋設物の浮き上がりに抵抗するはずである。

釧路沖地震の時には、写真6（19頁）のように、歩道に埋めてあった深さ四メートルほどのマンホールが、最大一・五メートルも浮き上がった。修復の時に、なぜこれほど大きく見事に浮き上がったのかを知るために、詳細な調査が行われた。この地点は、もともと泥炭層といわれる軟らかい地層を、シルト質の砂で埋め立てた地盤であった。その砂が液状化し、絞り出された間隙水が埋め戻した部分に集中してマンホールを押し上げたことが分かった。特に大きく浮き上がった場所のそばでは、砂層の中に水通しの悪い水平層が含まれていたため、マンホールのところへ余計に水が集中したと考えられている。地盤を掘ってみたところ、浮き上がったマンホール直下の空間は、すべて砂で埋め尽くされていたことが確かめられている。つまり、周辺の液状化した土の流れ込みによって、浮き上がりが起きていたことが証明された。残念ながら、浮き上がる途中を目撃した人は現れていないようだが、土は急速には移動できないため、このような浮き上がりはゆっくり起きると考えられる。また、底面積の広い埋設物ほど、周りから底面空間への土の移動距離が長いため、浮き上がりに時間がかかると想定される。

液状化による埋設物の浮き上がりを防止する手だてとしては、液状化そのものを起こさないように、地盤改良をすることがまず考えられる。実際、平成十五年（二〇〇三）十勝沖地震の時には、十勝の音別町の宅地造成地で、下水マンホールの浮き上がりが集中したが、埋め戻し山砂に試験的にセメントを混ぜた区間では、地震後にまったく異常が起きなかった例がある。

一方、浮き上がりのメカニズムを考えると、周辺の土や水が埋設物の底面直下に流れ込まないような対策をとることも有効である。例えばマンホールの底面周囲を薄い板でぐるりと取り囲んで、水や土の移動を遮断する壁をつくることは簡単な防止方法である。今のところ、これらの対策はほとんどとられておらず、次の地震でも、液状化危険地帯に限らずこの種の現象が街のいたるところで発生し、これによる通行への支障が起こる可能性を考えておく必要がある。

水際で起きること

河川や海沿いの堤防や護岸は、通常、耐震設計がされていない。都市においては、堤防や護岸の間際まで土地が利用されており、地震時にそこで何が起きるかは、その付近に住んでいる人たちのみならず、都市防災に関わる大きな問題である。まず、川沿いの堤防であるが、その構造から見て二種類に分かれる。堤防の川側に、普段は水に浸かっていない「高水敷」があるかないかである。東京の下町で言えば、荒川放水路や江戸川・多摩川は前者のタイプで、隅田川・中川は後者のタイプである。堤防の下の地盤が液状化を起こすと、堤防は斜面が滑ったり、横に低くつぶれるような破壊を起こす。**写真39**は、昭和五十八年（一九八三）の日本海中部地震のときに、八郎潟干拓堤防

写真39　日本海中部地震での八郎潟堤防の液状化による，典型的すべり

写真40　平成15年（2003）十勝沖地震では，十勝川下流の堤防が川に向かって大きく滑り破壊した．堤防上に噴砂があり，液状化が発生していた．

が、基礎地盤の液状化によりすべりかけた様子である。また**写真40**は、平成十五年（二〇〇三）十勝沖地震で、十勝川下流の堤防が頂部を巻き込んで川の方向に大きくすべり、堤防が沈下した様子である。この付近には噴砂の跡も残されており、液状化が関わっていたことが分かった。堤防に沿っては、道路やライフラインが敷かれていることが多く、それらが影響を受ける可能性がある。

一方、高水敷が無い場合は、川の水が、直接コンクリートや鉄の矢板などで覆われた堤防と接することになる。この場合、堤防やそれを支える地盤は、地下水位に浸かった状態であり、土の種類や密度しだいでは液状化しやすい。さらに、川側の地盤面（川底）が堤防の頂部に比べてかなり低いため、液状化したあとに、川底に向かって流動しやすい条件もそろっている。

また、川の堤防ばかりでなく、海沿いにもほぼ同じような構造の防潮堤が見られる。河川堤防や防潮堤は、地震で被害を受けた場合に、すぐ洪水のような危機を招くのか、修復するまでの時間的余裕があるかどうか、が耐震補強を考える上で重要である。特に、防潮堤や河川下流のように、満潮時に洪水の危険性のあるところ、さらに地震のあとにすぐ襲ってくる津波の危険性があるところでは、液状化対策が重要となる。

実際、兵庫県南部地震の時には激震地帯から離れ、震度五の地域にあった淀川の左岸堤防が、液状化により大きな被害を被った。ここの地盤は、深さ一〇メートル付近までN値が一〇前後の緩い砂層からなっており、そのうち上部五メートルは特にN値が低く、また細粒土を二〇パーセント内外含んでいた。堤防の上と川底とは七メートルほどの高低差があったが、**図44**に示すように、液状化によって堤防のコンクリートの壁はひっくり返って、川側に五～三メートル流動し、堤防は平均一・八メートル、最大三メートルほど低くなった。幸い、地震が起きたときの水位は低く、付近の密集した市街が洪水になる事態は起きなかったが、設計上の高水位には一メートル以上不足することになった。都市の液状化対策のされていない河川堤防で、どのようなことが起こるかを示す良い例であった。

海に面した水際の土地は、ほとんど埋立地であるといって間違いはない。その周りは大体の場合、コンクリートや鉄の護岸で囲まれている。そしてその背後の土地と前面の水底との間には、大きな段差がある。一般に土地造成は、護岸工事も一緒に自治体などで実施され、できあがった土地が企業や不動産会社などへ販売されて利用される。つま

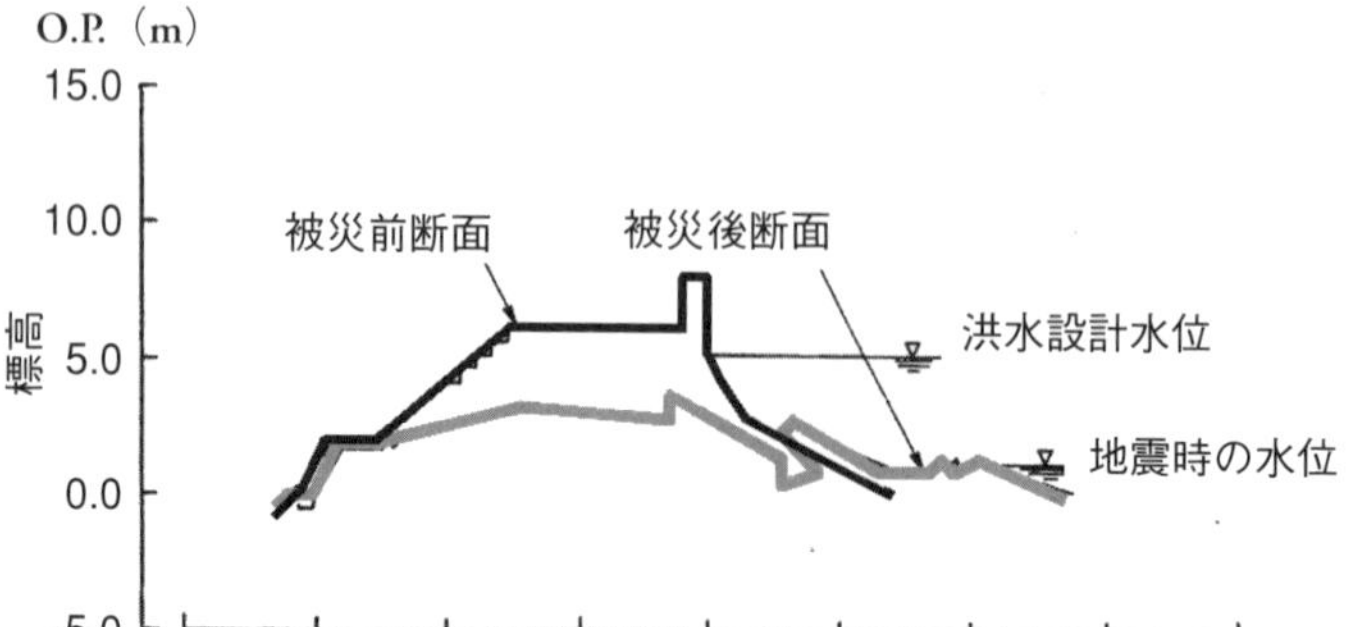

図44　淀川堤防断面の地震前後の変化（文献8-6）

り、造成された時はその土地がどのように利用されるかは決まっておらず、普通、地震の影響も考えていないため、土地利用の段階で、地震に対する対策を考えなければならない。液状化の可能性の大きな地盤であれば、大きな地震に襲われた時には、護岸は前面に移動する可能性を考えなければならない。

護岸が前に移動すると、背後の液状化した地盤には、まさに神戸の海岸沿いで起きたことが起きることになる。護岸のすぐ裏の地面は陥没し、護岸線と平行に何本もの亀裂が走り、その背後の地盤は護岸に向けて流動する。流動の大きさは護岸に近いほど大きく、少し離れると急速に小さくなる。神戸の場合には、その影響は護岸から一五〇メートル程度の背後まで及んだが、それは護岸の移動量や液状化の程度によって大きく変わる。護岸の付近にある建物は、地盤とともに横に流されようとする。

杭で支えられた構造物は、杭が液状化する層の下の安定な層まで入っていることが多いため、地盤の流動に多少は抵抗するが、完全には逆らえず、ある程度は一緒に移動する。なぜなら、液状化地盤が流動する場合、地表近くにある液状化しない層も上に乗せて一緒に移動するが、その部分は硬いままであり、杭へ与える影響は液状化した層よりはるかに大きいからである。それにより、杭は破損することも多く、護岸に近い建物などでは多少傾斜する可能性もあるが、ひっくり返るようなことはない。護岸際の建物では、基礎の前と後ろで流動量が違うため、建物が変形するなどの影響も起こる。ただし、建物の下の地盤改良がされている場合は、杭だけでなく周りの地盤も抵抗するため、流動量ははるかに小さくなる。護岸際に橋の基礎がある場合、地盤の流動が起きると、橋の脚が地盤の流動により移動して、神戸の時のように、橋桁が落下することが心配される。これを防ぐためには、護岸の強度を高めておくか、あらかじめ流動が起きることを想定して、橋の構造自身を工夫しておくことが必要である。

山の手で起きること

下町低地や水際に比べて、山の手は地盤も良く、地震の時には比較的安全と考えることが多い。液状化のような地盤災害については、そのとおりである。しかし、傾斜地が多い山の手台地では、別の地盤災害に注意が必要になる。都市の山の手台地は、一般に住宅地などとして雛壇状に区画され、一段低い隣地や道路との間の段差は、土留め壁(よう壁という)で押さえられている。雛壇の土地は、もともとの傾斜地を段々に切り盛りして造成するため、傾斜の山側は切土で谷側は盛土となる。よく言われるように、切土に比べて盛土の地盤は締め固め不足で、強度が小さく、問題が起きやすい。神戸や新潟県中越のように、震度六強以上の揺れに襲われた場合、よう壁が崩壊・移動して、その上に載る建物に大きな影響が出ることを考えておかなければならない。一般に、地下水位も低く不飽和の土からなるため、液状化などの心配はない。しかし、地盤が移動や破壊した場合、その影響は決して小さくはない。

平成七年(一九九五)の兵庫県南部地震では、建物の被害に比べてそれほど注目はされなかったが、六甲山に近い山懐の造成地で、斜面のすべりや地盤沈下が起きた。特に仁川という宝塚に近いあたりでは、高さ三〇メートルほどの斜面で大規模な崩壊が起き、谷沿いに開発された住宅地を崩壊土砂が襲い、三〇人以上の犠牲者が出た。地震が冬場に起きたため、地盤はかなり乾いた状態であった。他の宅地造成地ではこれほど大規模な崩壊はなかったが、よう壁が動いて地盤沈下が起き、家が傾斜するなど、小規模な被害は多数発生した。

平成十六年（二〇〇四）の新潟中越地震では、やはり、山の手の宅地造成地が大きな被害を受けた。長岡市の郊外に高町団地というところがある。丘陵地の頂部を削り、周辺部に盛土して、昭和五十年代後半に造成した大規模な宅地で、周囲は数メートルの高さのよう壁で囲ってあった。そのよう壁が五箇所にわたって崩壊し、造成地周縁部の盛土が大きく崩壊し、家屋が傾斜・変形するなどの被害を被った**（写真41）**。高さ四メートル程度の分厚いコンクリート製のよう壁は大きく壊れ、土と一緒に斜面の下に流れていた。よう壁が破壊しなくても、前面にせりだした部分も多く、造成地端部の道路には亀裂が多数発生した。一部で噴砂も見られた。雨が多かったため、地盤が多量の水を含んで、山砂による盛土が部分的に液状化したようである。崩壊の影響は、造成地の端から内部三〇メートル程度にまで及び、道路や庭に大きな亀裂が入り、家屋が沈下したり移動したりした。道路や庭先に埋め込まれた水道・ガス・下水などのライフラインも、大きな被害を受けた。

造成地周縁部の家屋の被害は特にひどく、床下が宙に浮いてしまったところもあり、住民の方たちは途方に暮れていた。ただ、建物は木造であっても、ツーバイフォーのように壁の多い構造でしっかりと造られたものが多く、骨組みはしっかりしており、地盤を盛り直せば、ジャッキアップに

写真41　新潟県中越地震で宅地造成地のよう壁と盛土が崩壊し,近くの建物は床下が宙に浮いた状態になった．影響は,宅地の数十メートル奥にまで及んだ．

より十分修復可能と思われた。
同じような宅地造成地は、大都市のどこにでも見られ、中越地震なみの揺れによってよう壁が崩れ、同様な被害が起きることは考えておく必要がある。現在では、土地造成で高い斜面ができるときは、地元の役所に届出なければならないことになっている。しかし、低い斜面についても影響が小さいとは限らない。地盤のわずかな沈下や移動でも、よう壁の近くにある建物は、不同沈下や傾斜の影響を受けやすい。宅地造成地のよう壁は、一般に、地震の力を考えずに造られており、その耐震補強はこれまでほとんどされてこなかった。新潟県中越地震は、都市の地震被害を考える上で、住宅造成地でのよう壁被害の重要性を認識させる契機となった。

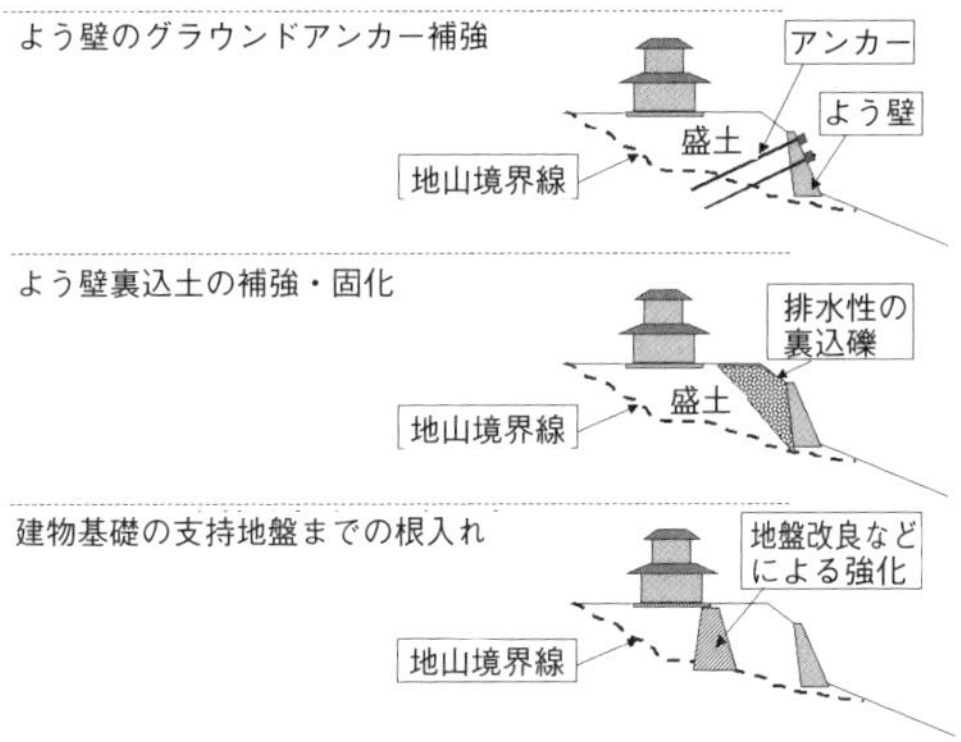

図45　現在，宅地造成地のよう壁は，地震の力を考えないで造られている．家の基礎となっている盛土の崩壊や沈下を防ぐ耐震補強法としては，いくつか考えられる．

よう壁の補強のしかたは、**図45**のようないくつかの方法が考えられる。一つ目は、グラウンドアンカーと言われるワイヤーを盛土部を貫いて元の地山に挿入し、よう壁を締め上げる方法である。アンカーがよう壁をしっかり支え、揺れに耐えた例は、中越地震でも何箇所かで見られた。現存のよう壁に力が集中するため、その力に耐えられるかがポイントである。二つ目は、地盤を砂礫のような材料（裏込め土と言う）で、しっかり締め固めながら盛り直して、よう壁を造りかえるオーソドックスな方法である。最近は、補強土工法という新しい方法が発達しており、安上がりにできる可能性があるが、住宅地補強への適用例は今のところ少ない。三つ目としては、建物の直下を直接深い地盤までセメントを混ぜるなどして、改良補強する方法も考えられる。いずれも、既設の建物にあまり影響を与えずにやれるかがポイントである。このような宅地補強工事は、まだ実績例が少なく、コストもかかるようだが、今後施工例が増えるとともに、やりやすい環境が整ってくると思われる。

水道・ガス・電気などはどうなる

水道・下水・ガスなどのライフラインは、地下にパイプによって埋設されている。また、電気や通信についても、都市の中心部では電柱の撤去により、地下にパイプで埋設される場合が多くなってきた。このようなライフラインの幹線は、地盤の比較的深い位置に埋設されるのに対し、細い枝管は道路の地表から一メートル程度の深さに埋められている。これらは土に直接埋設する場合と、コンクリート製の共同溝を埋設し、そのなかに入れる場合がある。

これまでの地震の経験によって、液状化した地盤での埋設管の被害は、それ以外の場所より、はるかに大きくなることが知られている。地盤は液状化した場合、沈下するだけでなく横方向にも移動する。新潟のように、緩い砂地盤が激しく液状化する場合には、一見水平に近い場所でも数メートルの移動が起きる可能性がある。また、川や海の堤防や護岸に近い場所では、地面の段差によって、さらに大きな移動が起きる可能性がある。このような場合、地盤はどこでも同じだけ移動するわけではなく、場所ごとに移動量が異なるため、埋設管が影響を受けることは避けがたい。特に地面に直接埋設されている場合、地盤の変形の影響を直接受けるため、コンクリートなどの保護管に入っているタイプより被害を受けやすい。被害は、特に管の継手や構造の急変箇所に集中しがちである。

これまでの地震の経験から、液状化地盤での埋設管の被害の大小は、管本体の材質や継手の材質によって、大いに異なることが分かっている。最近では、水道管・ガス管などの材質を、このような地盤のひずみの影響に追随しやすいものに交換する作業が進行している。例えば、鋼管の方が、以前使われていた鋳物製の鉄管よりも地盤の変形に追随しやすいし、さらにポリエチレン管などはさらに優れている。また継手について言えば、単なるネジ継手やフランジ継手は緩みや抜けの原因となったケースが多いため、地盤の変形に追随しやすいいろいろな継手が工夫され、鋼管では、溶接による一体化に変わってきている。これらを採用した地区では、神戸の地震や新潟県中越地震の経験では、大きく変形した地盤の中でも、破損せずに耐えた例が多く見られている。

液状化地盤での、埋設管本体の被害のもう一つの特徴は、同じ材質ならば細い管ほど被害を受けやすいことである。一九八九年のロマプリエタ地震の時には、管の直径の三乗に反比例して地震後の復旧工事件数が増加したとのデータがある。これは、ある程度理屈にかなったことで、細い管ほど、地盤の変形そのままに大きな曲げを起こすのに対し、太い管は、液状化地盤の中で耐えられる強さがあるためである。

このような、埋設管の地震に対する特性は、近年の多くの地震被災の経験を通して次第に明らかになってきたものである。以下では、そのうち液状化地盤と埋設管とのかかわりが特に強かった二つの地震の経験をみてみよう。

神戸での経験

神戸の地震の時に埋設ライフラインは実に手痛い被害を受け、その完全な復旧のためには数箇月の時間と全国からの作業応援が必要であった。まず水道であるが、液状化した海沿いの地帯と震度七の震災の帯付近の宅地造成地に主な被害が集中した。導水管・送水管と呼ばれる幹線のほうは管本体の損傷はほとんどなかった。しかし、枝管の継手や弁などの被害が多く、地震後に発生した一〇〇件以上の火災に対しても断水が相次ぎ、少数の消火栓以外ほとんど使えない状態となった。特に液状化地帯では、配水管と呼ばれる比較的細い鋳鉄管に被害が集中的に起きた。水道のとりあえずの復旧には、結局十週間程度の長期間を要することになったが、その間、給水車による最低限の水の供給の不便さに耐え切れず、一時的に避難した人も多い。

ガス管については、昭和五十三年（一九七八）に仙台を中心とする東北地方を襲った宮城県沖地震の時の経験を経て、地盤の動きに追随しやすく地震に強い管が、すでに多く使われるようになっていた。これらの管は大部分立派に生き延びたが、それでも、液状化地域で管の継手部の破損が相次いで起きた。特に、護岸近くに埋まっていた埋設管は、背後の地盤の流動により被害を受けた。

一方、埋立地や人工島では、マサ土の液状化により最大五〇センチメートルもの地盤沈下が起き、杭に支持されている建物への管の引き込み口に、大きな食違いが生じた。しかし、もともとポートアイランドなどの人工島では、海底にある軟弱粘土の長年月にわたる圧密沈下を心配して、建物への取付け部に対策を施していたケースも多く、この部分での被害は意外と少なかった。

神戸の場合、全国のガス会社からの応援を得て昼夜の作業を行ったが、最も復旧の遅れた地域では、八十五日もの日数がかかった。これには、いったん、供給を止めた場合、再開するためには末端の一戸一戸に至るまで、安全性のチェックが必要になるというガス特有の問題がかかわっていた。さらに、破損したガス管に水や土砂が流れ込むなどの予想外のトラブルが続出し、復旧の足取りを遅らせる要因となった。

電気・通信ケーブルの埋設管も、最近は都市の中心部で増えてきた。もともとケーブルには弛みがあり、外側の管が多少損傷しても、断線故障には直接はつながりにくいため、水道やガスに比べて地震に強い。しかし、ケーブルを地中埋設した地区以外では、電柱を結ぶ電線がいまだに主流である。

電柱はどこにでも立っているため、地震調査では液状化が起きたかどうかを知るための格好な目の付け所になっている。なぜなら、電柱の周りは特に噴砂が起きやすい条件を備えているからである。電柱は普通地面の下二メートル程度まで埋め込まれており、地震の時には、電柱が揺れてその周りの土との間が緩んだり隙間が空いたりするため、液状化したときに地表に水や土が噴出する際のちょうど良い通り道になるのである。こういうと電柱は液状化に弱いように聞こえるが、そうではない。傾くことはあっても倒れることはめったにない。その理由は、電柱どうしを結ぶ電線が結構強く、それによって支えあっているからである。したがって、日本の原風景とも言えるおなじみの電柱と電線のコンビは景観上の評判は悪いが、電気や情報を送る機能は、液状化が起きても結構しぶとく生き残る。

神戸の地震の時には、ポートアイランドにある高層住宅にはそれほど大きな構造的損傷は起きなかった。電気も翌日にはほぼ復旧した。しかしその後も住民の方たちの生活はままならなかった。その最も大きな理由は水とトイレ・風呂であったと言われている。埋め立て地盤の大規模な液状化により、水道と下水道・ガスの復旧が、数週間から二～三箇月後まで大幅に遅れたためである。東京・大阪をはじめ多くの都市では、近年、埋立地や人工島の上に、高層マンションを中心とする居住地域が急速に拡大している。これらの開発地域では、神戸の海沿いの街と共通点が多く、次の大地震で、再び同じことが繰り返される可能性は十分考えられる。

サンフランシスコでの経験

実は、水道・下水道・ガスなどの被害が、地盤の液状化といかに深くかかわっているかは、海の向こうのサンフランシスコの事例でも如実に示されている。一九八九年に起きたロマプリエタ地震（マグニチュード七・〇）は、神戸の地震ほど大きな被害ではなかったが、広い地域での液状化・高速道路の倒壊や火災の発生など都市の地震被害として共通する部分が多い。

サンフランシスコは、皆さんよくご存知の、ケーブルカーが急坂の美しい町並みを上り下りする観光都市だが、実は、現在では地下鉄バートが通っているマーケットストリート付近から南側は、昔は海岸線が入り込み、そこに川が流れ込んで湿地帯が広がっていた。それが、ここ百五十～百年くらいの間に段階的に埋め立てられ、街が発展してきた。また、有名なフィッシャーマンズワーフなど波止場が並ぶ海岸と丘の間の低地も、ここ百年ほどの間で埋め立てられ、ほぼ現在のサンフランシスコ市街ができ上がったわけである。これら埋め立てには、海岸沿いに発達していた砂丘の砂や海底から浚渫した砂を使ったようだ。神戸と似ている点として、埋立地の下には厚さ二〇メートルほどの元の海底軟弱粘土が堆積している。丘を構成する古い時代の岩と低地の軟らかい埋め立て地盤との間で、地震の揺れの大きさに二倍以上の違いが現れた。

液状化は砂で埋め立てられた埋立地に集中的に発生した。特にゴールデンゲート橋に近い北部のマリーナ地区は、そのなかでも比較的新しく埋め立てが行われたところであるが、ここでは、数百メートル四方の地区全域に噴砂が見られるほどの、激しい液状化が起きた。二～四階建ての木造建物が傾き、火災も発生したが、水道管などの損傷が多数発生したため、消火活動にも支障が現れた。

地震後に水道管の被害調査が行われ、その結果、これら埋立地での被害箇所数の割合が全地域の約九割にも及ぶことが判った。

さらに興味深いことは、サンフランシスコは、この地震の約八十年前にも大きな地震を受け、ほとんど同様な被害を経験していたことである。一九〇六年に起きたサンフランシスコ地震は、一九八九年のものに比べてマグニチュードは八・三と格段に大きく、起きた場所もサンフランシスコのごく近くで、揺れの激しさは一段と大きかったようである。

このときには、マリーナ地区はまだ文字通りマリーナのままで、埋め立てられてはいなかったが、丘の間や海岸沿いの埋立地は激しく液状化し、横方向への流動も起きた。このときに水道管の被害の集中したのは、やはり液状化した埋立地であった。被害箇所を比べると、一九八九年のロマプリエタ地震の場合と驚くほど一致している。一九八九年の地震の揺れは一九〇六年に比べて小さかったと考えられるが、それでもほとんど同じ場所で同じような被害を繰り返していた。前にお話しした再液状化の実例がここでも見られる。ただ、一九八九年にはじめて地震の洗礼を受けたマリーナ地区の被害が、ほかの埋立地に比べて圧倒的に大きかったことをみると、ほかの場所についての以前の液状化の経験は、それ以後の液状化での被害を減らす効果はあったようにみえる。

柏崎での新たな経験

新潟県は地震国日本の中でも、最近とりわけ地震の発生が多い地域である。特に大きい地震だけ挙げても、一九六四年の新潟地震以来、中越地震、中越沖地震と四〇年余りで三回、中でも二〇〇七年七月十六日の中越沖地震では、柏崎市と刈羽村を中心とした限られた地域ではあるが極めて強い揺れを経験した。たまたま震源域にあった柏崎刈羽原子力発電所が、想定をはるかに超える揺れを受けたことはまだ記憶に新しい。

七個の原子炉を持つ世界最大規模のこの発電所は、**図46**の衛星写真のように日本海沿いの砂丘地帯の三キロメートル×一・五キロメートルの広大な敷地に建設されており、表面近くは厚い砂の層で覆われている。震央は海岸から一〇キロメートルほど沖合であったが、陸の下まで及んだ地震断層の動きにより、主に海岸線に直交方向に強い揺れを受けた。

ちなみに、地震の揺れの強い方向は断層に直角に表れる場合が多い。ここでは断層は海岸線にほぼ平行に走っていたため、それに直角方向に強く揺れたわけである。蛇足ですが、心配されている東京直下型地震についてはその断層の正体は皆目見当がつかないが、強く揺れる方向だけはおおかた東西方向と思ってよいのでは。東京付近の活断

図46 2007年中越沖地震で強く揺れた柏崎市・刈羽村の衛星写真（Google map）：震源は原子力発電所の北西10kmの沖合，強い揺れの方向は海岸に直交方向.

層は確認されたものが少ないが、推定断層も含めほぼ北北西から南南東の向きと思って間違いないからです。

七基の原子炉や発電機など心臓部が入った建物は西山泥岩と呼ばれる岩の層の上に建設されており、沈下、傾斜などの影響はほとんどなかった。また、泥岩の上にある砂丘の地盤はかなり締まっており、大きな沈下は起こしていない。一方で、建物の周りを掘って砂で埋め戻した人工地盤は大きく沈下し、その上に載っていた電気ケーブルの支柱が沈下してトランスが火災を起こしたり、消火用パイプが破損したり、道路の舗装が波打ったりした。どこにも弱点がなく、隅々まですべてパーフェクトに作られているはずと思われてきた原子力発電所のイメージダウンが、人工地盤の沈下によって起こってしまった。

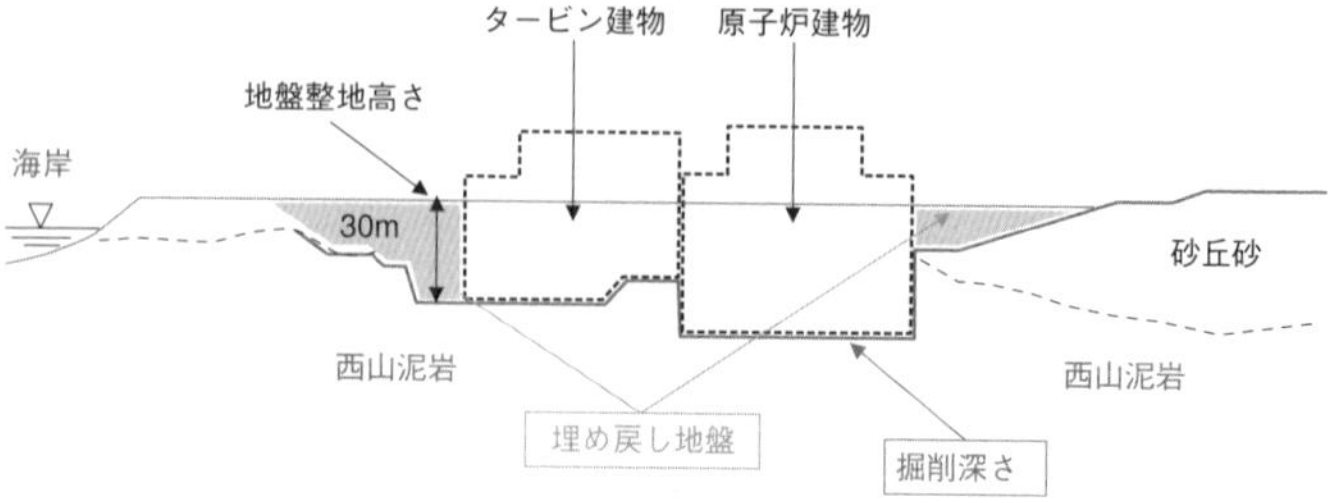

図47 原子力発電所の海岸直交方向の断面：原子炉・タービンなどの重要建物は岩盤に深く埋め込まれ，周りを砂で埋め戻されている．

そもそも日本の原子力発電所では**図47**のように、最も大切な原子炉の建物は発電用タービンの建物と並んで岩盤上に設置されている。タービン建物は蒸気の冷却用に大量の海水を使うので海に近い側に位置し、内陸側に原子炉がある。建設のときは地表から深い岩盤まで掘り下げて基礎工事をし、建物完成後に掘削した土で下部を埋め戻して完成する。ここの原子力発電所の場合、埋め戻しによる人工地盤の厚さは三〇メートルにもなり、かなり厚かった。もちろん、機械を使って普通の建物よりは入念に締め固められたが、自然地盤に比べるとやはり丈夫さに違いが出てしまうのは当然である。

埋め戻し地盤の沈下量は建物の真際で大きく、最大で一・六メートルにも達した（**写真42**）。しかもこの沈下の原因は、普通考えるような水で飽和した砂の液状化ではなかった。日本の原子力発電所では、地下水を年がら年中汲み上げて、低く保っている。これにより地下水による浮力の作用をなくし、建物底面が岩盤上にしっかりと固定されて、地震の強い水平力を受けても滑りにくいようにしているのである。したがって、深いところまで不飽和状態であった。それでも沈下は埋め戻し厚さの五パーセントを超え、その割合は一九六四年の新潟地震や一九九五年の神戸の地震で起きた飽和土の液状化による沈下に勝るとも劣らない。

沈下量は建物の際で大きく、壁から遠ざかると急速に減少する。また不思議なことに方向性があって、タービン建物の海側でとりわけ大きい。一方、陸側の原子炉建物の際では対照的に小さく、場所によっては全く沈下していないどころか、多少盛り上がっているところさえ見られる（**写真43**）。

写真42　タービン建物海岸側際の埋め戻し土沈下：最大1.6m程度で壁から離れるほどに沈下は小さくなる．

写真43　原子炉建物陸側際の地盤の様子：ほとんど沈下せず，縁石はむしろ圧縮の影響を受けている．

図47からも分かるように、陸側の埋め戻し地盤は海側に比べて多少薄くなっているが、それでもこの極端な違いは異常に感じる。

図48は1号原子炉建物の床とそばの地盤でとれた地震記録である。上のグラフはもともとの加速度の記録から50秒間の速度を計算したものである。速度の波形から、揺れ始めから一〇秒ほどの間に三サイクルほどの激しい揺れがあることが分かる。それらはアスペリティーといって、地震を起こした断層が割れ進む時に、とりわけ大きな揺れを引き起こす部分があることが原因している。特に三回目の揺れが大きいこと、それを過ぎると大きな揺れはおさまっていることが分かる。ちなみに、地盤の速度波形は一〇秒付近からグニャと湾曲しているが、地震計を置いた観測小屋のコンクリート床が余りの強い揺れでズッてしまったことを示している。図48の下のグラフは、このうちとくに強い揺れの続いた一〇秒までの変位波形を時間を伸ばして見ている。地盤の動きが建物よりも大きく、始めから6秒付近で数秒間のあいだ地盤が海側に向かって八センチメートルほど余計に動いて

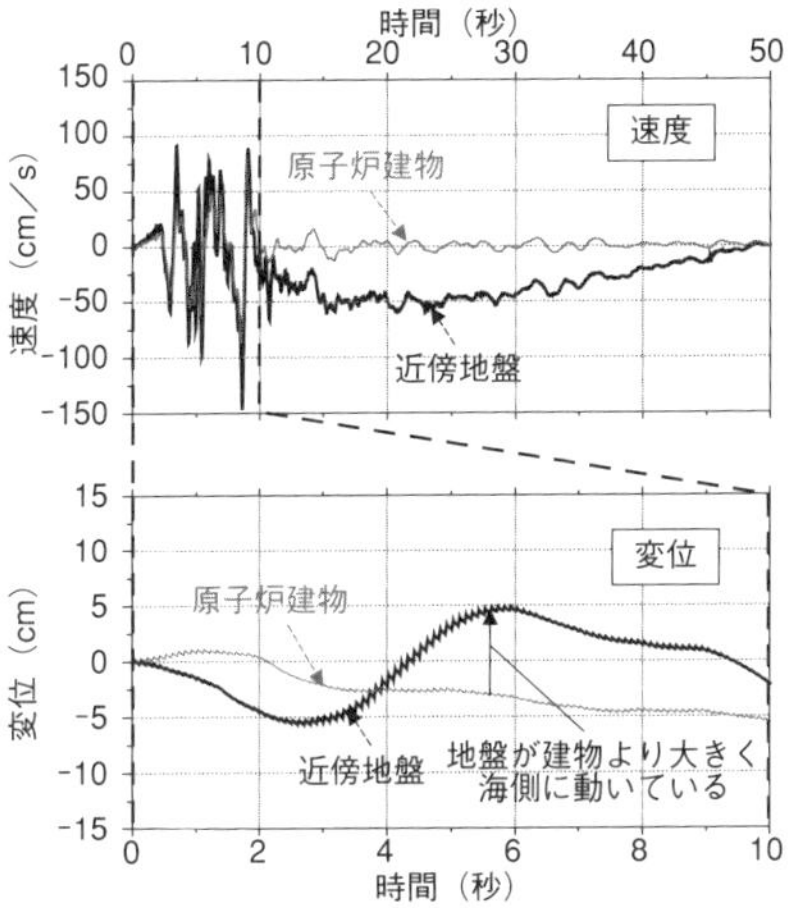

図48 原子炉建物と近傍地盤の速度変化（上部）と，そのうち10秒までの変位変化（下部）：6秒付近から地盤の方が建物より海側に動く．

いたことが読みとれる。地盤の揺れを計った地震計は、建物の直近の埋め戻し地盤の上ではなく、二〇〇メートルほど離れた原地盤にあった。埋め戻し地盤は原地盤よりかなり軟らかく揺れやすいため、この変位の違いはさらに大きかった可能性がある。

つまり震源域では、強い揺れに断層の割れ方の特徴が表れやすく、地盤は片側に大きく変形しようとした。その結果、建物の周りを埋め戻した軟らかい地盤の海側では構造物から離れる方向に動いて、その間に隙間をつくろうとした。もちろん、大きな震動によって揺すられ、埋め戻し地盤は液状化しなくても全体的に沈下する傾向にはあった。しかし、この隙間が特に壁際の沈下を大きくしたことは間違いなかろう。一方、陸側ではそれと逆に、沈下を抑える傾向に働いた。

実は、このような埋め戻し土の沈下現象は原子力発電所だけでなく、柏崎市の町中でもいくつか見られた。**写真44**はそのひとつで、アクアパークという市民向け大型施設の様子である。おそらく杭で支持された地下部分の建設後に周りを埋め戻した人工地盤と思われるが、海側では一メートル以上も沈下しているのに対し、陸側は埋め戻し条件の違いはあるのかも知れないが、まったく沈下していないのは対照的である。

大都市では、大型ビルや地下鉄、地下駐車場など基礎が深い大型構造物が多数集中している。その周りには、埋め戻しによる人工地盤が広く深く拡がっている。その土としてはまさに液状化し易い山砂が使われていて、強い揺れを受ければただでさえかなりの沈下が起き、市街地の舗装や歩道の敷石はガタガタになる。さらに、揺れに方向性

写真44　柏崎市内アクアパークの海側（上）と陸側（下）での地盤沈下の対比.

が表れて、建物や構造物の片側に普通の液状化で考える以上に大きな段差が集中的に表れる可能性も想定しておいた方がよい。

第9章

液状化を起こさない地盤改良

神戸の地震で思わぬ効果

神戸の地震の時に、広い範囲で液状化したポートアイランドであったが、中心部のビルが立ち並ぶ地帯では、激しく泥水が噴き出し地面を厚く覆うような液状化は起きなかった。その大きな理由は、実はこの人工島の下はもともと軟らかい海底粘土だったことが関係していた。人工島を建設するとき、厚さ一〇～二〇メートルの軟弱粘土の上に、厚さ一五～二〇メートルもの埋め立て土が載るので、水をたくさん含んだ軟らかい粘土層は水が搾り出されて、押し縮められることになる。これを圧密沈下と呼んでいる。

しかし、粘土は水の通りが非常に悪いため、水が搾り出されるのに長い時間がかかり、一〇メートル以上の粘土層が、圧密によって沈下が終了するためには、非常に長年月がかかってしまう。建物は、長さが三〇～四〇メートルの杭の上に建設している。杭は粘土層の下の礫層まで達しているため、沈下しない。しかし、粘土層の圧密によって、そのすぐ横の地面があとから大きく沈下すると、建物の周りでいろいろな支障が出てくる。そこで、圧密を早く終わらせるために、粘土層に対していろいろな地盤改良がされた。

よく使われたのは、サンドドレーン（ドレーンとは水を排出することを意味する）と呼ばれ、粘土層の中に、上から縦に多数の砂の柱を打ち込む方法である。粘土に比べて、はるかに水の通りがよい砂の柱を、水平間隔一～二メートルで配置し、粘土からの水を集めて効率良く地表に排出すると、圧密にかかる時間が大幅に短くできる。最近では、砂の柱の代わりに、カードボード（ダンボール箱の紙のように中に穴の開いた細長い紙）やプラスチックボードと呼ばれる人工材料を、粘土層深くまで押し込む方法もある。さらに沈下量を減らすために、あらかじめ地面に高い盛土によって荷重を載せておく、プレロードと呼ばれる方法もドレーンとあわせて併用される。

ポートアイランドでも、この方法が島の中心部の建物が集中したところで使われた。これらはあくまで粘土層に対する改良であり、その上にあるマサ土の埋め立て層を対象としたものではない。にもかかわらず、これらの地盤改良がされたところでは、今回の地震で液状化の程度が軽く、地震前後での地面の沈下が、ほかに比べて明らかに小さいことが分かった。これは、粘土の地盤改良工事をした時に、地盤にドレーンを押し込む工事機械によって、上の埋め立て層も密度が多少は締め固まり、液状化に対しても効果があったためと見られている。いわば、無関係と思われていた工事で、思わぬ効果があったわけである。

ポートアイランドの中でも、最近建てられた施設については液状化現象への認識も高まり、埋め立て土の液状化を直接防止するための地盤改良がされているところもあった。その方法の数々については後でお話しするが、地盤改良されたところでは液状化はまったく起きず、地震による沈下もまったくなかったことが分かっている。ポートアイランドで経験した揺れは、前にお話しした鉛直アレーによる記録から見ても、地表から八四メートルの深いところでも、重力加速度の七〇パーセントもの水平の加速度や大きな速度が働くすさまじいものであった。そのような激しい揺れでも、地盤改良したところは液状化しなかったことで、かけたお金の価値が十分あったことを、はじめて実証できたわけである。

砂は締めれば強くなる

液状化の被害を防ぐための手段で、まず思い浮かぶのは、締め固めることである。密度が上がると、地震の揺れで間隙水圧が一〇〇パーセント上昇するためには、大きなせん断応力と繰り返し回数が必要となる。また水圧が上昇したあとでも、密な土のダイレイタンシー効果により、大きな変形が出にくい。

土を締める地盤改良方法としては、いろいろ考えられているが、振動で締め固める方法が最も効率がよい。例えば、金属棒のバイブレータを地中深くまで押し込んで振動を加え、さらに、上から砂を補給して地盤を締める方法がある。また、鉄のパイプを地中に押し込んでそのなかに砂を注ぎ、パイプを引き抜きながら、砂を地盤にたたきこんで押し広げ、周りの地盤を締める方法もよく使われる。**写真45**はそのための大掛かりな機械装置である。

もっと原始的に見える方法もある。二〇トン重から三〇トン重もある重りを、二〇〜三〇メートルの高さから地面の上に落とし、その衝撃で締め固める、動圧密と呼ばれる方法である。**写真46**はクレーンを使って、一定間隔に錘を落として締め固めている様子である。こんな単純かつ大胆な方法を初めて実行したのは、フランス人である。常識にとらわれやすい横並び思考の我々なら、思いついても実行しようとまでは思わなかっただろう。さらに乱暴な方法もある。火薬を破裂させて、その振動で締め固めるのである。さすがに日本では実際

写真45　砂の杭を打ち込んで締め固める地盤改良の機械

写真46　数十トンの重りをクレーンで吊り上げて，
落下させ締め固める一見原始的な締め固め方法

に使った例は少ないが、本家本元のロシアやアメリカ・カナダなどではよく使われているようである。

重りの落下や火薬による方法は、値段は安いが、過密都市の中では近隣に与える影響が心配で、とても使えない。日本のように土地利用が進み、安全意識に敏感なところでは、火薬はもちろん、強い振動を加えることも近所からのクレームを呼び、このような方法を使うのは難しい。そこで振動を使わず、砂を周辺地盤に静かに押し広げることによって締め固めるような方法も、実用化されている。これらの地盤改良法には、細かい点に数々の異なった工夫があり、専門会社がしのぎを削っている。

固めてしまえばOK

液状化が起きやすいのは、粒と粒の間の粘着力が弱い、非粘性土と呼ばれる砂や礫、非粘性シルトなどである。粘着力の強い粘土では、液状化は起きない。これから分かるように、土の粒と粒の間をくっつけて、自由に動けないようにしてしまえば、間隙水圧が上昇して有効応力がゼロになったときにも、粒がばらばらになることはないので、砂でも液状化は起きなくなるわけである。この原理により、土を固めてしまうさまざまな地盤改良法が実用化されている。

固める方法としては、セメントを水に溶かした液体を地中に押し込んで、土と一緒にかくはんする方法が一般的である。このような工事をするための大型の機械がいろいろ開発されている。**写真47**は、直径一メートル余りの土をかくはんするための翼が何枚かついた鉛直の回転軸が、二本か三本、横につながった機械である。翼からセメント

写真47　地盤の中にこの回転翼をねじ込んで翼の先端から噴出するセメント液と混合し土を固める.

ミルクを出しながら、地盤の中で上下させ、壁状に土を固めてゆく。この方法は、もともと、軟弱粘土層の改良法として発達したものであるが、砂の液状化に対する地盤改良法としても使われているのである。地盤をすべて固めてしまうのは不経済であるため、地盤の中に土を固めた格子状の壁を造る。その間の土はそのまま残すが、セメントで固められた壁に囲まれているため、地震によるせん断力があまりかからず、液状化しにくくなる。そして全体として、液状化に強い地盤ができることになる。

水を抜くのも一つの方法

度々お話するように、液状化は間隙水圧が上昇して、土粒子間の接点を伝わる有効応力が失われることにより起きる。したがって、間隙水圧が上昇できないようにしてやれば、液状化は防げることになる。そのために、地震の時に砂層の中で高まる水圧を、急速に地表まで抜いてやる水抜き用の柱（粘土の圧密でお話したサンドドレーンと同じ考え方）を、横幅間隔一〜二メートルごとに多数設置する方法がある。

この柱の材質は砂では間に合わない。砂の中の水圧を下げるためには、同じ砂の柱では改良の効果がないのは当然である。そこで、砂よりはるかに水通しのよい、礫からなる柱を使うことになる。先ほどのサンドドレーンに対して、グラベルドレーンと呼ばれる。この方法では、液状化する砂の層自身を締め固めるわけではなく、いわば水抜き用の穴を掘り礫で埋めるだけである。したがって、振動や締め固めの影響がないため、すでに建っている施設にあとから液状化の対策をする場合などに向いている。

もっと抜本的に、液状化しそうな地層からあらかじめ地下水を抜いて、不飽和にしてしまうような方法も考えられている。ただ、長い間、不飽和状態に保つためには、水抜き用ポンプを常設したり、周辺からの地下水のしみ込みを遮断する地中の壁が必要になる。そこで、さらに先進的に空気の泡を地中に導入して、長期的に飽和度を下げてやることで、間隙水圧を上がりにくくし、液状化しにくくする方法も開発中である。

第10章

海でも起きている液状化

波も液状化を起こす

これまで地震と液状化のかかわりをお話ししてきた。実は、液状化現象は地震の専売特許ではなく、ほかの状況下でも起きる。特に、海の波の作用下で起きる液状化は、海洋構造物の安定問題などに重要なかかわりをもっている。

嵐のとき、外洋での波の高さは半端ではない。二十数メートルにも達することがある。波の高さとは、波の谷底から波のピークまでの高さを指す。高い波の山と谷によって海底地盤に加わる水圧が大きく変動するが、それによって、地盤にせん断応力が繰り返し作用することになる。**図49**のように、左側の海底に高い波の圧力が加わり、右側の海底に低い波の圧力が加わると、その間の土の要素には、左と右からせん断力が働くのである。

また、要素の水平面にも、それとバランスをとるために、せん断力が働く。波が移動するにしたがって、せん断力の向きは左右に連続的に変化す

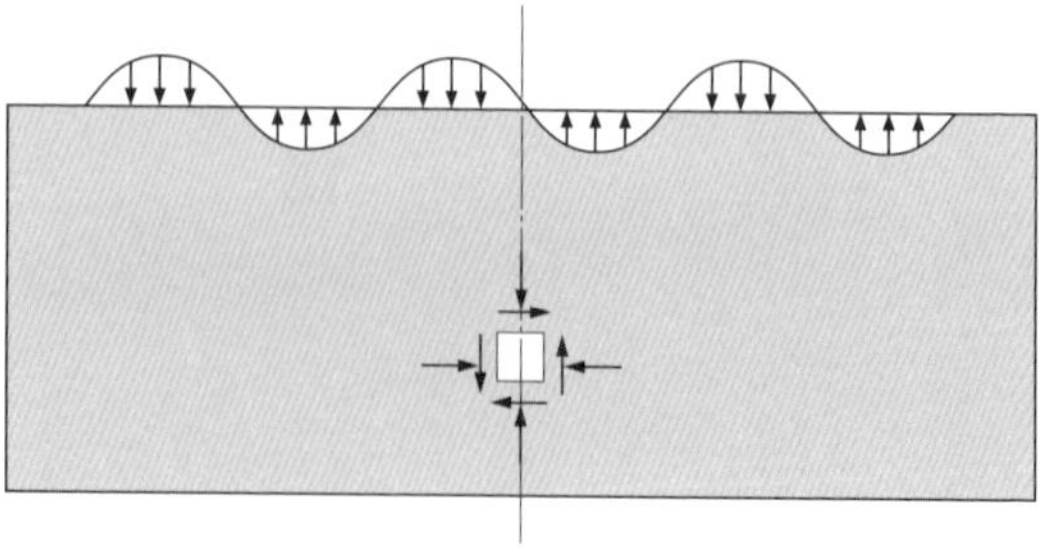

図49　海底地盤に加わる力（文献10-1）

る。これは、地震のところでお話した、SH波による繰り返しせん断と実質的に同じことである。外洋の波の高いところでは、海底にこのような繰り返しせん断力が加わって、液状化が起きるメカニズムが働く。

一般に、波に年中洗われている外洋の浅い海底は、水の動きが激しく、シルトや粘土のような細かい土は、底に溜まることができないため、砂や礫からなっている。もちろん、水深が深くなるにつれて、波の影響は当然ながら小さくなり、細かい土も堆積するようになる。何度も高い波の洗礼を受けているうちに、地盤は繰り返しせん断を受けて十分締まり、少々の嵐ではびくともしない程度に安定した状態になっている。一般にそのN値は三〇程度以上と、良く締まっていることが多い。それでも何十年か何百年に一度の激しい嵐がくると、その間に海底に堆積した土の中では、大きな繰り返しせん断力が何千回も繰り返すことにより間隙水圧が上昇し、海底地盤が不安定になる可能性がある。

実際、ミシシッピー川河口沖合の海底では、ハリケーンの襲来時に、勾配が一度以下の緩い傾斜の海底が地すべりを起こすことが知られている。その正確なメカニズムは明らかになってはいないが、波によって繰り返し加わるせん断力により、間隙水圧が上昇することが関係していることは大いに考えられることである。

防波堤が消えた

シネス港は、ポルトガルの南部にある大西洋に面した港である。一九七〇年代には、沖合の最大水深五〇メートルの海底に防波堤を突き出した、世界最大級の新鋭港湾であった。しかし、一九七八年に嵐に襲われ、九メートルの高波によって壊滅的被害を受けた。防波堤を造っていた材料が落下し、数百メートルの延長にわたって堤防が海面まで沈下し、断面が横に広がるように変形した。高い波が繰り返し防波堤に加えた力によって、海底砂地盤の間隙水圧が高まったことが、防波堤の破壊に何らかのかかわりがあると考えられている。当時はまだ、防波堤の設計にあたって、基礎地盤の安定性を考えることはほとんどなかったが、この事故をきっかけに、海底地盤や防波堤を形成する捨石材料の、波に対する強度や安定性に対する関心が高まった。

この場合は、波が防波堤などの構造物に当たって砕ける時の力が、海底の地盤に繰り返しのせん断力を加え、間隙水圧の上昇を引き起こしたと考えられる。波の繰り返しの力が、海岸の構造物を沈下させた例は他にもいくつか知られている。海の波による液状化は、人間の直接目の見えないところで起こるので、地震による液状化ほどは目立たないが、海岸の構造物に大きな影響を与えているのである。

液状化は砂を動かす

海底地盤では、波の作用により、今までお話しした繰り返しせん断とは違ったメカニズムによっても、液状化が起きていることが分かってきた。その根本原因は、海底の砂地盤中にわずかな空気の泡が含まれることによって、間隙水が圧縮されやすくなるためである。前にもお話ししたように、水自身は非常に圧縮しにくい性質を持っているが、それにわずかでも気泡が紛れ込むと、大幅に圧縮されやすくなる。もし、砂地盤が、気泡を一切含まない水で満たされていると、水も土粒子もほとんど圧縮されない。そのため波により海底に加わる水圧が変動すると、水圧変動は深い地盤の中まで、ただちにそのままの大きさで伝わる。ところが、間隙水に多少の気泡が含まれると、水の圧縮性が増して、海底面とそれより深い地盤の中の水圧の間には、大きさの違いと時間遅れが生まれる。

例えば、波頭が真上に来て海底での水圧が増すと、地盤中の水圧は時間遅れがあってそれより小さいため、海底面から地盤の中への水の流れが起きる。このときは、砂粒は水の流れる力で上から押し付けられて、むしろ安定することになる。一方、波の谷間が真上に来ると、海底面の水圧は急激に減るが、地盤中の水圧は変化が遅れ、高い水圧が残留するため、地盤の中から海底面への水の流れが起きる。そのとき、砂粒は水から受ける浸透力によって有効応力が減少し、有効応力がゼロになると、液状化することになる。

これは、前にお話しした、地下水の上昇流れが引き起こすボイリングと同じ現象である。つまり、嵐の波が高いときに、山と谷とで海底に加わる水圧差がある限界を超えると、波の谷間の直下では、海底砂地盤がボイリングを起こし、一時的に液状化状態となる。このメカニズムによる液状化の特徴は、高い波が通り過ぎたあとの谷間で、何回でも繰り返し起きることである。地震で、地盤に繰り返し加わるせん断力により間隙水圧が蓄積し、やがて液状化に至る現象とはだいぶ様子が異なる。つまりボイリングによる液状化では、土のダイレイタンシー現象は無関係であり、単に水の流れる力によって液状化が起きているだけである。

これが起きるのは、海底表面から一メートル程度の深さまでに限られており、それより深いところは安定である。たかが、海底面から一メートル程度の深さまでの液状化であるが、嵐の間ずっと液状化状態となるため、海底の砂を嵐のたびに不安定にし、その移動を促す原動力となるという意味で重要な現象である。

海の環境問題の一つに海岸変形がある。これは海岸に港や埋立地を建設すると、その付近の海岸地形が、数年から十数年程度の短期間に様変わりし、近隣に大きな影響を及ぼす現象である。例えば、海岸から沖に向かって長い突堤を伸ばすと、その片側には砂浜海岸が発達する一方で、反対側では海岸の砂浜が削られるような現象がよく見られる。また、海岸の少し沖合に島を造ると、岸から砂州が延びてやがては陸続きになってしまう「トンボロ」と呼ばれる現象も起きやすい。

その根本原因は、近くの河川や海流によって供給・運搬される砂の流れの微妙なバランスを人工的に崩してしまうことにあるが、このような海岸の変化を起こしている犯人は、漂砂と呼ばれる海底を移動する砂である。漂砂が大量に移動するのは、もちろん嵐で波の高い時であり、水深の浅い海底・海岸では、砕ける波によって大量の砂が運ばれる条件ができている。一方で液状化現象は、高い波の山が通り過ぎるたびに、海底の砂をボイリングにより不安定化させることによって、大量の漂砂を供給する役割を担っていると言えるのである。

北海の石油採掘と液状化

最近では、ヨーロッパで石油はあまり採れないという昔の常識を覆して、中東アジアほどではないが米国やロシアに追いつくくらいの石油を生産してきていることは、意外に知られていない事実である。その大油田地帯は、英国とノルウェーの間に挟まれた北海の海底にある。一九七〇年代から両国の国家プロジェクトとして、北海の海底油田開発が始まった。そのために、水深数十メートルから三〇〇メートル程度までの海底に、石油掘削作業のための施設を造ることが要求された。

軟弱な砂質シルトや粘土からなる海底地盤に基礎を置いた巨大な掘削リグをはじめいろいろな施設を建設し、油田開発にかかる長年月にわたって、その安定を保たなければならない。これがいかにチャレンジに満ちた仕事かは、その施設の規模を思い浮かべただけで容易に分かる。**図50**のスケッチのように、水深三〇〇メートルの海底であれば、掘削リグの高さは四〇〇メートル、基礎の幅は一五〇メートルにも及ぶ。これは九月十一日テロの攻撃で破壊された、ニューヨークの貿易センタービルと同程度の巨大な構造物であり、それが深さ三〇〇メートルの海に据えられるのである。しかも、北海は冬場の気象条件が厳しく、名うての荒れ海で知られ、その波高は二〇メートル以上にも及ぶ。

特に、大きな波によって掘削リグは繰り返し力を受けるため、それを支える海底地盤の土も、繰り返し力を受けることになる。海の波は地震の波ほどせっかちではなく、周期十秒以上の間隔でゆったりと繰り返す。それでも、幅広い基礎の直下では、間隙水が抜けるための距離が長く、水通しのよい砂であっても非排水条件に近い状態となる。そして数時間以上の長い嵐での波の繰り返しによ

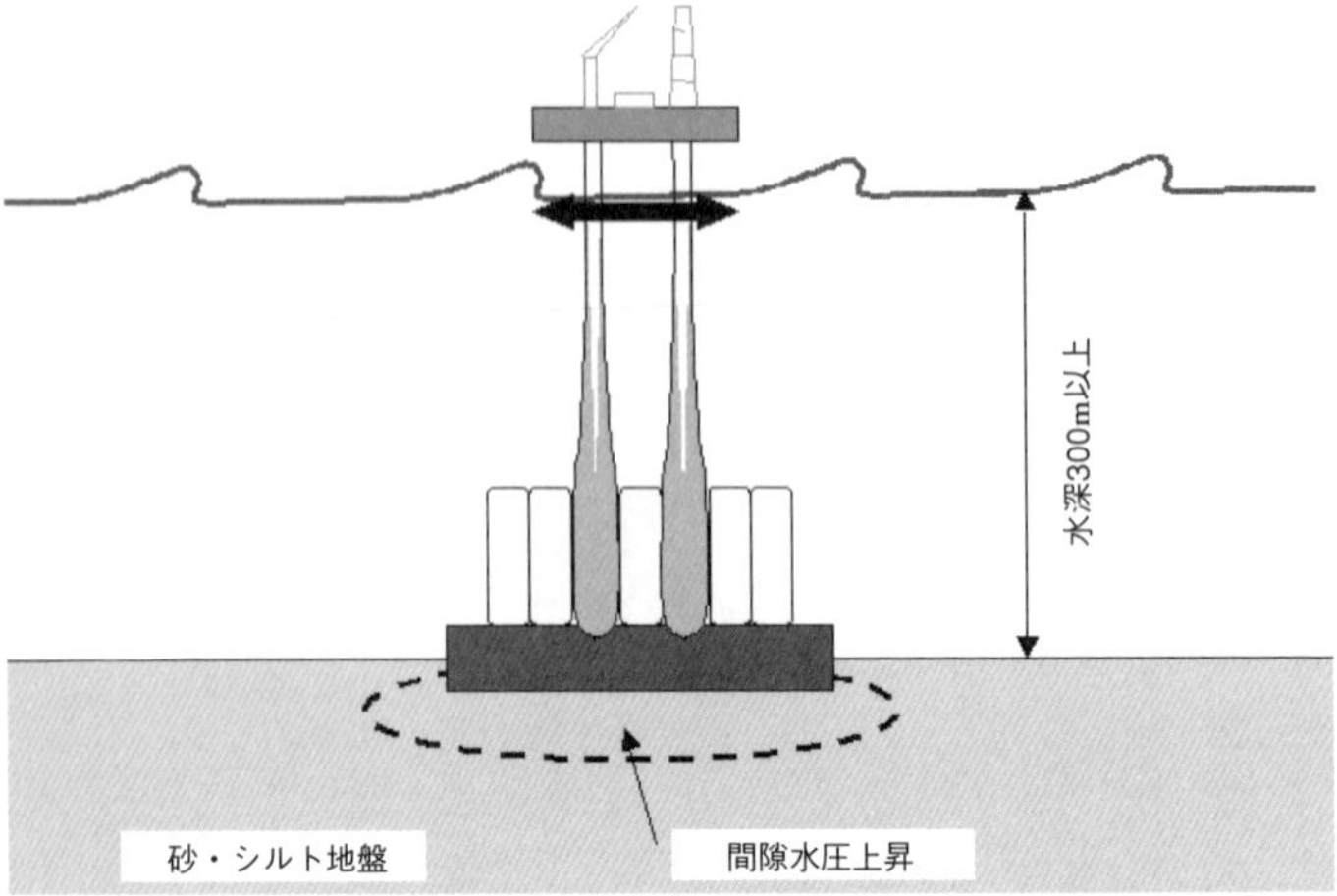

図50　海底地盤での石油掘削リグが海底地盤に及ぼす影響

り、間隙水圧が一〇〇パーセントまで高まり、有効応力がゼロとなって液状化に至る可能性が出てくる。また液状化はしなくても、水圧が上昇すると、有効応力が低下して、ぎりぎりの余裕しかない地盤の支持力をさらに下げ、破壊に導く原因となる可能性もある。

このような理由で、北海の油田開発では、海底地盤の液状化が大きな問題となり、その対策が熱心に研究された。同じような石油開発プロジェクトは、北海以外にも、ハリケーンの常襲地帯のメキシコ湾、さらにベトナム沖の南シナ海やサハリン沖のオホーツク海などでも進んでいる。今日の世界の海底油田開発ブームは、海底地盤の液状化研究の成果にも、支えられているのである。

第11章

ナゾ残す液状化

多く起きている海底地すべり

人間が生活する陸上に比べて、海底はまだまだ未知な部分の多い、謎に満ちた世界である。その海底の調査で、意外と多くの海底地すべりの跡が発見されている。地すべりの基本的メカニズムは陸上でも海底でも同じで、重力の作用により、土塊が斜面の下流側に移動する現象である。地震がきっかけで起きたことがはっきりしているものがいくつかあり、海底地すべりの引き金となることは分かっているが、それ以外にも、嵐の時の高波がきっかけとなった例も知られている。地すべりの移動速度も、目に見えない程度のゆっくりしたものから、急激な破壊までいろいろである。

多くの海底地すべり跡は、陸からはるか離れた深海底で見つかっているが、中には陸地の沿岸付近でも起き、人間社会に大きな被害や影響を及ぼすものも発生している。地すべりが、人の住んでいる海岸地帯を巻き込んで発生したり、海岸に設置された施設に影響を与えた例もある。また、大規模な海底地すべりは、沿岸から離れていても津波を引き起こし、沿岸域を襲う場合があることが、以前から指摘されてきた。海岸地帯を巻き込んだ海底地すべりとしては、前にお話しした一九六四年アラスカ地震でのバルディーズやスワードの例が挙げられる。地震による液状化が関わっていると思われるこの地すべりは、まず沖合の海底部で起き、そのすべり面が次々と後退し、海岸にまで達し、さらに影響域は陸上に深く及んだと考えられる。海底地すべりによって引き起こされた津波は、海岸を襲い被害を拡大した。

地すべりを起こしたすべり線の先端は、沖合い二キロメートル以上にも及び、平均勾配はそれほど急ではないが、海岸付近では一〇パーセント程度もあった（**図51**）。地震後も同じくらいの海底勾配のまま、海岸線は、全体的に最大百数十メートル岸側に後退した。その背後の陸上の土地にも、奥行数百メートルにわたり、海岸に平行に幾重もの亀裂が現れた。地すべりを起こしたのは、氷河が削り川が運んだ礫・砂・シルトで、フィヨルドと呼ばれる急峻な湾に堆積して、三角州を形成したものである。密度は緩く、前面の海底勾配は、部分的にはかなり急勾配であり、液状化による地すべりを起こす条件は整っていたと考えられる。

その他にも、すでに紹介した古代ギリシャの都市国家ヘリスの滅亡には、液状化が関わった海底地すべりが原因している可能性が考えられている。

我が国でも伝承的な話しとしては、豊臣秀吉の時

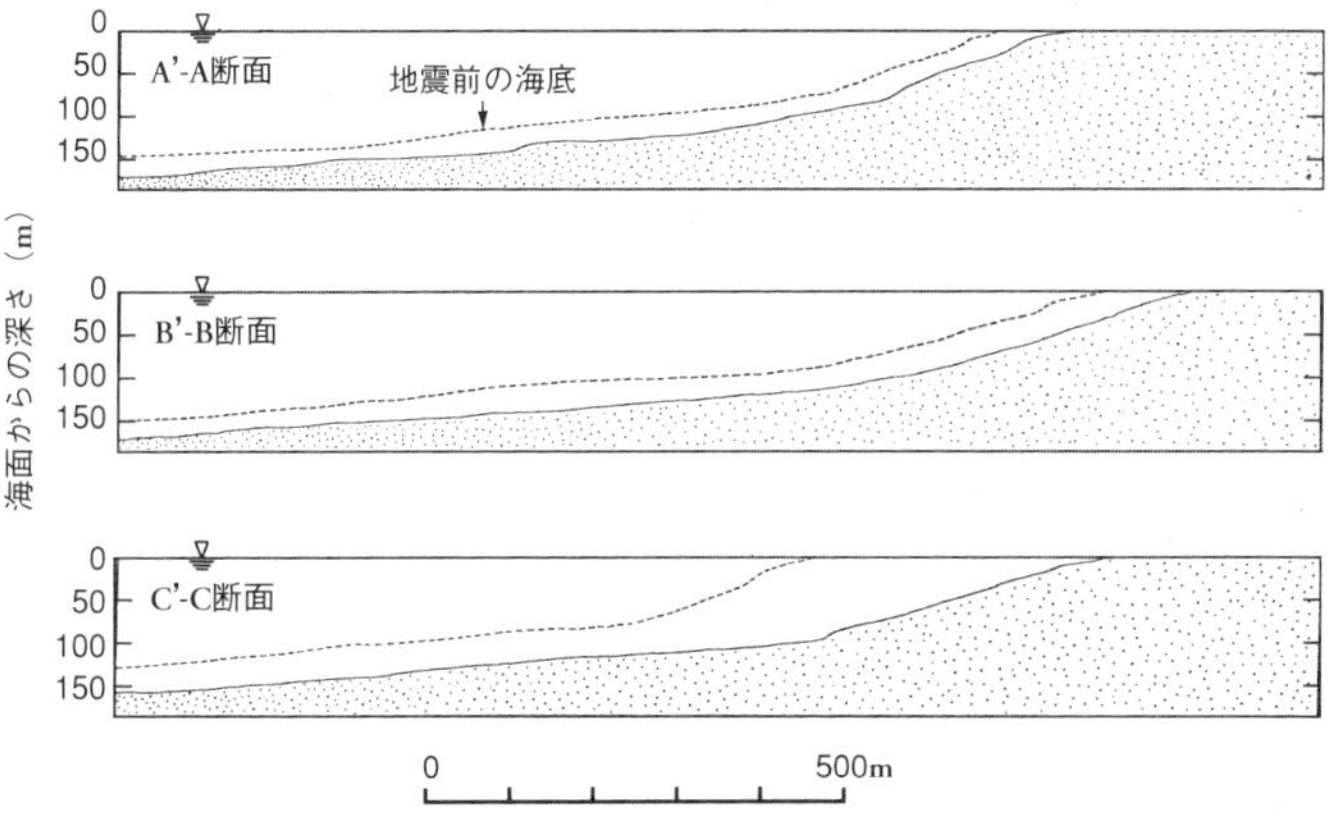

図51　バルディーズの海底地すべり前後での海底面の変化
（A-A'，B-B'，C-C' の位置は図2（10頁）に示されている）（文献1-3）

代に九州の別府湾にあった瓜生島が、地震によって一夜のうちに海底に没した言い伝えがあり、海底地すべりのかかわりが考えられている。

トルコで起きた海底地すべりの悲劇

もっと最近の同じような出来事としては、一九九九年に起きたトルコのコジャエリ地震による海底地すべりがある。地すべりが起きたのは、イズミット湾と呼ばれる、イスタンブールから一〇〇キロメートルほど東にある、幅数キロメートル奥行き数十キロメートルの東西に延びる波静かな湾である。この地震で動いた北アナトリア断層が湾の中を東西に横切っている。このため、湾の水深は幅が数キロメートルと狭い割には二〇〇メートルと深く、特に南側の海底勾配は、平均一〇パーセント程度と急になっている。

デールメンデレは、イズミット湾の南岸にある瀟洒なリゾートタウンで、海岸沿いのリゾートエリアには、レストラン・ブティックや宝石店、ホテルなどが立ち並び、海水浴客でにぎわっていた。夜中の一時過ぎに地震が起きたとき、四人の若者がまだ海沿いの公園で騒いでいた。海底地すべりにより彼らは海に投げ出されたが、そのうちの一人は、なんとか漂流物にしがみついて漂っているうちに、漁船に助けられた。彼の目撃証言は、モーゼの十戒もどきの面白いものである。「地震とともに海が二つに割れて、中からマグマのような熱いものが噴き上げてきた。海に放り込まれたとき、背中の海水がやけに熱く感じた」とのこと。せっかくの謎めいた話を、とやかく言うのは無粋と言われそうだが、証言の中のマグマについては、地震の発生と同時に、ちょうど対岸の石油プラントで煙突の落下により火災が起きており、その炎が闇の中で海面に映えて、そのように見えたのではないかというのが、筆者の謎解きである。しかし話にはさらに謎があって、この若者が病院に収容されたとき、背中にやけどを負っていることが分かったとのことである。

地震によってデールメンデレの海岸では、奥行き百数十メートル、間口数百メートルの土地が海中に流失した。その範囲にはいくつかの店やホテルがあったが、四〇人あまりの人もろとも海中深く連れ去られた。ちょうど海底地すべりの境界にかかった建物は地震後には海岸にしがみつく形になり、半分海水につかりながらかろうじて踏みとどまっている様子が**写真48**からよく分かる。この敷地の前面の海で、地震後に海底の深さの変化を調査し、地震前と比べた結果が**図52**である。以前の海底地盤が大きくえぐられ沖に流失したこと、そのすべり面が陸地にまで及んでこの災害を引き起こしたことがよく分かる。デールメンデレ以外にも、イズミット湾南岸沿いの何箇所かの海岸で同様の災害が起き、建物や道路が海中に没した。

また、地すべりによって、小規模な津波も起きた。**写真49**は同じ湾に面したハリデレという町で、調査中に現地の人からもらった地震前の写真と地震後の様子を比べている。地震前の景色が海岸の流失によりまったく変わってしまったことが分かる。

この海底地すべりがどのようにして起きたかはまだ分かっていない。このあたりでは断層がすぐ海の沖を通っていて、街中の建物の震動被害もかなり大きかったことからみて、海岸でも地震の揺れが大きかったことが考えられる。また、海岸沿

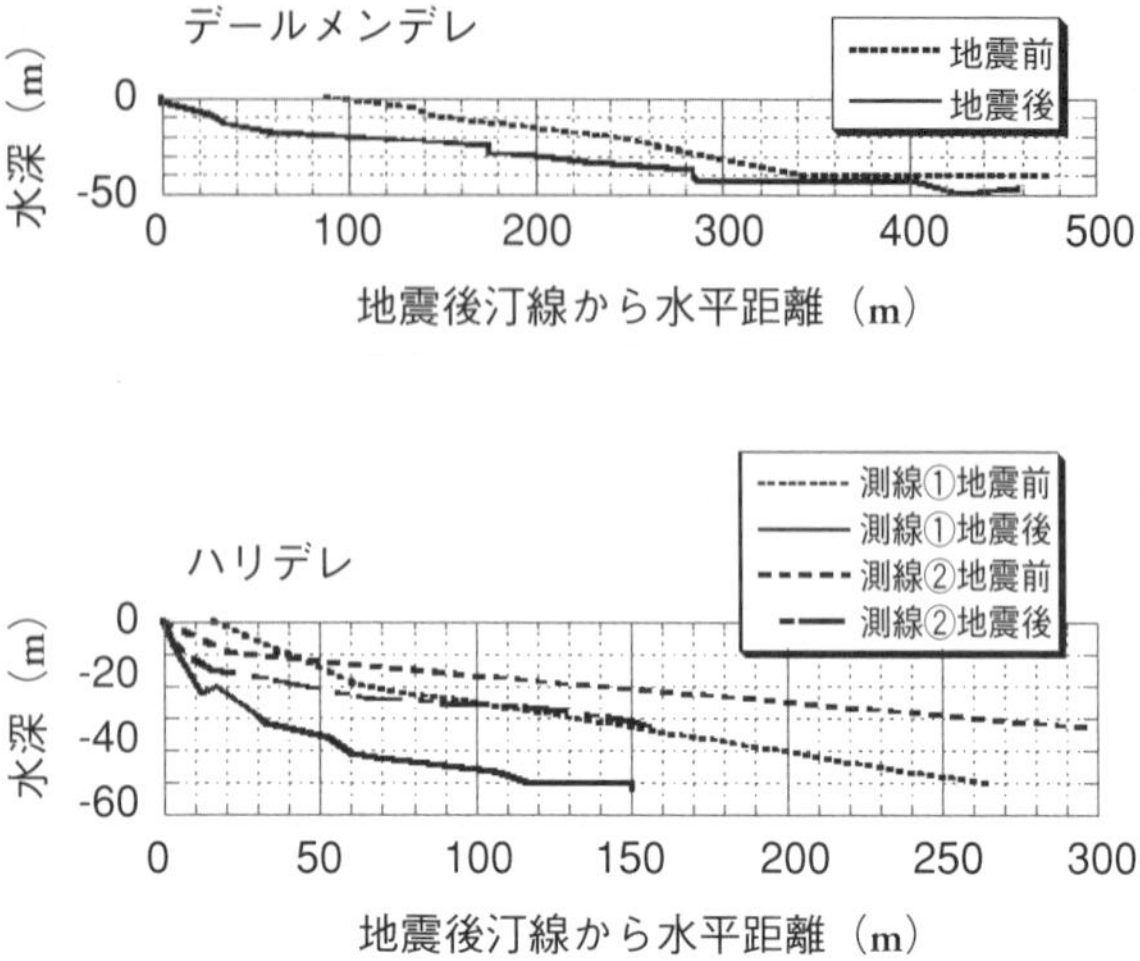

図52　トルコの地震での地すべりによる海底面の変化（文献8-3）

いの地盤は、背後の丘陵地からの小さな川によって運ばれた砂や礫が堆積したもので、波静かな内湾で緩く堆積していたため、大きな地震動によって液状化した可能性は高い。噴砂の跡は見つかっていないが、一般に、液状化によって傾斜地盤が滑るときに、その上流側では引っ張りの力が働いて噴砂は出にくい。平均一〇パーセントと、海底としてはかなり急勾配の砂礫層の海底斜面が、液状化によって不安定になり、沖に向かって地すべりを起こした可能性は高いと思える。

ほとんど平らな海底がなぜ滑る

今お話しした、トルコやアラスカの海岸を巻き込んだ地すべりでは、海底が一〇パーセント程度と非常に急勾配だった。一方、世界の海では、沖

写真48　トルコの地震で，海底地すべりにより海岸線から100mくらいの土地がちぎり取られた．

写真49　同一箇所での地震前（上）と地震での海底地すべりの後（下）の写真

合いで多数の海底地すべりの痕跡が見つかっているが、海底勾配は一パーセント以下と非常に小さいのが普通である。それにもかかわらず、その滑った土の量は膨大で、陸上での地すべりの大きさをはるかにしのぎ、最大のものは二万立方キロメートル（分かりやすいたとえで言えば、富士山十五個分）のものが知られている。またその移動距離も一〇〇キロメートルを越えたものもある。

こんな平らな海底が、一度に大量に滑ったきっかけは、いまだ謎に包まれている。地震が引き金になった場合以外に、水深の浅い海底では嵐の時の波浪が考えられ、さらに一般的には海面水準の変化、新しい堆積物の重量、地中ガスの作用なども考えられている。いずれにしても、勾配が一度以下のような緩い海底地盤では、よほどせん断強度が小さくならないとすべり出すことは不可能であり、土の中に、特に強度の弱い面ができることが必要である。

地震が引き金の場合については、以前にお話しした、液状化した不均質地盤の流動メカニズムが当てはまる可能性が高い。すなわち、海底地盤が水の通しやすさの異なる複数の層からなっている場合、その境界に水膜のような強度の非常に弱い面が発生し、大きなすべりの要因になると思われる。

海底地すべりについては、はるか昔に発生したものが多く、まだ分からないことが多い。そのなかで、規模は小さいが、最近起こったもので、例外的に詳しい調査がされているものがあるので紹介しよう。

一九八〇年に、カリフォルニア州北部のオレゴン州に近い太平洋岸の六〇キロメートル沖合で、マグニチュード七・〇の地震が起きた。この沿岸で日ごろから漁を行っていた漁師が、地震から数日後に、もとは滑らかだった海底面に、奇妙な段差ができていることを発見した。そこで、米国地質調査所の専門家に知らせ、音波探査による精密な海底の調査を行った。たまたま、この海域では、地震が起きる一年前に、同様な調査が行われていたために、両者の比較により、地震前後での海底地形の詳細な比較が可能になったのである。

それによれば、水深三〇〜七〇メートル、勾配わずか〇・二五度の海底で、海岸に平行に二〇キロメートル、幅二キロメートルの海底地盤が沖の方向に流動したことが分かった。**図53**は、海岸に直交した断面での、地震前後の海底面の変化を表している。この海域は、クラマス川という河川が、太平洋に流れ込む河口デルタにあたり、海底には、細砂や中粒砂が最大五〇メートルの厚さで堆積し

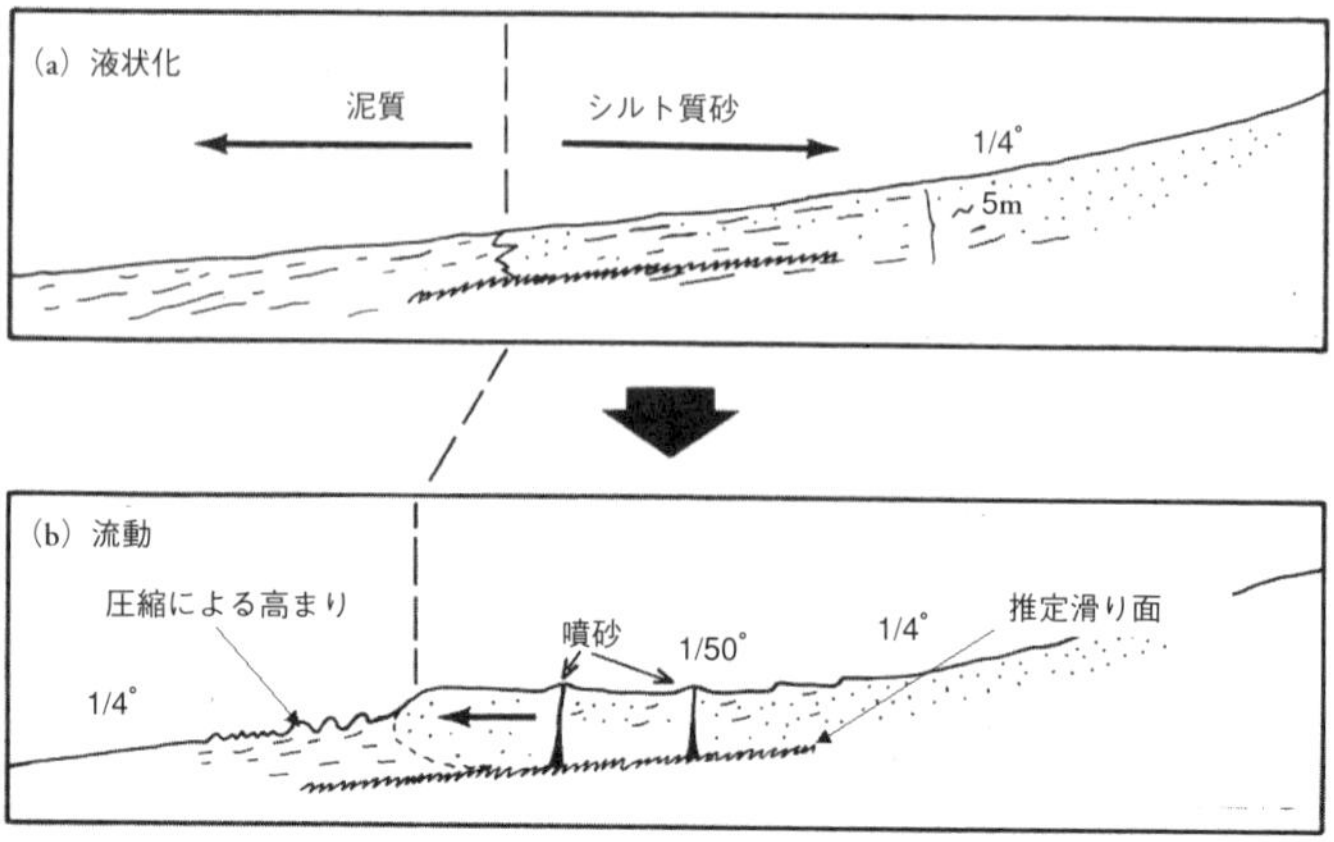

図53　カリフォルニア北部の地震による液状化と流動（文献11-3）

ていた。さらにその沖には、細粒の泥が堆積した範囲が広がっていた。地すべりは、砂と泥の堆積範囲の境界に近いところで起き、平面積二〇×二キロメートル、厚さ五〜一五メートル程度の表層が沖合いにすべり、もともと〇・二五度とわずかであった勾配がほぼ〇度になった。そのため、下流側境界に明瞭な段差が現れ、さらに下流側の泥層の表面に、幾筋もの圧縮された高まりができた。

この海底地すべりでは、サイドスキャンソナーと呼ばれる特殊な音波探査や水中カメラでの海底撮影、さらに、海底地盤にボーリング孔を掘っての土の採取など、かなり詳しい調査が行われた。その結果、海底に直径一メートルから一二メートルに及ぶ無数の噴砂口や陥没の跡が見つかり、液状化の発生が裏付けられた。さらに、ボーリング孔から採取したサンプルから、土は均質ではなく、シルト質の砂や粘土質のシルトが層状になっていることが分かった。この例から、地震による液状化が、海底地すべりの原因になっていることが実証された。しかも一度以下の非常に緩い勾配の地盤でも流動し、さらに緩い勾配になろうとすることが具体的に示された。

ところで、地震による海底地すべりの発生に、海底土質が重要な要因となっていることは、当然想定される。先の例のように、液状化しやすい砂質の土のところで多く起きるだろうと考えがちである。ところが、粗い土粒子は海水に運ばれながら、岸から沖にまで流される前に沈降してしまうため、海底地盤は陸域から少し離れると砂分は少なくなり、粘土やシルトが主体となるのである。したがって、沿岸から遠く離れた海底地すべりは、普通は液状化しにくい細粒の土によるものであると考えたほうが良い。このような場所にも、数度以下の緩い海底勾配にもかかわらず、海底地すべりの跡は多数見つかっている。そのきっかけは地震とは限らないが、地震によるものも多数含まれていると考えられ、そのメカニズムについては今のところまったくの謎である。

丘が歩いた

海の底から、一転してユーラシア大陸のド真ん中に話は急展開する。関東大震災が起きる三年前、チベットやモンゴルに近い中国奥地の甘粛省で、とてつもない大きな地震が発生し、信じがたいほどの大災害を引き起こした。その地震は、一九二〇年十二月十六日に起きた海原地震である。マグニチュードは八・五で、日本でかつて起きた一八九一年の濃尾地震などマグニチュード八クラスの巨大地震をはるかにしのぐ大きさであった。地震に襲われた一帯はいわゆる黄土地帯で、日本や韓国に春先に飛んできて景色が霞のようにぼんやりとなる、黄砂現象の土ぼこりの故郷である。レスと呼ばれる黄土からなる丘がうねうねと続く、雨の少ない乾燥地帯で、現在でも、中国の急速な経済発展から取り残された地帯である。地震によって、実に五万平方キロメートル（三〇〇×一六〇キロメートル程度）の広大な地域が強い揺れの影響を受けたが、そのほとんどが黄土地帯であった。

この地震で亡くなった人は二三万四千人余り、壊れた建物や住居は五〇万戸で、被害規模は三年後に起きた我が国の関東大震災をしのぐ。かつて世界が経験した最も被害の大きな地震の一つであるが、その割にはあまり世界的に知られていない。

この被害の大部分が、レスと呼ばれる土によって引き起こされた。レスは台地状のなだらかな地形をつくり、集落はその周辺の低地や斜面に発達していた。地震は、寒風・砂嵐の吹きすさぶ暗黒の夜の九時半ごろに起きた。そのため、破壊の様子は目撃されていないが、一晩明けると地震によって、住民の言い方を借りると『丘が歩いた』、つまり地形がまったく様変わりしていたのである。地震から一年半後に、国際救援委員会の後援で現地を視察したアメリカ人ホール氏ら一行の報告には、驚きを込めて多くの興味深い逸話が紹介されている。

「例えば、てっぺんにお寺を載せたまま、丘全体が谷に移動した。その少し先では、ポプラの並木の植わった街道が、地すべりの上に載っかって、並木は何事もなかったように、枝に小鳥の巣を載せたまま、はるばる一・二キロメートルもかなたに移動していた。」

「ある農夫は、翌朝、窓の外を眺めて、高い丘が我が家の数メートルのところまで迫り、そこで辛うじて止まっているのを発見して、肝をつぶした。」

「なかでも、最も圧倒される光景を呈していた『死者の谷』では、七つの大規模な地すべりが起きて、五キロメートルの長さの谷を埋め尽くし、そこで生き残ったのは、人間三人と犬二匹だけであった。彼らは、地すべり土塊の峰に乗っかって、谷を横断したところで、他の二つの地すべりにつかまり、大きな渦に巻き込まれたあげく、丘の斜面に投げ出され九死に一生を得た。一緒に、家屋や果樹園、脱穀床も流れ着き、それ以来、その丘の新しい土地で、農夫は運命に逆らわず、畑を耕しはじめたとのことである。」

「地震の起きた夜、二人の旅人が、街道沿いの旅籠に泊まっていた。地震直後の恐怖と混乱の中で、宿の主人は客人のことをすっかり忘れてしまった。一週間後にようやく思い出して客室を掘り出したところ、二人とも怪我もなく出てきた。しかし、ショックで記憶喪失となり、一晩だけ寝て、起きてきたばかりと思っていた。こんな事情にもかかわらず、宿の主人はあきれたことに、一週間分の宿代を要求したとのことである。」

レスとはこんな土

この前代未聞の大災害を引き起こしたのはレスといわれる土で、この一帯の丘陵部を厚く覆っている。その厚さは数十メートルから最大四〇〇メートルにも及ぶ。その間に川が浸食した低地があり、集落は丘陵台地のふもとに発達していた。そのレスの斜面の多くが、地震のショックで強度を失い、集落のある谷を襲い埋めつくした。そして谷の流れをせき止め、四四〇もの湖水を数珠つなぎに生み出した。

現在でもこの一帯を訪れると、**写真50**のように、谷沿いの湖水に沿って、のどかな村落が広がる農村地帯である。地すべりを起こした丘陵斜面の勾配は、五度から一五度余りと比較的なだらかである。農民の勤勉さを示すよく耕された緩やかな周辺の丘陵斜面には、無数の地すべりの跡がはっきりと見分けられ、一九二〇年の地震の時に、いかに多くの地すべりが発生し、谷を埋め尽くしたが手に取るように分かる。

この一帯は雨が少ないために、地形が侵食されにくく、このように当時の地形がよく保存されて

写真50　せき止め湖が点在し，今はのどかな田園風景のレスの地すべり地帯

いる。川の流量も少ないため、せき止めた土砂を押し流すこともない。湖水が、麦や菜の花が織り成す絨毯模様にマッチして、今では美しい景色の一部となっている。**写真51**はそのうちの一つ、静寧という村のそばで起きた地すべりの跡である。面積六〇〇メートル×四〇〇メートルで平均厚さ三〇メートルの土が、勾配一七度の斜面を一二〇〇メートルほど流れ下り、川をせき止めた。ざっと七百万立方メートルの膨大な土量の地すべりであるが、同時に起きたほかの地すべりに比べて決して大きいほうではない。

レスは、乾燥気候の下で中国西方に広がる砂漠地帯から風で運ばれてきた土が、長年月かけて堆積した風積土と呼ばれる土で、日本の土とは非常に異なった特徴を持っている。粒子の大きさは、砂より細かく粘土より粗いシルトの大きさである

写真51　静寧という集落にあるレスの典型的地すべり跡の一例（上）．今では地すべりの跡はきれいに耕作され，麦や菜の花などが鮮やかな絨毯模様を織り成す（下）．

が、粘着力はそれほど強くなく、液状化しやすい土である。しかし、土に含まれる水分が低く、地下水も通常は深いところにしかないため、崩れた土は不飽和状態にある。また、土の締まり具合は非常に小さい。なぜかというと、風で運ばれてきた土は、地上に緩く溜まった状態のまま、徐々に地層を形成していく。その過程で、土に多く含まれている炭酸カルシウムの影響で、粒と粒の接点に弱い結合力が生じ、その上にまた土が積もって、大きな空隙を残したまま地層が形成されていくためである。このような土が地震の大きな揺れを受けて、接点での弱い結合力が急激に失われ、壊滅的なすべり破壊が起きたと考えられている。

乾いた土がなぜ流れる？

しかし、ほとんど水を含まない状態のレスがいったんすべり始めたあと、まるで液体のように谷の反対側まで流れてゆき、渦を巻き、川をせき止め、谷中を埋め尽くす様子には、驚くほかはない。水をあまり含まない土や岩がいったん崩壊をはじめると、液体のようにふるまうケースはこれ以外にもいろいろな場所で観察されている。

最近の例では、一九九九年の台湾集集地震の時に、台湾中部の九分二山と呼ばれる山で数千万立方メートルに及ぶ大規模な地すべりが起き、やはり下の谷の四〇人ほどの村落を埋めつくして湖水をつくった。崩壊土は反対側の尾根を軽々と越え、谷の下流にまで押し寄せた。この場合の崩壊土は、大は小屋ほどもある大石から、小はそれらが風化した土砂まで、さまざまな粒径を含んでいたが、水はあまり含まない状態であった（**写真52**）。

また、二〇〇一年にエルサルバドルで起きた地震では、火山灰からなる高さ百数十メートルほどの斜面が崩壊し、二〇万立方メートルの土砂が、凹凸のある斜面をすべり台のように流れ下った。そして斜面のふもとから三〇〇メートル先まで達し、多くの住宅を五〇〇人以上の住民もろとも飲み込んだ。この場合も、流れ下った火山灰土はほとんど乾燥状態にあったことが確認されている。

このような現象には、崩壊した土が水で飽和していなくても、何らかの理由で液体のようにふるまえるメカニズムが隠されていると考えざるを得ない。一つの可能性としては、崩壊土の間隙に含まれる空気が圧縮されることによって、液状化と似たようなメカニズムで土粒子間の有効応力が減少し、土

写真52　台湾集集地震での九分二山の大地すべり．背後のすべり面で立木を載せたままの崩壊土塊（左），せき止められた谷川（右）．

の流動性を著しく高めることが考えられようが、推定の域を出ず、具体的な謎解きはこれからである。

液状化も起きていた

一九二〇年の海原地震で地すべりを起こした黄土地帯の中で、二・五度程度の緩い勾配のレスの斜面が液体のごとく流動し、下流の部落を埋め尽くしたところがある。そこはシーベイヤン（石碑原）と呼ばれる台地である。すべりはなぜかレス台地の端の急な斜面ではなく、台地上の緩やかな斜面で起きた。すべりの規模は、幅二・三キロメートル、滑った距離は一・二〜一・八キロメートルに及ぶ。これにより、台地のふもとにあった四〇戸ほどの集落は全滅し、そばを流れていた川の流れは四〇〇メートルも先に移動した。

一九八〇年代になって、この波打った地すべりを掘り起こして、詳細な調査が行われた。それによると、地下水位は地表から二七〜三一メートルもの深さにあり、さらに深いところまで、ほとんどレスの地層が続いていることが確認できた。このレスは、シルト（土粒子径〇・〇〇五〜〇・〇〇五ミリメートル）が七〇パーセントを占める細粒土であるが、粘性の少ない性質であるため、液状化する可能性があると判断できた。さらに、深さ一一〜二〇メートルの間のところどころで、砂の層が何枚か発見され、場所によっては水を含んでいた。その砂層の付近では地層が乱れている様子が観察され、液状化が起きた形跡であると判断された。また、そこから土を取り出して、試験機により液状化に対する強度を測定したところ、地震の時に働いたと想定されるよりも明らかに小さい力で、液状化することが確認できた。

今でも現地に行くと、当時の破壊の様子をしのぶことができる。見渡す限りの畑の中に農家が点在するなだらかな台地を進むと、突然大地を切り裂いて二〇メートルほどの滑落崖が現れる（**写真53**）。その崖ははるかかなたまで続き、そこからすべり出した土塊は、数メートルの高低差で幾重にも波打ちながら流れ下っている。その一キロメートル先では、今では一面の畑となって、かつては集落があったであろう崩壊土砂の末端地点に至っている。地震の後、勤勉な農民たちは、波打った峰をちょん切っては谷を埋めて畑を増やし、凹凸はもとより小さくなっている。それでも、地すべりで地面がどのように変形したかは、手に取るように分かる。すべり出した土塊は、幾重ものすべり面を発生させながら、このような地形を作り出したのだろう。断崖から波打った斜面を下っていくと、やがて一面の畑に出る。そこで牛と共に耕していた純朴そうな農夫と娘に尋ねると、今でも畑の中から昔の食器や瓦が出てくるとのこと。さらになだらかな斜面を下っていくと、やがて台地の端にでる。そこには、レスを固めて造った、塀に囲まれた農家（**写真54**）が点在する。たぶん、地震後に移転した村だろうと思って、住民に昔の地震のことを聞いてみたら、そんなこと聞いたこともないという返事が返ってきた。よく言われることだが、災害体験の世代間の伝達がいかに難しいかを実感できる話である。

地下水の上昇が液状化を起こした？

それにしてもこんなに乾燥した台地の上で、な

写真53　海原地震での液状化による緩やかなレス台地の地すべり．落差20m近くの崖がかなたに続き（上），そこから下流では波打った土地が畑に変えられている（下）．

写真54　崩壊地跡を耕す農夫（上）とレスを固めて造った日干し煉瓦農家（下）
（回教徒の農民たちは純朴そのもの）

ぜ液状化が原因の地すべりが起きたのだろうか。

これに関しては、地震の直前に、地下水位が大幅に上昇したことが原因になった、との考え方が有力である。海原地震の直後にシーベイヤンを調査した北京の地質学者の報告によると、台地上では普段は三〇メートルの深さにある井戸の水位が、地震の数日前には一五メートルまで上昇し、また台地のふもとの低地では、普段は深さ五〜六メートルもある井戸から、地表に水があふれてきたとの地元民の証言を伝えている。

一般に、地震の時には、その一帯だけでなく、かなり遠方まで地下水位が変動する現象が、多くの地震において計測されており、井戸の水位観測により、地震の予知をする試みもされている。例えば一九九五年の兵庫県南部地震のときには、地震直後から淡路島から神戸・尼崎にかけての震源域で湧水量が増大した。さらに、一九九九年の台湾集集地震の時には、震源断層から三〇キロメートルも離れた地域に点在する多数の井戸で、地震と同時に水位が四〜六メートル、最大八メートルも上昇し、もとに戻るのに二週間以上かかった。一方、断層から一〇キロメートルの範囲では、水位が三〜七メートル最大一一メートルも低下した。

ところが、このような変動は、地震の発生とともに起きることが多く、シーベイヤンのように、地震の数日前から起きたとの話は珍しい。

もしこれが事実なら、普段は乾ききったレスの台地も地下水に浸され、液状化を起こす条件は整っていたとも考えられる。もちろんこの場合、長年にわたって地下水に浸かっていた地盤よりは飽和度は低いが、液状化しやすさはそれほど大きくは変わらないはずである。さらに急速な地下水の上昇は、透水性のあまり大きくないレスの地盤においては、数日間で終了するとは思えず、地震が起きたときは、まだまだ上昇途中であったと思われる。地下水の上昇は、地盤に上向きの浸透力を加えることになり、その影響で地盤の有効応力は小さくなり、その分、すべりが起きやすい状態となっていたとも考えられる。

レスの大地で災害は繰り返す

乾燥地帯において、風で吹き寄せられた土が堆積したレスは、実は中国だけでなく、ユーラシア大陸中央部や北アメリカ大陸五大湖地方などにも広く分布している。いずれも空隙が大きく、乾燥状態では、土粒子どうしが弱く固結して強度を保っているが、水に浸かると壊れやすく、地震のようなショックで安定性を失いやすい。このようなレスの特徴が最大限に示された地すべりが、比較的最近に起きている。

場所は旧ソ連時代のタジキスタン、現在のタジキスタン共和国の首都ドシャンベのそばである。一九八九年に起きたマグニチュード五・五の極めて小さな地震で、この大規模な地すべりは引き起こされた。この地帯は、レスで覆われた緩やかな起伏の地形に、麦や綿花を生産している農村である。地震の揺れはそれほど大きくはなく、地震計による地表の最大加速度は、重力加速度の一五パーセントであった。実際、家屋の被害は、地震に弱い日干し煉瓦の家が部分的に壊れた程度で、日本の震度に直せば四~五くらいのレベルである。それにもかかわらず、大小とりまぜて五箇所の地すべりが起き、一〇〇戸以上の家屋が五メートルの泥に埋まり、二二〇人の命が失われた。最大の地すべりは幅八五〇メートル、長さ一六〇〇メートル平均厚さ一五メートルで、滑った土の体積は約二千万立方メートルに及ぶ。もともとの斜面の平均勾配は、一八度〜二三度の幅に入っていた。

崩れた土は、水を含んだ泥流となって、二キロメートル先まで流れていった。いったい、なぜ乾燥地帯で泥流が発生したのだろうか。実は、これには、人間の営みが大いに関わっていたことが分かった。もともとはレスに覆われた原野であったこの地帯を、綿花を中心とした大農業生産地に変えようという計画がソビエト連邦時代に立てられ、灌漑用水が網の目のように敷かれた。用水路のかなりの部分が地面にじかに掘った溝であったため、灌漑用水がしみ込みやすかった。レスは、もともと表面近くでは縦亀裂の発達した構造をしており、ある深さまでは縦方向に水を通しやすい。実際、地すべりが起きた近くの地盤で測定したところ、深さ一〇メートル付近ではほとんど飽和状態になっていたことが分かった。

つまり、すでに地震の前に、地盤は用水路から漏れて、しみ込んだ水により、ある深さまではかなり飽和状態となっていたと判断できる。それによりレスの強度が低下し、その状態で地震を受けたため、弱い揺れではあったが飽和したレスが液状化して、大きなすべりにまで発達したことが分かった。地すべりを起こしたあとに残された崖が、もと用水路のあった位置とよく一致していたことは、なによりもそれを実証していたと言える。人間の自然への働きかけが、思いもよらない災害を引き起こした例と言えよう。

山古志村で起きたこと

平成十六年（二〇〇四）新潟県中越地震（マグニチュード六・八）では、山古志村を中心とした広い範囲の山村で、四〇〇〇箇所以上にものぼる斜面崩壊や地すべりが起きた。この地域の山の高さは四〇〇メートルほどで、それほど険しくはないが、地質的には時代の新しい（数百万年前の新第三紀）弱い堆積岩（泥岩と砂岩が重なり合った）からなり、しかも活褶曲地帯としても有名である。

褶曲とは地殻が横から押されたときに、地層が波を打つ変形をすることであるが、新潟地方では、褶曲現象が活発な地殻の運動により現時点で進行中であり、活褶曲と呼ばれる。ここでは、ほぼ東西からの力で、褶曲による山並みがほぼ南北方向に連なって形成され、その間を信濃川や魚野川、芋川などの支流が流れている。実はこの地帯は、もともと日本有数の地すべり地帯で、活褶曲によって揉まれた弱い地層からなる斜面には、いたるところに古い地すべりの跡が確認できる。

この山里で、人々は昔から棚田や酪農により生計を立ててきた。地すべり地帯は、棚田にはうってつけの条件を用意してくれた。地すべりの跡には、背後の急な崖の前面に馬蹄形の傾斜の緩い土地ができる。度重なる地すべりで、もともと固結度の小さな泥岩と砂岩が重なり合った地層が揉まれ、適度に粘土分と砂分が混じり、保水性がよい田んぼの土に変わっている。地形的にも多少手を加えるだけで、沢水を取り入れた良い棚田ができる。棚田でできるコシヒカリは、魚沼産コシヒカリの中でもとりわけ評判が高い。

それだけではない。地震の直後に調査で伺ったとき、山古志村の村長さんにお会いしたが、その名刺の一番上には、「錦鯉と闘牛の村」とあった。闘牛（スペインの闘牛とはまったく違い牛どうしが角をつき合わせる日本古来の闘牛）は村の観光資源となっていて、実際、池谷集落のそばの丘の上には、広い駐車場を備えた闘牛場がある。残念ながら、周辺の地すべりや液状化で地面がガタガタになり、気の毒なほどの被害を受けていた。

一方、このあたりの地図を見て驚くのは、山あいにびっしりと溜池のマークが書かれていることである。その数、数百は下回らないだろう。実際、地震調査で歩いてみて、その数の多さと密度の高さに驚かされる。鯉の養殖は、山古志村を中心としたこの周辺一帯の第一番の産業となっているからである。以前は棚田であったところが近年は池に変わり、一尾数十万円以上の高級な鯉が育てられてきた。集落のあちこちに「…Koi Farm」と書かれた看板が立っており、海外からもたくさんのお客さんが、錦鯉を買い付けに来ている様子がうかがえる。

中越地震では、それら無数の養殖池の堤や底にひび割れが入った。そこから水が漏れて、いわゆる「パイピング破壊」を起こし、堤の崩壊や地すべり地全体の大崩壊につながったところが多数ある**（写真55）**。パイピング破壊とは、土中に入った亀裂に沿って流れる水が土を削り取り、やがて地盤の破壊が起きる現象である。山古志村を通る道路沿いでは、このような大規模なすべりにより、下を走る道路が飲み込まれたり、丸ごと数十メートル下の谷底まですべり落ちたりした（写真47）。この適度に粘土分と砂分が混じった保水性がある土は、砂だけからなる土ほどは液状化しやすくはない。それにも関わらず、結構多くの場所で噴砂

写真55　地すべり地に集中したため池が崩壊し，また新たな地すべりを引き起こした(上)．崩壊したため池の下の道路はほとんど修復不能の被害を受けた(下)．

が見られ、たまたま砂分が多いところは液状化しやすかったようである。それに、多数のため池が斜面の高い位置にあり、いつも水を湛えていたことが山の飽和状態を高め、地震の揺れによる土の軟化や液状化を引き起こしやすかったものと思われる。粘土分が多く液状化しにくい土でも間隙水圧の上昇で軟化し、強度低下に加担した可能性もある。

中越地震でもう一つ重大な事態を引き起こしたのが、地すべりによる天然ダムの出現である。正式には天然ダムではなくて、河道閉塞と呼ぶようだが、川沿いに起きた斜面のすべりで川筋がせき止められ、大小無数の天然ダムができた。そのうち特に大きかったのが、山古志村の東竹沢地区である（**写真56**）。これにより、この地区の集落が高さ一〇メートル以上まで水に浸かり、家屋や田畑などに

写真56　東竹沢地区の天然ダムを生み出した地すべりで，矢印のように滑って芋川支流をせき止めた（地震直後のため，まだ上側の上流方面は浸水していない：近くの建物は東竹沢小学校）（国際航業ホームページ写真の上に筆者が加筆）

大被害を受けた（**写真57**）。貯水量も本格的貯水池並に大きく、これを元の状態に戻すためには、二箇月近くのポンプによる大がかりな排水工事が必要であった。

東竹沢地区の天然ダムのすべりは、**図54**の断面図のように、「流れ盤」と呼ばれる二〇度程度の斜面で起きた。流れ盤とは、斜面の傾斜が地層の傾斜に近い場合を言う。流れ盤では、地層境界面に沿って、斜面が大きいブロックですべりやすい。実際、今回のすべりでできた新たな崖のさらに上部に、古い崖があり、以前から少しづつ滑っていたらしい。それが地震をきっかけとして、泥岩と砂岩の境界をすべり面とし、その上の固結度の小さい砂層が一気にすべり出し、天然ダムを造った。青灰色をした泥岩面は、滑ったブロックの背後に広く露出しており、天然の造形とは思えないほど

写真57　天然ダムが芋川支流をせき止め，東竹沢地区は最大13mまで水位が上がり浸水した．

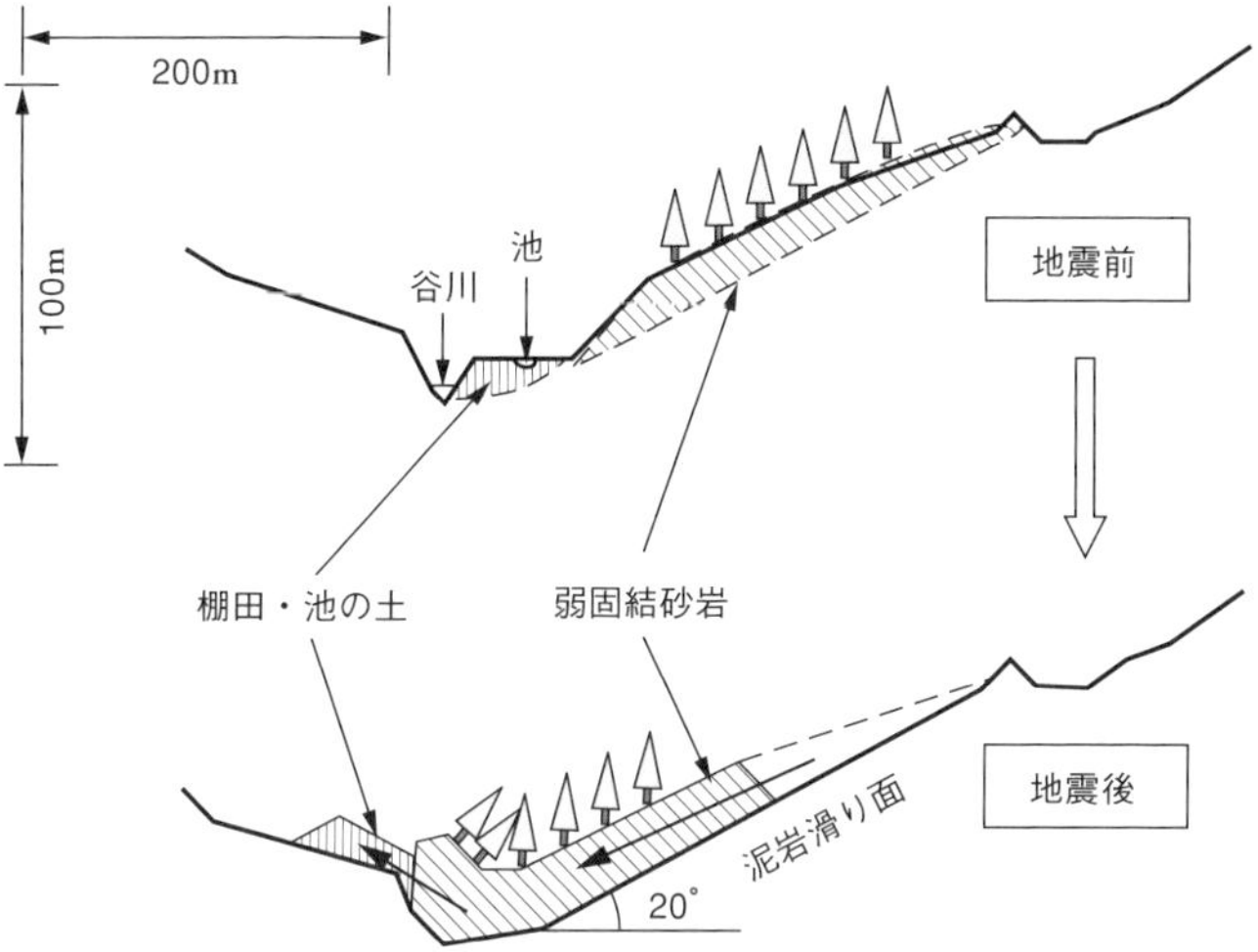

図54　山古志村東竹沢地区で起きた地震による天然ダムの地すべり

写真58　東竹沢地区の地すべり土塊の背後に現れた，勾配20度のすべり台のようなまったく平滑なすべり面

の、まったくの平滑な面である（**写真58**）。

天然ダムを形成した移動ブロックの大きさは、三〇〇メートル×二五〇メートル程度、厚さは二〇メートル程度で、土量は約一五〇万立方メートル、移動距離は一〇〇メートル余りである。移動ブロック上の樹木は移動方向先端部を除いては、まったく直立している。筆者は地震後間もない頃、最初に調査にきた時に、このあたりの山を這い回って調べたが、樹木が整然と立ち並んでいるこの山が、まさか一〇〇メートル余りも滑り落ちてきていたとは思えず、狐につままれたような気分であった。この樹木の鉛直性は、すべり面がまったく一定勾配の平滑面であることを意味していたのだが（図50）。

一方、移動土塊が元の渓谷を乗り越えた先端部では、樹木は斜面側に大きく傾いており、対岸（右岸）の谷に突き当たってからは、土塊が曲線的に変形して対岸に乗り上げたことを示していた。樹木の生えた移動土塊先端のさらに前面には、砂質土・粘性土からなる灰色の土が三〜五メートル程度うず高く盛り上がり、対岸を走る国道を完全に覆い隠していた。また、その付近には、同じ灰色の土の上に、明らかに干上がった池の底が見られた（**写真59**）。地形図によれば、滑った斜面のあった左岸には、斜面の前面に田んぼや池が書かれており、図50のように、移動土塊が前面の棚田との池の軟弱土を押し流し、右岸の上に高く積み上げたことが分かった。つまり、地震により、従来から多少地すべりを生じていた土塊の微妙な安定性が崩れ、二〇度の勾配の平滑な泥岩上を一気にすべり落ちた。そして、前面の軟弱土を対岸まで押し流し、自らも前面は対岸の谷の上にのし上がり、天然ダムを形成したものと考えられる。これには、

写真59　地すべりに押され，谷を越えて左岸から右岸にまで移動した田んぼや干上がった池の底

地すべり土塊前面の田んぼや養殖池の土が、地震で液状化や軟化を起こし、強度が低下したことも影響している可能性がある。

それにしても、地震がきっかけとはいえ、二〇度ほどのそれほど急でない勾配を土塊が勢い良くすべり落ちるほど、すべり面に沿って土の強度は弱かったのだろうか。すべり面となった泥岩はある程度は固結しており、それほど強度が小さいとは思えない。一方、上に載っている砂岩の方は名ばかりで、固結度が極めて小さく、実際は締まった砂なみであることが分かった。もちろん、液状化するような緩い砂ではなく、砂岩がすべり落ちるためには、すべり面の勾配は、三五度程度は必要（専門的に言えば、砂の内部摩擦角は三五度はある）と思われた。

この二〇度と三五度の角度の違いを説明できるのは、やはり、この山地に水が豊富にあることが関係しているように思う。すべり面となった泥岩は透水性が低く、その上の砂層は水を通しやすかった。実際に現地を訪れたときにも、すべり面の上を一面に水が流れていた。つまり、すべり面には以前から水が流れており、水の圧力が働きやすい条件であったと言える。さらに、この年は台風の当たり年で、夏から秋にかけて雨量が多く、地震の直前も三日間で一二〇ミリメートルほどの雨が降っていた。そのため地下水位が上昇し、普段より砂層の中の間隙水圧が高かった可能性がある。

ところで、以前に「有効応力」が土の強度を決めると申し上げたが、覚えておられるだろうか。式3（84頁）で説明したように、「有効応力」＝「外から加わる力」―「間隙水圧」であり、外から加わる力は一定なので、間隙水圧が上昇すると有効応力が低下する。つまり、その分だけ強度が低下することになる。大雑把に計算すると、内部摩擦角を三五度として、上に載っている土の圧力の半分ほどまで間隙水圧が上昇すると、二〇度の斜面上をすべり始める理屈になる。つまり、すべり面にかかる水圧が斜面を不安定にし、地震がきっかけですべり出すことを可能にしたと言えよう。砂の液状化現象とはメカニズムは異なるが、有効応力の減少によりすべりやすい条件が用意されたという点は共通している。

ところで、この天然ダムは崩壊土が谷を埋めただけであり、洪水で水がダムの上を乗り越えると、土が洗い流されて決壊し、下流に泥流や洪水で大被害を与えることが心配される。そこで、天然ダムの上に排水用の水路を造る工事がされた（**写真60**）。

さて、将来にわたって、天然ダムをどうしていくかは、大きな決断を要する事項であった。上流を完全に元の水位レベルに復帰させるためには、

写真60　東竹沢の滑落崖から見た河道閉塞土塊（土塊の上に上流(右側)から排水溝を造る工事がされた）

川筋の土塊を、元の河床レベルまで取り除く必要がある。一番分かり易い方法は、滑った土をすべて取り除いてしまうことだが、半端な土量ではないため、土の処分用地が必要となり、膨大なお金がかかる。部分的に取り除くと、残された地すべり土塊が再滑動する可能性もあるため、周辺斜面の安定性を確保しながらどこまで除去するかなど、詳細な検討が必要となろう。また、ダムの上流では川の流れが緩やかになったため、さらに上流の崩壊斜面から流されてきた土砂が堆積し、川床は三メートル程も上昇している。水の中に浸った家々の一階部分は砂に埋まってしまっている。最も現実的なのは、文字どおり天然ダムとして受け入れ、新たな自然環境と共存して生きることであろうが、住民の方にとってみれば慣れ親しんだ環境を失うのは耐え難い思いであろう。まさに天から与えられた試練を、人間社会がいかに乗り越えるかが試されている。

小千谷でも山が動いた

山古志村から山一つ越えた小千谷市の塩谷地区の大日山の斜面では、中越地震で最大級の地すべりが起きた。ここを訪れた人は皆、その奇妙な光景にあぜんとさせられるに違いない（**写真61**）。幅二〇〇～三〇〇メートルの土地が、樹木や草原や養殖池を載せたまま約二五度傾斜して整然と横たわっている。この現実離れした景色から、いったい何が起きたか悟るまで、一時が必要である。その背後の高みには、七〇メートルほどの高さの崖が新しく形成されているのに気がつく。ここでも、鯉の養殖池はいたるところにあり、崖の上の土地と傾いた土地のそれぞれにそれらが分断された姿をさらけ出している。また、はるか前面に望める土地は、林の木々も直立しており、異常は見られない。ハハア、この傾いた土地は七〇メートルの落差をすべり落ち、前面の土地の上に斜めに乗り上げて停まったらしい、とようやく合点がいく。しかし、よくもこの広大な斜面が一体となって、傾斜したままになっているものだなぁ、と感心しきりである。もし、地震が起きたのが昼間で、この上に人がいたら、面白い体験談が聞けただろうに、などと余計なことを考えたりもする。

ところがこの傾いた土地の上を歩き回って調べると、ますます謎は深まってくるのである。傾いた土地と前面の土地の間には、**写真62**のように幅一〇メートル程度の窪みが連続している。ここが斜面の乗り上げた現場かと思いきや、その両側に

写真61 傾斜した土地と背後の滑落崖からなる奇妙な景色（上）．25度に傾斜した地盤上ではすべて傾き，立木も鉛直から傾いて立っている（下）．

写真62　右側の傾いた土地が乗り上げたはずの左側の土地との間の溝．予想に反して溝の間に養殖池のゴムホースがつながっており、両者の土地は一緒に滑ったことが分かった．

は、養殖池のゴムホースや鳥避け用のネットがつながっている。これから考えて、この二つの土地がもともと一体の地続きで、滑った時には、途中までほぼ一体となって動いたことは明らかである。前面の乗り上げられたと思った土地も、実は斜面の下流方向に一緒に大きく滑っていたらしい。

航空測量結果によれば、ほぼ五五〇メートル×四五〇メートルで厚さ五〇メートル、体積一二〇〇万立方メートルほどの巨大な山体が、ほぼ一体となって、一〇〇メートルほど南南東方向に移動したと推定される。中国のレスの大地で、一九二〇年の地震で起きた大地すべりでは、「丘が歩いた」と呼ばれたが、我が国でも新潟県中越地震の時に、「山が動いた」と言っても良いくらいの地変が起きていたのである。山体の移動はかなりブロック的であるが、崖に近い上流側三分の一ほどがほぼ二五度の傾きで回転運動したらしい。それより下流側の土塊はほぼ水平性を保っている。これだけ大規模なブロック的すべりが起きるためには、やはりここでも、真下に隠れてはいるが、流れ盤のすべり面の存在と、その面に働く水圧の上昇が関わっていたものと推定される。

新潟県中越地震で起きた多くの斜面すべりは**図55**のように大まかに三タイプに分類できる。

タイプA……二〇度内外の流盤斜面での層理面（地層の堆積面）に沿った土塊の剛体的移動。

タイプB……三〇度以上の急勾配の層理面をまたぐ斜面（受盤という）が層理面を切断して浅く滑り、土塊はバラバラになって落下。

タイプC……主に流盤斜面で起きているが、池や棚田を構成する土の液状化・軟化、亀裂に原因したパイピング、池の決壊による泥流滑り。

航空写真で分析可能な三五〇〇箇所ほどの崩壊斜面について傾斜角度と崩壊個数・崩壊面積の関係を調べたのが**図56**である。崩壊個数については二〇〜三五度の範囲が最も多いが、それ以下や以上でも多くの崩壊が起きている。一方、崩壊面積

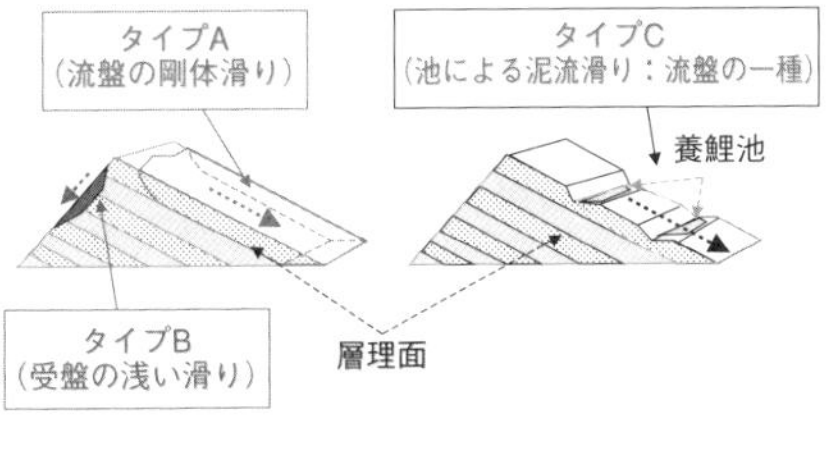

図55　中越地震での斜面の滑りのタイプ分け，A，B，C：層理面（地層の境目）と池の役割が重要．

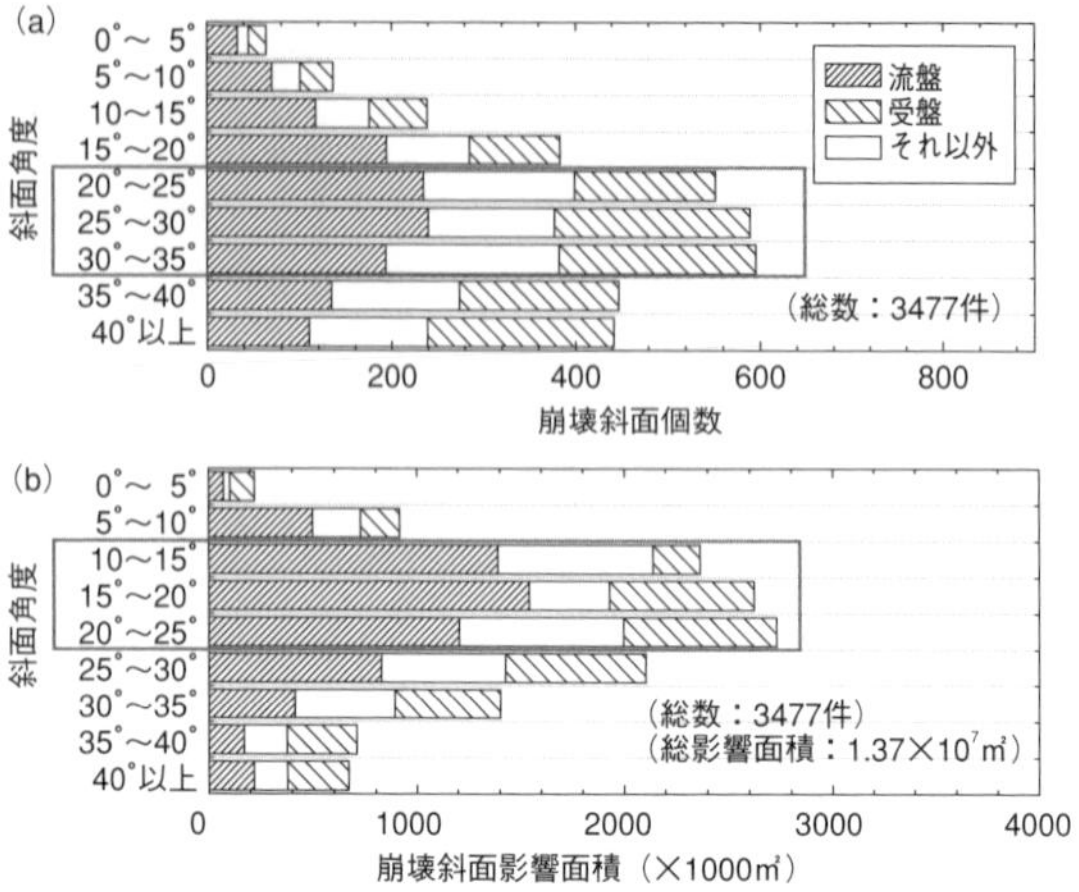

図56　斜面角度区分ごとの崩壊個数（a）と影響面積（b）：個数の多いのは20°～35°だが，面積が大きいのは10°～25°で、緩い勾配の流盤斜面で大きな滑りが多い．

については一〇～二五度の範囲が大半を占め、一〇度未満の緩斜面や三五度を越える急斜面は箇所数はあっても崩壊面積は小さいことが分かる。また、同図には流盤・受盤の区別も示している。急勾配になるほど流盤によらない崩壊が多くなるが、影響面積はそれほど大きくない。逆に、緩い勾配で影響面積が大きい滑りに流盤の滑りタイプA、Cが多いことが分かる。

新潟県中越地震ではこのような無数の滑りの影響が、実は山の深部まで及んでいることも分かってきた。この一帯の山は地下水が豊富で、棚田や養鯉池など山からの湧水に頼った生活が続いてきた。ところが、地震のあと水の出方が変わるところが続出した。**図57**は住民の方を訪ねて調べた地震前後での井戸の水位変化の例である。標高の高いところでは地震後に水位が下がり、低いところでは上がる傾向がはっきり読み取れる。つまり、滑り面が山の中の砂岩と泥岩の積み重なった地層を切り裂いたため、砂岩層に溜まっていた地下水は低い位置に移動した。現地を訪れると、地震後二年以上たっても雑草だらけの棚田が特に山古志周辺の山のあちこちに目立つ。農家の方の説明では、高いところの棚田ほど水が出にくくなり、田んぼが再開できないところが多いとのこと。この一帯に掘られた深い井戸やトンネルにも、深い地すべりの影響がいくつか見つかっている。地震の激しい揺れは山の表面だけでなく、内部までズタズタに引き裂いたのである。

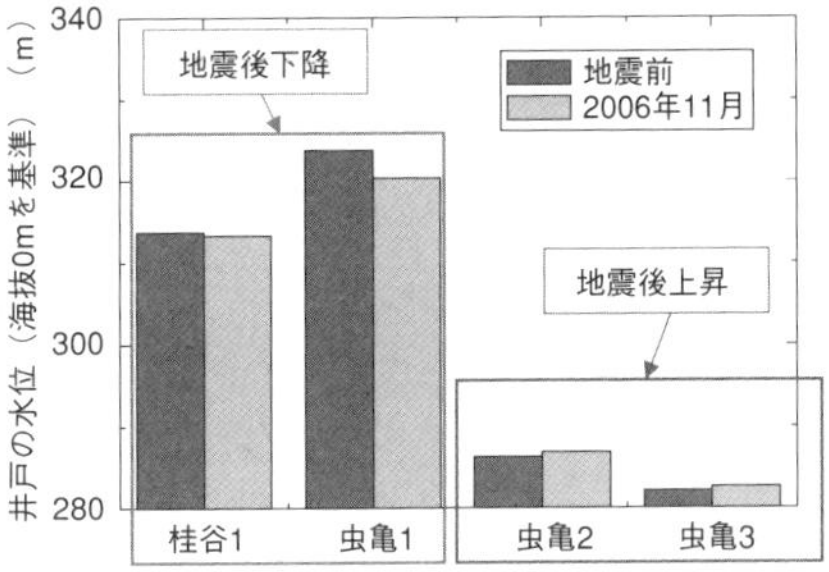

図57　山古志村の井戸水位の地震前後の変化：標高の高い集落では低下し，低い所では上昇する傾向が読みとれる．

崩壊土の流動性を決めるもの（エネルギーによる見方）

新潟県中越地震の前には、多くの台風が本州を縦断し、大量の雨を降らせた。したがって、中越の山も多くの水を含んでおり、地震直後にまず心配されたことは、斜面崩壊の多発と、崩壊土が流動性を帯びて、下流の広い範囲に被害が広がることであった。筆者自身も、新聞記者から尋ねられた時に、真っ先にそれが思い浮かんだ。昭和四十三年（一九六八）十勝沖地震では地震前三日間に二〇〇ミリメートルの雨が降り、青森県などで斜面やため池斜面が崩壊し、その崩壊土が液体のように長距離を流れた。反対側の斜面を液体のように駆け上ったところもある。

ところが、実際、中越地震の現場を訪れて、土が心配していたほどには流動性を示していないことでまず安心した。もちろん、いくつかの地点で崩壊土が泥流化しているのを見た。たとえば、前にお話しした東竹沢地区の天然ダムでは、地すべり土塊の前面にあった田んぼやため池の土が対岸まで押し上げられ、その一部は流動性を帯び、東竹沢小学校の校舎に泥をはね上げ、泥流化していた（**写真63**）。また、小千谷市の小栗山という集落では、長さ一キロメートル以上にも及ぶ細長い谷間で、二三度～五度ほどの勾配の泥岩すべり面の上を、棚田や池を形成していた大量の土が泥流化して、落差二〇〇メートル以上流れ下った（**写真64**）。ただし、その他の大多数の地点では、崩壊土は意外とおとなしく、近距離で停止していることが多かった。

その理由としては、第一に粘性や粒度分布など崩壊土の性質が考えられる。土石流や泥流のメカニズムには、流れ下る過程での粒子どうしの衝突が重要といわれている。また、液状化と同様に間隙水圧の役割も大きいと考えられるが、詳細はまだよく分かっていない。

地震が引き金で崩れた斜面から、崩壊土が下流にどのくらいの距離を流れるかは、斜面崩壊の被害を大きく左右する。現在のところ、この距離を

写真63　東竹沢小学校の校舎にぶつかり，しぶきの跡を残しながら流れた泥流

写真64　小栗山で彼方の谷底まで青色の泥岩すべり面上を1kmほど流れ下った泥流

合理的に決めることのできる方法は存在していない。地震の大きさ、斜面勾配や高さ、崩壊土の水の含み方・粒度、含まれる細粒土の粘性などを考えて流動距離を予測し、事前の対策に生かしていくことが必要とされている。この方向へ向けて進行中の一つの取り組みを紹介しよう。

自然界のすべての現象はエネルギーに支配されている。高校の物理の授業でエネルギー保存則というのを学んだ記憶をお持ちの方も多いでしょう。エネルギーは形はいろいろ変えるにしても、その合計は一定という極めて単純な法則です。斜面崩壊も例外ではなく、エネルギー保存則が成り立っているはずです。

地震の時に斜面が滑るきっかけは、地震波が運んでくる地震エネルギー、斜面が下に落ち始めてからは位置エネルギーも使われ、それらは崩壊土塊の運動エネルギーと滑り落ちる途中で土の摩擦による熱エネルギーに変換される。すなわち、式で表すと、

［地震エネルギー］＋［位置エネルギー］＝［運動エネルギー］＋［摩擦による熱エネルギー］

である。このうち、位置エネルギーについては分かりにくいかも知れませんが、水力発電所で水を落としてその位置エネルギーから電気エネルギーを取り出していることを考えればイメージしやすいでしょう。地震終了後のエネルギー状態を考えれば、崩壊土塊は既に停止し、運動エネルギーはすべて摩擦による熱エネルギーに変換されているから、

［地震エネルギー］＋［位置エネルギー］＝［摩擦による熱エネルギー］

となる。この単純な式を、新潟県中越地震に当て

はめてみよう。

エネルギーの話の前に、まず中越地震で崩壊した斜面が実際どのくらいの距離流れたのか。これを見るために、斜面のタイプを図55で説明したようにA、B、Cの三つに分類している。Aは比較的緩い斜面が剛体的に滑ったもの、Bは急な斜面がバラバラに崩れて転がり落ちたもの、Cは池の決壊などによって泥流的に滑ったものである。**図58**から分かるように、流動した水平距離は一〇〇〜一七〇メートルくらいまで広く分布している。ところが意外なことに、バラツキはあるにしても急な斜面ほど流動距離は小さく、緩い斜面ほど遠くまで流れる傾向が全体的にも各タイプごとにも読みとれる。本当なの？　と思われる方も多いでしょうが、事実だから仕方ありません。

これはよく考えると当然との見方もできます。現在の斜面は何千年何万年と長期間の自然の営みの中で勾配が決まってきているのです。急な斜面は過去の地震や豪雨の試練を経て生き残ってきた結果で、それだけ強度や摩擦係数も大きいと考えれば、緩い斜面より流動距離が小さくなると考えることもできます。**図58**からはまた、池がきっかけで滑るタイプCの中には相対的に遠くまで流れるものがあることも分かる。次に**図59**では、崩壊土の体積が大きいほど遠くまで流れる傾向が読みとれる。つまり、図58と図59を合わせると、傾斜が緩く大きな体積で滑る斜面ほど遠くまで流れることを意味している。急な斜面が安全と言うわけではないが、緩い斜面の方がもし崩壊した場合には大量の崩壊土砂と長距離流動によりもっと大災害を引き起こしやすいことを意味しています。この点は、斜面防災を考える上で、忘れてはならない大切な視点です。

　多くの斜面についてこのように流動距離、傾斜、崩壊土の体積、さらに地震のエネルギーを調べ、これにエネルギー保存則を当てはめると、地震のエネルギーと位置エネルギーが斜面崩壊に貢献した割合が計算できる。**図60**は両者のエネルギーの比を表している。実に、中越地震で調べた斜面のすべてで、位置エネルギーが地震エネルギーに比べて大きく、崩壊土の体積が大きくなるほど数十倍から百倍近くも大きくなっている。つまり、大

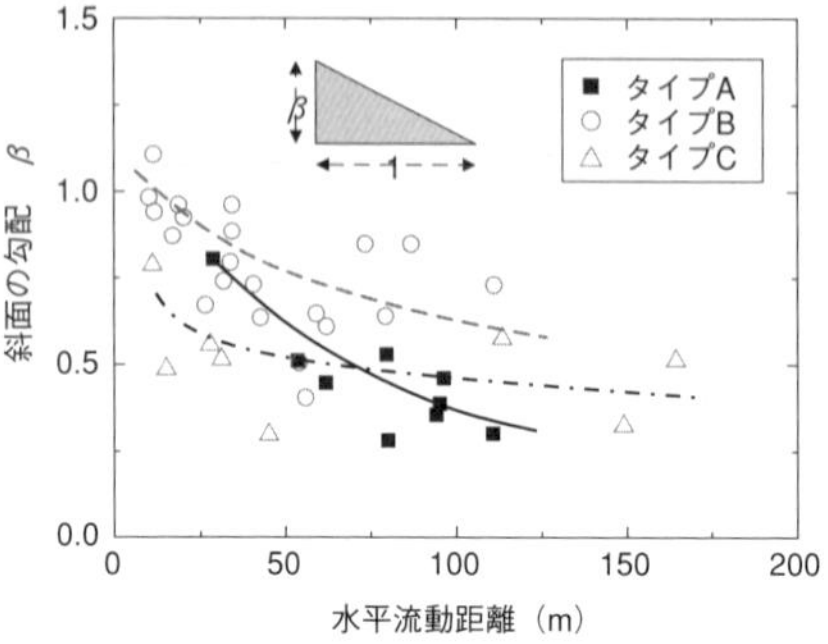

図58　斜面の勾配と流動距離の関係：緩い斜面ほど遠くまで流れる傾向が見れる．水を多く含むタイプ7は遠くまで流れる．

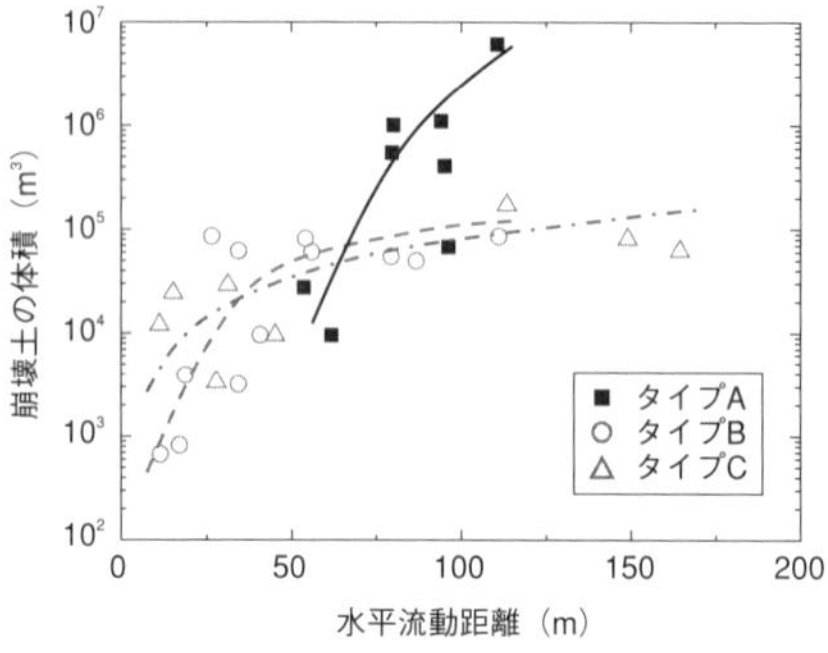

図59　斜面崩壊土の体積と流動距離の関係：大きな斜面崩壊ほど遠くまで流れる傾向が見れる．

きな滑りでは斜面を滑り落ちる時に供給される位置エネルギーが主要な役割を演じ、地震エネルギーの役割は無視できるほど小さくなることが分かる。

また、エネルギー保存則を使って斜面が滑った時の平均的な摩擦係数を計算すると、**図61**のように緩い斜面では傾斜勾配より小さい値が得られる。摩擦係数は、水圧の影響を無視すれば、斜面が滑り出す限界の斜面勾配を意味しているから、地震前に斜面が滑らないで安定でいられるためには少

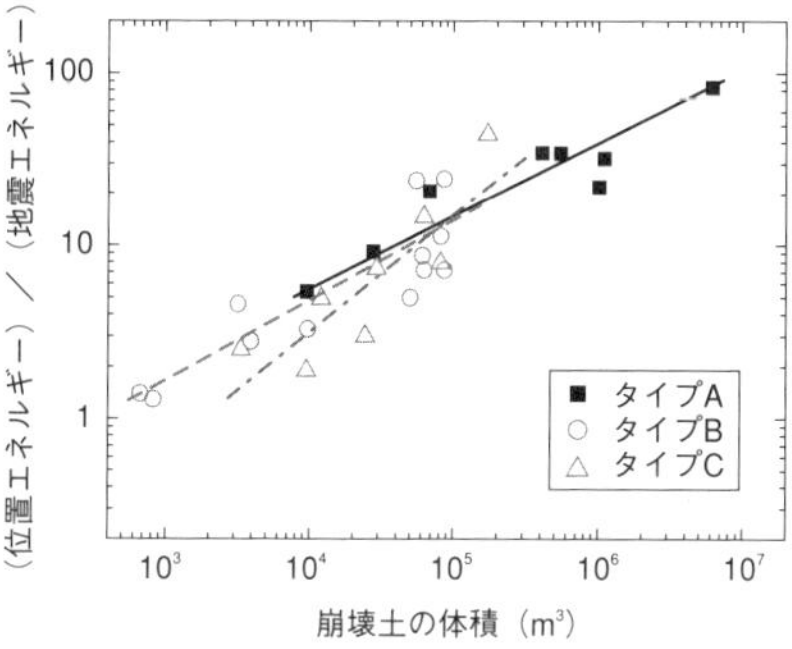

図60　エネルギーの比と崩壊土体積の関係：大きな滑りほど位置エネルギーの役割のほうが地震エネルギーに比べて圧倒的に大きい.

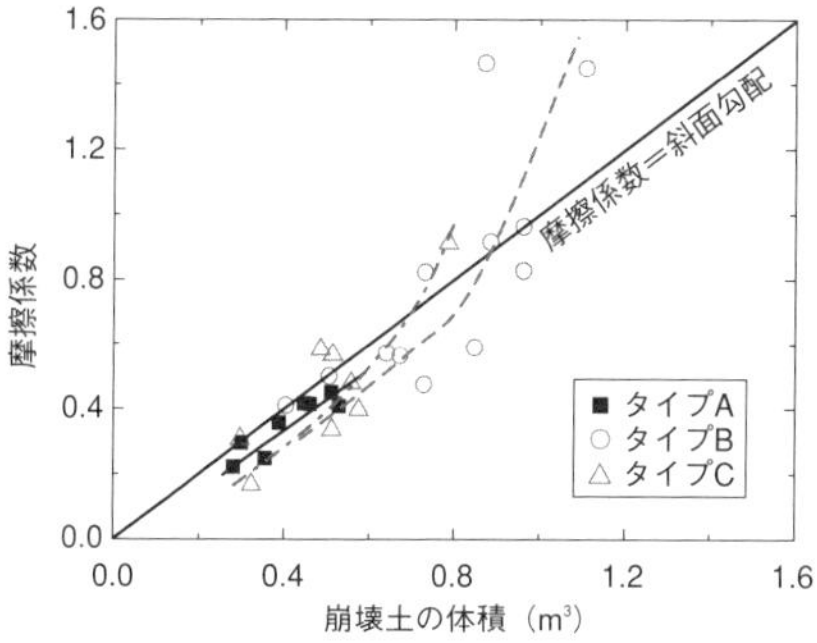

図61　摩擦係数と斜面勾配の関係：勾配の低い滑りでは摩擦係数は勾配を下回り，地震の影響で摩擦係数が下がったことを意味している.

なくとも斜面勾配以上でなければならない。そうでない値が得られたということは、地震によって斜面の摩擦抵抗が下がったことを意味しているのである。摩擦係数が傾斜勾配より小さくなれば、同じ距離を滑り落ちる間に摩擦による熱エネルギーで消費されるより多くの位置エネルギーが供給されるため、余ったエネルギーは運動エネルギーに回されて崩壊土塊は加速し、遠くまで流れる。つまり、地震の揺れによって斜面を形作っている土や岩の強度が弱まると、摩擦抵抗が低下して流動距離が大きくなり、大規模な斜面災害に発展する。一方、地震のエネルギーが少々大きくても、摩擦抵抗が地震前の状態から低下することがない強い斜面であれば、滑り出してもその後で土塊が位置エネルギーにより加速することはなく、流動距離が大きな斜面災害に発展することはない。

ちょっと蛇足気味ですが、もう一つ面白いグラフを紹介しておきましょう。**図62**はこのように計算した摩擦係数と崩壊土の体積の関係を表している。体積が増えるほど摩擦係数が下がる明瞭な傾向が見られる。つまり、大きな土量の滑りほど摩擦抵抗がちいさいため遠くまで流れやすい。この図には、中越地震での斜面滑りだけでなく、世界中の大きな地滑りについて調べた他の研究者の結果を星印で表している。この中には世界中どころか月世界のクレータ斜面の滑りまで含まれ、最も大きなのは一千億立方メートルだから、なんと富士山の体積の何個分というようなものまで含まれている。滑りの原因は地震とは限らないが、大きな滑りではお話したように地震エネルギーの役割は小さくなってしまうので、気にする必要はない。図62から、小さな滑りからとてつもなく大きなものまで一貫して、体積が大きくなるほど摩擦係数が低下していく傾向は疑いなく存在する。ところが、この単純にして不思議な傾向がなぜ表れるのか現在の学問は説明することができないのです。

さて、斜面のエネルギーにもどってここまでの話を整理すると、直接斜面を滑らすことに使われる地震のエネルギーの大きさを心配しすぎるよりは、地震の揺れがきっかけで滑り始めることによって、斜面の土や岩の強度すなわち摩擦抵抗が大きく低下する可能性があるかどうかを心配する方が重要であることに気がつく。その原因として最も代表的なものに液状化現象があるが、液状化が起きそうもない不飽和の土や岩でも長距離流動が起きたことは既に幾つかの例でお話した通りである。その具体的なメカニズムについてはほとんど闇の中である。

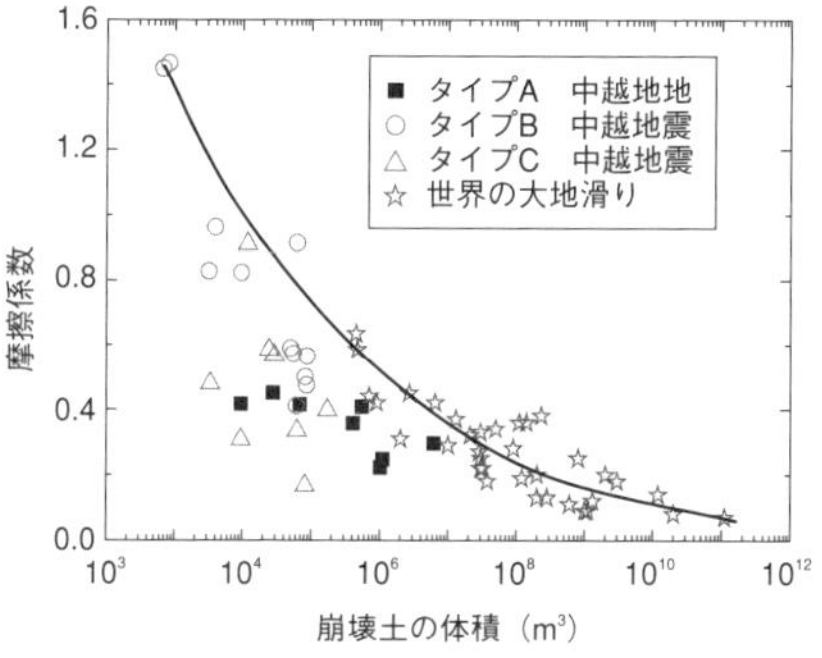

図62　摩擦係数と崩壊土体積の関係：体積が増えるほど摩擦係数が小さくなる傾向は，世界中の大地滑りについて他の研究者が調べた結果と良く整合している．

さらなる巨大地滑り発生

中越地震のような大規模な地滑りは、滅多には起きないと誰しも思っていた。ところが、それからわずか四年しか経っていない二〇〇八年六月十四日、岩手宮城内陸地震が岩手・宮城・秋田の県境地帯を襲い、やはり数千箇所の地滑りが発生して多くの犠牲者が出た。なかでも栗原市の荒砥沢ダムの背後で起きた地滑りは、推定土量六〇〇〇〜七〇〇〇万立方メートルで、我が国屈指の規模であり、世界的にも横綱級。まさに山が丸ごと移動し、地図が変わってしまう出来事が四年後に再び起きたのである。

地震の発生は朝の八時四三分。今回はこの巨大な滑りの一部始終を目撃した人がいた。荒砥沢ダムの直下にある温泉宿「桜の湯」会長の大場さんである。地震の激しい揺れが収まってからまずはダムのことが心配になった大場さんは、直ちに家からジープに飛び乗ってダムの上まで様子を見に行った。ダムが何の異常も無いことを確かめたまでは良かったが、次の瞬間、貯水池対岸の山で噴火のように蒸気のようなものが噴きあがっているのが目に飛び込んできた。温泉掘りに関心の高い大場さんは、まず温泉が湧いたんじゃないかと考えた。良く見ると山が滑りを起こして、舞い上がった土煙や水煙のようなものが空を覆っているではないか。崩れた斜面が手前の貯水池の中に流れ込んで、津波が手前のダムの方に押し寄せてくる。幸いその高さは二〜三メートル程度で、ダムの上まで届くようなことはないと一目で判ったため、恐怖感は湧かなかったようである。こんな珍しい出来事は自分ひとりだけでなく家族にも見せなくてはと考えて宿にとって帰り、奥さんとお嫁さんを車に乗せて再びダムの上に立った。この間、地震からゆうに三〇分以上は経っていたが、対岸の滑りはまだ続いていたとのことである。山は次々と貯水池に向かって滑りだしてきたが、最も手前側の滑った部分が貯水池に突き出た岬に届いたころから、斜面の滑る速度が遅くなったように見えたそうである。実際、この減速が大惨劇を防いだと言ってよかろう。そのまま高速の地滑りが続いていたら、地すべりの運動エネルギーのさらに多くが水に伝わり、二〜三メートルをはるかに超える津波がダムを襲って、背筋の寒くなる光景が展開されていたかもしれない。

この大地すべりを空から撮ったのが**写真65**である。滑り方向の長さが一・二キロメートル以上、幅が八〇〇メートルほどの範囲が、手前のダム貯水池に向かって深い滑り面沿いに移動した。移動距離は山の中心部で五〇〇メートル、貯水池に流れ込んだ先端部で三〇〇メートルほどある。背後には高さ一五〇メートルほどの切り立った断崖、

写真65 空からみた荒砥沢地滑り（国際航業・パスコホームページ）：長さ1.2km，幅0.8kmの山が，手前の貯水池に向かって300m以上移動した．注意深く見ると，手前右側から続く林道が所々切れ切れに見える．

それから下流側にも何筋もの崖が現れ、ちょっとしたグランドキャニオンの出現である（**写真66**）。二〇〇四年中越地震での東竹沢や大日山をはるかに上回る規模だが、滑った山全体の一体性はそれほど保たれず、いくつかのブロックに分かれて、恐らく時間遅れをもって次々に滑ったことが推定される。一帯には立派な林道が整備されていたが、地震後にはそれが切れ切れになって、断崖の上や谷底に散在している（**写真67**）。その舗装版を追ってジグソーパズルのように繋げていくと、山全体がどのように動いたかが再現できて大変面白い。もっとも、落差数十メートルの深い谷がいくつも行く手を遮り、崩壊地を渡り歩いていくのは難行苦行だが。

ちなみに、この崩壊した地帯を今後どうするかが問題となる。まず、農業用水確保のために建設した荒砥沢ダムについては、貯水池が大量の土砂で埋まったため、それを取り除いて当初の貯水能力を回復するための対策が始まっている。一方、崩壊した山については元々国有林であり、林業用地として復旧することになろう。ただし、これだけ大規模な地震地すべりはなかなか見られるものではない。地震記念公園として遊歩道を整備するなどして、なるべく現状のまま保存し、国内だけでなく海外も含めた教育・研究用の場として活用していくことを望みたい。

話を元に戻すと、**図63**はこの地滑りを貯水池方向に縦断する線（写真65の一点鎖線）に沿って作成した地震前後の断面の変化である。滑り面については未だ確定ではないが、一番浅い位置でも図に入れた斜の破線のように推定できるから平均六〇～七〇メートルほどの深さとなる。また驚くこ

写真66　グランドキャニオンのような荒砥沢地滑りの上流部分：遠方の断崖が最深の滑落崖で、山は手前側に滑った．手前の崖の上には林道の一部が無傷で載ったまま．

写真67　林道は切れ切れになり、この先は谷底に落ち込んだあと、向こうの崖の上につながっている　（写真は液状化研究で世界的に有名な石原研而氏）．

とに、滑り面の傾斜角は五度程度の低い値が推定される。地震を契機として、滑り面に沿った摩擦角が少なくとも（地下水位が地表近くまであったとして）一〇度程度まで低くなったことになる。普通の土や岩は摩擦角が三〇～四〇度はあるのが普通だから、異常な低さと言わざるを得ない。この地質は数十万年から百万年ほど前に火山の噴火でできたもので、中越地震の山古志村よりは硬い岩が多いが、中には非常に軟らかいものも含まれそのバラツキは大きい。このような深い所の岩が高い圧力下で地震の揺れを受けると、こんなに摩擦抵抗が低下するものだろうか。少なくとも通常の液状化のような現象は起こりそうもなく、それでは説明がつかない。

　ここは地震前には金名水・銅名水の名が地図に記されているほど湧水で有名なところで、地下水が非常に豊富な山であった。地震で崩壊したあとも地下水が多量に湧き出し、崩壊地の中に結構な水量の川が出現していた。また、図63から分かるように、推定滑り面の先端の標高は地震発生時の貯水位にほぼ一致していたことから、滑り面全体

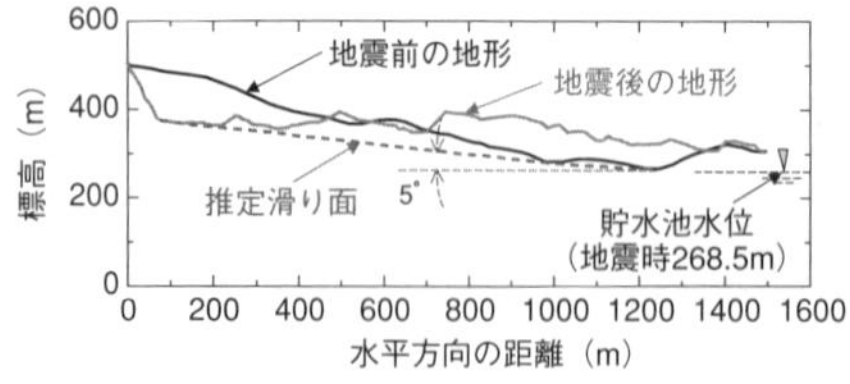

図63　写真65に記入した上下流方向の線に沿った地震前後の断面変化：山が、5°ほどの滑り面に沿って500mほど貯水池の方に移動し、地形がまったく変わってしまった.

が飽和していた可能性が高い。地震によって飽和していた滑り面に沿って水圧が何らかの原因で異常に上昇し、それが滑りにつながった可能性が考えられるが、具体的なメカニズムの解明はこれからである。

第12章

言い残したこと

液状化での理学と工学

この本では、液状化とは何かを理解していただくために、多くの話題を取り上げてきた。ある話題では、液状化とかかわりある自然現象について話し、他では、液状化が社会の安全に及ぼす影響について話してきた。どちらかと言えば、前者は理学に近く、後者は工学に近いと言えよう。

理学とは、自然界の真理追求や現象解明を目指した科学の探求であり、工学は、科学の成果を使って人間社会に役立てるための技術を追求する学問である。理学的には、液状化という現象とそのメカニズムを、自然科学の立場からなるべく忠実に解き明かそうとするし、工学的には、科学的に解き明かした真理に基づいて、実際問題に対する実用的な回答を得ようとする。

時には、工学は理学を追い越して、科学的な現象解明を待たずに、とりあえずその時点で最適と思われる実用的回答を求めようとする。実際にはこのようなケースの方が多いかもしれない。それは技術に対する社会からのニーズが、待ったなしだからである。地震問題や液状化問題においても、基本的メカニズムは未解明なままで、とりあえずこれまでの経験などから、対策法などを決めている場合が多い。このため、地震に対する安全性の議論において、理学と工学のギャップが現れやすい。

過去の地震でいろいろな被害が起きてきたが、大きな地震は、人間社会の時間スケールに比べて頻繁には起きないため、その間の社会の発展により、震災経験のない施設・設備が社会に溢れている。それらが地震を受けた場合の安全性について、議論が絶えない。理学的には、地震の時に起きる可能性のある問題を洗いざらい現象論的に突き詰め、危険性の存在を明らかにしようとする。一方、工学的には単なる現象論ではなく、過去の実績を重視して、安全性と経済性とのバランス点を定量的に判断しようする。しかし、新しい種類の施設・設備については過去の地震による実績が不足しており、そのギャップを要素実験・模型実験やモデル解析で埋めようとする。そのためには、本来、現象メカニズムの解明が必要となるのだが。

そもそも、我々の受けている教育システムでは、高校までは理学的教育に重点がおかれ、大学の工学部に進んだ人のみが、始めて工学とは何かを学ぶ。科学技術の理解に必要な基礎理論を最初に学ぶことの重要性からいえば、やむを得ない。したがって、工学とは縁のない読者にとって、液状化が起きる基本原理や、それが関わる自然現象のような理学的側面は、受け入れやすいが、それから発展した具体的技術はなんとなくなじみにくいと感じるかもしれない。特に、工学では単なる定性的な現象を追求するのではなく、定量的な答えを必要とするため、計算式や数字を頻繁に扱うことになり、特に文系の方には、なじみにくくならざるを得ない。

したがって、専門家以外を対象としたこのような本では、どうしても工学側面の話は避けて通る傾向がある。問題解決のための、取っ付きにくい技術や計算の考え方などよりは、中学・高校時代から慣れ親しんできた理科教育の路線上で、現象そのものの説明やその発生メカニズムなどが中心になる。本書でもその例に漏れず、液状化とは何か、それがいかに多くの自然現象に絡んでいるか、まだ分かっていないことがどのくらい残されているかなどを、なるべく現象面からお話しし、一般の読者に気軽に興味をもって読んでいただけるように努めた。したがって、現象の定性的説明が主となり、技術面での定量的な話は避けて通った面があることは否めない。

しかし実際は、今回あまりお話ししなかった技術的側面にも、多くの研究的努力が注がれていることを強調しておきたい。なぜなら、液状化現象そのものにはまだ未解明な部分があっても、とりあえず問題解決のニーズが強いからである。ここでもまた、工学の典型的姿として、現象的に必ずしも隅々まで解明されていなくても、とりあえずは現時点でベストと思われる解を判断し、対策を提案することが要求されているからである。

これからの液状化に対する備え（性能設計法）

平成七年（一九九五）の兵庫県南部地震は、地盤の液状化に限らず、多くの専門分野の技術者に重い課題を突きつけた。なかでも、地震の揺れの大きさが、大方の想定をはるかに超えていたことは大きなショックであった。それからほぼ十年後に、再び新潟県中越地震で一・五Gを越える大きな揺れが襲い、斜面崩壊や盛土の被害が相次いだ。さらに平成一九年（二〇〇七）の新潟県中越沖地震・能登半島地震や平成二〇年（二〇〇八）の岩手・宮城沖地震でも一～二Gを越える大きな揺れが観測されている。

兵庫県南部地震の直後に、土木学会から「提言」が出されたが、そこには従来の設計法への反省とともに、将来、このような重大な被害を起こさないための基本方針が記されている。具体的には、構造物の設計にはレベル一、レベル二と呼ばれる二段階の地震の強さを想定すべきことが、最初にうたわれている。このうち、レベル一は、構造物の寿命の間に一〜二回は体験する可能性がある程度の強さの地震であり、レベル二は、構造物の限られた寿命のうちには起こる頻度は小さいが、長期的には起こるかもしれない極めて強い地震である。類似の考え方は、もともと原子力施設の耐震設計には使われてきた。原子力以外の構造物でも、従来考えてきた地震の強さをはるかに越える地震が、実際に起こりうるとの反省に基づいて、設計法を全面的に考え直そうとの決意の表れである。

さらに、このレベル二地震に対して、どのくらい丈夫に造るかについては、構造物の重要度によって判断すべきであると言っている。つまり、地震後の状態として、①無被害、②使えるが修理必要、③崩壊には至っていないが使えない状態、④崩壊などの段階により「耐震性能」を決め、構造物の重要度によって、その段階を判断して設計することになっている。そして、重要度は人命損失の可能性、社会経済的重要性、修復の困難性などから判断すべきとしている。

このような設計法は「性能設計」と呼ばれ、現在、土木・建築構造物の設計法は、これに向かって見直されている最中である。性能設計を実現するためには、地震の強さを決めたときに、構造物の被害の程度を正確に予測できなくてはならない。特に、地盤の変形量は、上部の構造物の変形量を算定する上での基本条件になる。つまり、地盤の地震による変形量の算定は、性能設計をする上での基本であることが分かる。その際に、特に液状化する地盤が問題となる。

すでに何回もお話したように、液状化するまでのメカニズムに比べ、液状化してから地盤がどの程度変形するかを予測することは、はるかに難しい。そのため、地盤改良などにより、何とか液状化しないようにしてしまうことが、これまでのところの常套手段である。しかし、レベル二地震の採用により、少々の地盤改良では対策ができず、このような贅沢は許されない場合が増えてきた。それを解決するためには、まだまだ解明すべき課題が山積みである。液状化した地盤の性質だけでなく、構造物やそれを支える基礎と地盤との相互関係に及ぼす影響（相互作用と呼ぶ）も重要となる。

本書では、このような問題を解決するための工学的努力については、専門的になりすぎることを恐れてあまり触れてはこなかった。しかし、多くの研究者が、性能設計の導入に向けて液状化後の地盤や基礎の性能を評価するため研究を重ねている。その元になるのは、まず過去の地震での調査データ（ケースヒストリーと呼ぶ）である。我が国は液状化の被害を多く経験しているだけに、この種のデータには恵まれている。ケースヒストリーを丹念に調べ直す研究は、実現象に迫れる最も有効な研究手段である。似たような事例のデータを組み合わせて、液状化した地盤での、沈下量や流動量などを、直接推定できる経験式が提案されている。さらに、実測データを使った逆解析と呼ばれる手法によって、液状化した地盤や構造物への影響を最も忠実に再現できるモデルやモデルに用いる特性値も調べられている。このような研究においては、液状化した地盤の変形メカニズムの正しい理解が重要であることは言うまでもない。

他の研究手段として、模型実験や数値解析がある。模型実験は、すでにお話しした振動台や遠心振動台を用いて行う。我が国は世界に比べて、振動台の所有台数の飛び抜けた「振動台大国」である。確かな数字は持ち合わせていないが、世界の総台数の九割くらいは、日本に集中しているのではないだろうか。特に、台のサイズが数メートルを越える大型の振動台を多く所有している。もちろん、他の目的もあるが、液状化問題は振動台を使う主要目的の一つと言ってよい。遠心振動台も歴史は浅いが、いまや日本は、世界の中で最大の保有台数を誇っている。

液状化の問題でどのように使われているかと言うと、振動台に載せたせん断土槽などの容器の中に模型地盤を作製し、その上に建物模型を載せて、液状化した地盤の支持力や沈下量を調べる。あるいは、液状化している地盤中の杭の振動特性を調べたり、地中構造物の浮き上がりの特性を調べる。また、傾斜した模型地盤に振動を加えて、液状化させた後の地盤の流動を測定し、中に設置した杭模型などが受ける影響を調べるなど、いろいろの実験をする。振動台を揺らす波は、なるべく現実的な地震波を使う場合もあれば、基礎的な実験では規則正しい正弦波を使うこともある。

これらはあくまで模型実験であり、実物そのものではない。しかし、台の寸法が十数メートルの大型振動台で、数メートル厚さの地盤の実験もされており、実物に迫るサイズである。遠心振動台の場合も、五〇G程度の遠心加速度を加えることにより、理屈上は模型の五〇倍の厚さの地盤を表現できる。いわば、実物に匹敵する結果を得られるわけである。それでも、実際の複雑な地盤条件をすべて模型実験で再現しようとするのは、賢いやり方ではない。むしろ、いろいろな現象の影響が混じっている実地盤の実測データとは異なり、見たい現象に焦点を絞り、そのメカニズムや影響因子を調べることに向いている。そのため、モデルを単純化し、対象とする現象が、純粋な形で再現できるような模型実験が数多く行われている。

これら、実地盤のデータや模型地盤でのデータを、設計に使えるように一般化するためには、コンピュータによる解析が不可欠である。数値解析技術はあらゆる分野で近年長足の進歩を遂げ、特に流体分野では、スーパーコンピュータや並列コンピュータを用いた地球規模の大気循環・海洋循環や気候変動予測などが、華々しい成果として知られている。流体に比べると、地盤の分野は、数値解析的研究を進める上で困難が多い。土が固体・気体・液体の三相構造からなること、流体と違い非均質性が強いこと、ダイレイタンシーを伴なった破壊を含む強い非線形性を取り扱うことなどである。それにも関わらず、この方面の研究も大きな発展を遂げてきた。

地盤の解析をするための基本は、対象とする現象の数式によるモデル化である。性能設計を目指した液状化の研究では、先のお話しでお分かりのように、破壊現象を表せるモデル化が必要である。構造物のモデル化については比較的問題は少ないが、液状化し極限状態にある土のモデル化は、最もチャレンジに値する課題である。これには土自身のモデル化と、土と杭など基礎構造物との間の相互作用のモデル化が含まれる。いずれの場合にも、試験機を用いた要素試験により、モデル化の元となる力と変形の関係が調べられ、その結果をなるべく忠実に表現できる物性モデルを探すことになる。

　通常、地盤の解析によく使われる物性モデルとしては、最も単純な弾性体や弾塑性体がある。さらに、液状化した土の変形の時間遅れを表すために、粘性体としてのモデル化が行われている。要素試験に基づいて、弾塑性体や粘性体としての物性定数を決め、それを用いた地盤のモデルにより、実際のケースヒストリーや模型実験が、どの程度、数値解析で再現できるかを調べるわけである。いろいろな異なる条件の下で、その一致度が明らかになれば、実際の設計に使える方法であることが証明できることになる。

　兵庫県南部地震や新潟県中越地震がきっかけで、地震時の地盤の変形量を精度良く求めることの重要性が、従来にもまして認識されるようになって以来、このような研究に対する取り組みは一段と熱を帯びている。多くの研究者が、ハイテクの世界とは一味違うがハイテク並みにチャレンジングなテーマに日夜励んでいる。

あとがき

「液状化」は、用語としてはかなり行き渡っている割には、その実態は意外と知られていないのが真相ではないでしょうか。神戸の地震はもちろん、最近の平成十二年（二〇〇〇）鳥取県西部地震や平成十五年（二〇〇三）十勝沖地震、さらに平成十六年（二〇〇四）新潟県中越地震においても、多くの地点で液状化が起き、鳥取県西部地震での工業団地の被害や中越地震での下水マンホールの被害など、大いにマスコミに注目されました。

現在、大都市でマンションブームが起きていますが、それらのパンフレット類や現場でのセールスの人の説明では、液状化に対する対策や安全性がかなり強調されています。最近、あるテレビ局が、地震の特集番組を組むので相談に乗ってほしいと訪ねてきました。地震時に、どのように逃げ延びるかというテーマです。そのなかで、液状化を一つの重要な要素として考え、液状化で地割れが起きたら、たくさんの人が落ち込んで亡くなるのではないかなど、かなり誇大妄想的に認識していたようです。

液状化問題を担っている学問分野は地盤工学と呼ばれており、大学の学科名で言うと工学部あるいは理工学部の中の土木工学、建築工学、農業土木工学、地形・地質工学などで、主要専門科目の一つとして扱われています。大型書店の専門書コーナーには、この専門科目の教科書が数十冊は並べられており、重要な専門分野であることを物語っています。

この学問分野に興味を持つ人々が集う場として、地盤工学会があります。設立以来五十数年になるこの学会は、専門分野の学会としては珍しく一万人に近い会員数を擁し、工学から理学まで、土木・建築・農業土木・地質・地震などの分野を横断した、ユニークな学会です。扱っているテーマは社会基盤整備に関わる地盤の技術全般に加え、地震・豪雨などに対する防災、環境保全やリサイクル社会に向けた環境問題など、地盤に関する多くの問題を対象としています。液状化の研究においても、常にリード役を果たしてきました。

すでにお話ししたように、「液状化」は一九六四年の新潟地震とアラスカ地震以来、日米を中心に研究が活発になったテーマで、特に我が国はこのテーマで世界を常にリードし、現在でも国内外で活発に研究が行われています。国際的にも名だたる研究者が数多く輩出し、若い技術者の興味も惹きつけています。筆者も三十年ほど前、昭和三十九年（一九六四）の新潟地震の余韻がまだ残る頃から、液状化研究にタッチし始め、人生のかなりの部分をこの問題とともに歩んできました。これだけ活発に研究がされながら、いったん専門の世界を出ると、ほとんど知られていない液状化現象について、一般の方々にわかりやすい言葉で情報発信する本がほとんどないことが以前から気になっていました。

最近では技術の専門化・高度化がいっそう進み、同じ専門分野の中でさえ、限られた専門家以外には、よほどの努力なしにはついていけないことが増えています。ましてや異分野の方や技術とは縁のない人たちには、自らの経験に基づいて想像する以外にない場合が多いわけです。しかもこのような専門技術が、経済・社会に大きな影響を与える出来事がしばしば起き、一般の人々から専門技術に対して、いろいろな疑問が提起されることが多くなってきました。

この液状化現象も、最近では社会基盤整備を行う際に、防災対策として必ず考慮され、公共事業のコストを押し上げる要因になっています。また、神戸の地震や新潟県中越地震で身にしみて分かったように、昔に建設した施設の安全性見直しの観点から、どの程度までの対策が必要か、社会の安全性向上とコスト上昇のバランス点をどの辺に求めるかについて社会の合意形成が欠かせません。このような場合に、専門家は一般の方々に、専門技術の枝葉末節に至るまでの事細かな説明をして理解を求めることは少なく、むしろ、結論のみを述べ、詳細技術の理解は素人にはとても無理だから、自分ら専門家を信じてほしいとの姿勢で臨む場合がほとんどです。

一方、欧米では、専門技術者に対する社会の信頼は伝統的に高いにもかかわらず、専門的情報も制限なしに一般に公開し、オープンな場で技術の適切性を訴えかけていく方向に向かっているように思えます。我が国でも、インターネット社会での情報の共有化とNGO、NPOなどがかかわる社会の合意形成プロセスへの変化が進み、専門技術での情報公開がますます求められる時代を迎えつつあります。そのように考えると、一般の方々に、社会防災の重要な要素である液状化という現象について、なるべく分かりやすく情報発信し、新聞の見出しとは異なる実態を理解していただくことは、公共事業やそのコスト論争が盛んな現在において、時代の流れにもかなっているのではないでしょうか。

本書は、このような専門分野からの情報発信の一助として、まず読者に、液状化とは何かを理解していただく上での基礎知識を、平易な言葉で理解していただくことを目指しています。このため、言葉の厳密さよりは、トピックスの選択と表現の単純化により、面白さ・分かりやすさを優先させたところもあります。これだけハイテクブームの現在でも、身の周りの地盤と地震の問題に関してさえ、まだまだ若い人たちを惹き付けるに足る未解明のテーマが残されていることも訴えたいのです。

現代社会はグローバル化の名の下に、IT産業を中心とした技術革新が進められ、金融・情報・バイテク・ナノテクなどが、マスコミの話題を独占している感があります。ここに書かれているのは、それらの華やかな世界の表舞台からは見えない地味な地盤の話です。しかしどんなハイテク社会も、その基盤を支えるこのような地味な学問や技術なしには、成り立ち得ないでしょう。液状化やその周辺の地盤の問題を通じて、地盤工学という専門分野の存在や、そこで多数の技術者・研究者が社会基盤の安全・防災・環境保全の使命感を持って努力していることをご理解いただけたとしたら、本書の目的は、一〇〇パーセント以上達成されたと言えましょう。

本書を書く上で、石原研而先生（東京大学名誉教授）の存在の大きさを感じずにはいられませんでした。この分野の日本および世界での研究が、まさに先生によってリードされてきたことを再び実感しました。筆者にとっても、この世界に関わる契機は、先生からのご指導によるものでした。また、ここで取り上げた話のかなりの部分に、石原先生のされた調査や研究が関わっています。筆者自身が体験した調査・研究も、そのいくつかは石原先生にきっかけを用意していただいたものです。

さらに、多くの研究者の方々の貴重な研究成果を使わせていただきました。個々の文献の厳密な引用は省略させていただきましたが、巻末に、主要な参考文献の形で、主として参考にさせていただいた章ごとにまとめています。成果の紹介の仕方に厳密さを欠いている点もあるかもしれませんが、一般の方を対象として、読みやすさを優先したためによるものと、お許し願いたいと思います。また、文献で抜けがあるかもしれませんが、その点も、この本の性格へご理解を賜り、ご容赦願いたいと思います。また、諸機関のホームページなどの写真・データを使わせていただきました。末筆となりましたが、石原研而先生をはじめ研究成果・情報を使わせていただいた皆様に、深く御礼申し上げます。

また、本書の原版は二〇〇五年七月に山海堂から出されましたが、一年後に第二刷まで出したあと、出版社の倒産で絶版となりました。このたび、石原研而先生のお勧めも頂き、その後の新しい情報を加えて、新たに鹿島出版会より発刊することになりました。末筆ながら、今回の出版に際して多くの助言とご支援を頂いた鹿島出版会の橋口聖一様に御礼申し上げます。

二〇〇九年四月

國生剛治

10 海でも起きている液状化

10-1) Ishihara, K.: Wave-induced loading, Soil Behaviour in Earthquake Geotechnics, Chap.2.3, pp.13-15, 1995

10-2) Zen, K. and Yamazaki, H.: Field observation and analysis of wave-induced liquefaction in seabed, Soils and Foundations, Vol.31, No.4, pp.161-179, 1991

11 ナゾを残す液状化

11-1) Hampton, M. A. and Lee, H. J.: Submarine landslides, Review of Geophysics, 34, 1, pp.33-59, 1996

11-2) 池原　研：地震性堆積物を用いた地震発生年代と発生間隔の解析,地質調査所月報,第51巻,第2/3号,pp.89-102, 2000

11-3) Field, M. E., Gardner, J. V., Jennings, A. E. and Edwards, B. D.: Earthquake-induced sediment failures on a 0.25° slope, Klamath River delta, California, Geology, V.10, pp.542-546, 1982

11-4) Close, U. and McCormick, E.: "Where the mountains walked" An account of the recent earthqake in Kansu Province, China, which destroyed 100,000 lives, The National Geographic Magazine, Vol. XLI, No.5, 1922

11-5) Chia, Y.P., Wang, Y.S., Wu, H.P. and Huang, C.J.: Changes of ground water level in response to the Chi-Chi earthquake, International Workshop on Annual Commemoration of Chi-Chi Earthquake, September 18-20, Taipei. pp.317-328, 2000

11-6) 1995年兵庫県南部地震における断層・地震動・被害に関する調査研究：電力中央研究所報告U29, 1997

11-7) Ishihara, K., Okusa, S., Oyagi, N. and Ischuk, A.: Liquefaction-induced flow slides in the Collapsible Loess deposit in Soviet Tajik, Soils and Foundations, Vol.30, No.4, pp.73-89, 1990
そのほか8-2)

11-8) 鈴木隆介：建設技術者のための地形図読本入門　第３巻　段丘・丘陵・山地（2000年），第４巻　火山・変動地形と応用読図（2004年），古今書院

11-9) 國生剛治，石澤友浩，原　忠：活褶曲地帯における地震被害データアーカイブスの構築と社会基盤施設の防災対策への活用法の提案，3.活褶曲地帯の地質・地盤災害に関する研究，土木学会受託報告書，2008.3

12 言い残したこと

12-1) 土木学会耐震基準等に関する提言集：社団法人土木学会耐震基準等基本問題検討会議，1996

7-5　Kokusho,T. and Matsumto, M. : Nonlinearity in site amplification and soil properties during the 1995 Hyogoken-Nambu Earthquake, Special Issue of Soils and Foundations, 地盤工学会，　pp.1-9, 1998

7-6)　國生剛治・岩楯敬広：軟弱地盤の非線形震動特性についての模型振動実験と解析，土木学会論文報告集，第285号，pp.57-67, 1979

7-7)　國生剛治，本山隆一：地震波の上昇波と下降波の分離による表層地盤でのエネルギー収支，土木学会論文集No.652/III-51, 257-267，2000. 6

7-8)　國生剛治，本山隆一，万谷昌吾，本山　寛：表層地盤における地震波のエネルギーフローと性能設計，日本地震工学会論文集，第4巻，第4号，2004. 9

8 液状化で街に起きる異変

8-1)　浅田秋江：住家の液状化被害の簡易予測法とその防止工法，東北工業大学浅田研究室，1998

8-2)　Yoshimi,Y. and Tokimatsu,K. : Settlement of buildings on saturated sand during earthquakes, Soils and Foundations, Vol.17, No.1, 23-38, 1977

8-3)　地盤工学会地震調査団：1999年トルコ・コジャエリ地震，台湾・集集地震調査報告書,地盤工学会，2000

8-4)　Ishihara, K. : Stability of natural deposits during earthquake, Proc. of International Conference on Soil Mechanics and Foundation Engineering, San Francisco. Vol.1 ,pp.321-376, 1985

8-5)　Koseki, J. Matsuo, O., Ninomiya, Y. and Yoshida, T.: Uplift of sewer manholes during the 1993 Kushiro-Oki earthquake, Soils and Foundations Vol.37, No.1, pp.109-121, 1997

8-6)　阪神・淡路大震災調査報告編集委員会：阪神・淡路大震災調査報告－土木構造物の被害　第6章：河川・砂防関係施設－，土木学会，丸善，1996

8-7)　阪神・淡路大震災調査報告編集委員会：阪神・淡路大震災調査報告－ライフライン施設の被害と復旧－，土木学会，丸善，1996

8-8)　O’Rourke, T. D. and Pease, J. W.: Large ground deformations and their effects on lifeline facilities; 1989 Loma Prieta Earthquake, Case Studies of Liquefaction and Lifeline Performance During Past Earthquakes, Volume 2; United States Case Studies, Chap.5，1992

9 液状化を起こさない地盤改良

9-1)　Yasuda, S., Ishihara, K., Harada, K. and Shinkawa, N.: Effect of soil Improvement on ground subsidence due to liquefaction, Special Issue of Soils and Foundations, pp.99-107, 1996

5-2) 最上武雄：ダイレイタンシー，私と土質力学，pp.86-89，鹿島出版会，1987. 3

5-3) Meneses,J., Ishihara,K. and Towhata,I.: "Effects of superimposing cyclic shear stress on the undrained behavior of saturated sand under monotonic loading." Soils and Foundations, 地盤工学会，Vol.38, No.4, 115-127, 1998

5-4) Seed,H.B.: "Design problems in soil liquefaction." Journal of Geotechnical Engineering Division, American Society of Civil Engineers, 113, GT8, 827-845, 1987

5-5) Poulos,S.J., Castro,G. and France,J.W. : "Liquefaction evaluation procedure." Journal of Geotechnical Engineering, American Society of Civil Engineers, 111(6), 772-792, 1985

5-6) Dobry,R., Tabaoda,V. and Liu,L. "Centrifuge modeling of liquefaction effects during earthquakes." Proc. 1st International Conference on Earthquake Geotechnical Engineering, Tokyo, Vol.III, 173-183, 1995

5-7) 大川秀雄：招待論文－液状化の発生メカニズムを考える－，土木学会論文集 No.568／III－39，13－20，1997

5-8) 國生剛治：水膜現象が液状化砂層の側方流動へ与える影響，土と基礎，47-4 (495)，pp.11-14，地盤工学会，1999

6 液状化しやすさの条件

6-1) 若松加寿江：日本の地盤液状化履歴図，東海大学出版会，1991

6-2) Kokusho,T.: In-situ dynamic soil properties and their evaluations (Theme Lecture), Proc. 8th Asian Regional Conf. on Soil Mechanics and Foundation Engineering, Kyoto, International Society on Soil Mechanics and Foundation Engineering, Vol.2, pp.215-235, 1987

6-3) 吉見吉昭：砂の乱さない試料の液状化抵抗：N値～相対密度関係，土と基礎，地盤工学会，42-4，pp.63-67，1994

7 液状化は地震の揺れ方を変える

7-1) Kanai, K.: A short note on the seismological features of the Niigata earthquake, Soils and Foundations, Vol.VI, No.2, pp.8-13, 1966

7-2) 入倉孝次郎：本震及び余震の地震動，pp.261-279阪神・淡路大震災調査報告，共通編-2，1編　地震・地震動，第7章　地震動特性，土木学会，丸善，1998

7-3) Adalier, K., Zeghal, M. and Elgamal, A-W.: Liquefaction mechanism and countermeasures, Seismic Behaviour of Ground and Geotechnical Structures, Balkema, pp.155-162, 1997

7-4) Kokusho,T.: Cyclic triaxial test of dynamic soil properties for wide strain range, Soils and Foundations Vol.20, No.2, 1980

2-2) 安田扶律，南荘　淳，藤井康男，久保田耕司：埋め立て地盤における液状化特性と強度の検討，液状化メカニズム・予測法と設計法に関するシンポジウム，地盤工学会，pp.413-418，1995. 5

3 噴砂は液状化のシンボル

3-1) 1983年日本海中部地震被害調査報告書：土質工学会東北支部，1986. 5

3-2 1993年北海道南西沖地震災害調査報告書：地盤工学会，1997. 11

3-3) 國生剛治，田中幸久，河井　正：総説　阪神大震災での地盤液状化による震害，電力土木，No.257，pp.3-11，1995

3-4) Kokusho, T. and Kojima, T.: Mechanism for postliquefaction water film generation in layered sand, Journal of Geotechnical and Geoenvironmental Engineering, American Society for Civil Engineers, Vol.128, No.2, 129-137, Feb. 2002

3-5) 寒川　旭(1992)：地震考古学―遺跡が語る地震の歴史―，中公新書 No.1096

3-6) Stephen, F. O. and Pond, E. C. : Issues in using liquefaction features for paleoseismic analysis, Seismological research letters, Vol.70, No.1, 34-58, 1999

4 地面が流れる

4-1) Kawakami,F. and Asada A. “Damage to the ground and earthstructures by the Niigata earthquake of June 16, 1964”. Soils and Foundations, 地盤工学会， VI(1), 14-30, 1966

4 2) 佐々木　康，吉見吉昭，土田　肇：地盤の液状化－２．実際の液状化の例－，土と基礎，地盤工学会，29-8（283），pp.55-63，1981

4-3) Seed, H. B.: Considerations in the earthquake-resistant design of earth and rockfill dams, Geotechnique 29, No.3, pp. 215-263, 1979

4-4) Berrill, J. B., Christensen, S. A., Keenan, R. J., Okada, W. and Pettinga, J. R.: Lateral-spreading loads on a piled bridge foundation, Seismic Behaviour of Ground and Geotechnical Structures, Balkema, pp.173-183, 1997

4-5) 浜田正則，安田　進，磯山龍二，恵本克利：「液状化による地盤の永久変位の測定と考察」，土木学会論文集，第367号／Ⅲ－6，pp211－220, 1986

4-6) Kokusho, T. and Fujita, K.: Site investigation for involvement of water films in lateral flow in liquefied ground, Journal of Geotechnical and Geoenvironmental Engineering, American Society for Civil Engineers, Vol. 128, No. 11, 917-925, Nov. 2002

5 液状化を理解するための土の力学

5-1) 石原研而：土質力学　丸善出版社，初版　1988. 9

さらに興味のある方へ

液状化に関する主な専門書：

1) 石原研而：土質動力学の基礎，鹿島出版会，1976

2) 吉見吉昭：砂地盤の液状化，第二版，技報堂，1991

3) 安田　進：液状化の調査から対策工まで，鹿島出版，1988

4) 液状化対策の調査・設計から施工まで：土質工学会，1993

5) 地震時の地盤・土構造物の流動性と永久変形に関する研究委員会報告：地震時の地盤・土構造物の流動性と永久変形に関するシンポジウム論文集，地盤工学会，1998. 5

6) 液状化メカニズム・予測法と設計法に関する研究委員会報告：液状化メカニズム・予測法と設計法に関するシンポジウム論文集，地盤工学会，1999. 5

7) レベル 2 地震動による液状化：レベル 2 地震動による液状化研究小委員会，地震工学委員会，土木学会，2003. 6

8) 1964年新潟地震液状化災害ビデオ・写真集，社団法人　地盤工学会，2004. 6

主要な参考文献

1 地震が地面を液体に変える

1-1) 新潟地震の記録：新潟日報社，1964

1-2) Brief explanation on pictures taken at the moment of Niigata earthquake： Soils and Foundations, Vol. VI, No.1，地盤工学会，1966

1-3) Seed, H. B.: Landslides during earthquakes due to soil liquefaction, Proc. American Society of Civil Engineers, Vol.94, SM5, 1055-1122, 1968

1-4) Coulter, H. W. and Migliaccio, R. R.: Effects of the Earthquake of March 27, 1964 at Valdez, Alaska, Geological Survey Professional Paper 542-C, US Depart of Interior, 1966

1-5) Lemke, R. W. (1967): Effects of the Earthquake of March 27, 1964 at Seward, Alaska, Geological Survey Professional Paper 542-E, US Depart of Interior, 1966

1-6) 宇佐美龍夫：「東京地震地図」新潮選書, 1983

2 液状化の起きるわけ

2-1) Yasuda, S. and Tohno, I.: Sites of reliquefaction caused by the 1983 Nihonkai-Chubu earthquake, Soils and Foundations, 地盤工学会，Vol.28, No.2, 61-72, 1988

【著者紹介】

國生剛治（こくしょう たかじ）

中央大学理工学部教授，工学博士，技術士（建設部門），昭和19年10月8日生.

昭和44年東京大学大学院工学系修士課程土木工学専攻修了，同年（財）電力中央研究所入所.
昭和49年米国Duke大学大学院工学系修士課程土木工学専攻修了.
昭和57年東京大学博士号（工学）取得.
平成元年（財）電力中央研究所立地部長，平成7年同参事，平成8年より現職.
土木学会地盤工学委員会委員長，論文集編集委員会第3部委員長，地盤工学会国際担当理事，調査部長，地盤工学会副会長などを歴任.

主要研究分野：地盤・斜面の地震時震動特性・安定性，液状化特性，エネルギー施設の耐震性など.

受賞：土木学会より研究奨励賞・論文賞，土質工学会より技術賞，地盤工学会より論文賞など.

液状化現象

巨大地震を読み解くキーワード

【発行日】二〇〇九年七月一〇日　第一刷発行
二〇一一年四月三〇日　第二刷発行

【著　者】國生剛治

【発行者】鹿島光一

【発行所】鹿島出版会
〒一〇四-〇〇二八　東京都中央区八重洲二-五-一四
電　話　〇三（六二〇二）五二〇〇
振　替　〇〇一六〇-二-一八〇八八三

【装幀】伊勢功治　【印刷・製本】教文堂

ISBN978-4-306-09398-0　C1052　Printed in Japan

本書に関するご意見・ご感想は左記までお寄せください。
URL　http://www.kajima-publishing.co.jp
E-mail　info@kajima-publishing.co.jp